Paul Wenzel (Hrsg.)

Business Computing mit NAVISION®-Systemen

Edition Business Computing
herausgegeben von Paul Wenzel

Die Edition Business Computing bietet SAP-Anwendern, Entscheidern, Beratern sowie Trainern und Dozenten praxisorientierte Leitfäden für den effizienten Einsatz systemintegrierter Software im Unternehmen.

Die Beiträge zeigen Beispiele und Lösungen zur Verbesserung betrieblicher Abläufe und zur Optimierung von Geschäftsprozessen. Es geht unter anderem um Themen wie R/3-Anwendungen in der Praxis, ABAP/4, MIS/EIS.

Besonderer Vorzug der Reihe ist die spezifische Verbindung von Betriebswirtschaft und Informatik in der angewandten Form einer praxisnahen Wirtschaftsinformatik, die sich als unabhängig versteht gegenüber Firmen und Produkten und nicht zuletzt dadurch praxisgerechte Hilfestellung anbieten kann.

Die ersten Titel dieser Reihe:

Geschäftsprozeßoptimierung mit SAP® R/3®
hrsg. von Paul Wenzel

Betriebswirtschaftliche Anwendungen
des integrierten Systems SAP® R/3®
hrsg. von Paul Wenzel

SAP® R/3®- Anwendungen in der Praxis
hrsg. von Paul Wenzel

SAP Business Workflow® in der Logistik
von Ulrich Strobel-Vogt

Business Computing mit BAAN™
hrsg. von Paul Wenzel und Henk Post

Business Computing mit NAVISION®-Systemen
hrsg. von Paul Wenzel

Vieweg

Paul Wenzel (Hrsg.)

Business Computing mit NAVISION®-Systemen

Inhaltsübersicht

Inhaltsverzeichnis

Kapitel 1 **Genial einfach - Navision Software bietet Business-Lösungen für das nächste Jahrtausend**

Dipl.-Wirtsch.-Inf. Sven Buck

Kapitel 2   **NAVISION Financials® – Business-Software ohne Grenzen**

Dipl.-Inform., Dipl.-Kfm. Joachim Baehr

Kapitel 3

Reorganisation auf der Basis von NILS (NAVISION®-Informations-Logistik-System)

Dipl.-Kfm. Roland Abele / Dipl.-Ing. (FH) Rainer Weißenberger / Dipl.-Wirtsch.-Ing. Patrik Allmann

Kapitel 4

Tabellen- und Formulardesign mit Navision Financials®

Dipl.-Inf. (FH) cand. Roland Fischer

Kapitel 5

Kostenrechnung und Controlling unter Navision Financials

Dipl.-Ing. (BA) Dirk Grigutsch /
Dipl.-Inf. (FH) Oleg Kryschanowski

Kapitel 6

PPSlight – leicht, schnell, individuell

Dipl.-Ing.(FH) Hendrik Schröder

Kapitel 7   **IT-Umstellung mit PPS-Integration beim mittel-
ständischen Werkzeughersteller Wiha auf der
Basis von NILS** (NAVISION®-Informations-Logistik-
System)

Dipl.-Wirtsch.-Ing. Axel Thode / Dipl.-Kfm. Roland Abele

Kapitel 8   **Wettbewerbsvorteile am Bau
durch integriertes Softwaresystem**

Manfred Bethge

Kapitel 9

Navision Financials 1.30 DE in öffentlich-rechtlichen Unternehmen

Dipl.-Kfm. Jochen Link /
Dipl.-Betriebswirt (BA) Mario Krüger

Kapitel 10   Database-Marketing mit Navision 3.55

DV-Kfm. Walid Chaar

Beilage .... **Navision Financials® Demo-CD**

Vorwort

Bei der Einführung oder Erweiterung von bereits bestehender betrieblicher Anwendersoftware stehen viele Unternehmen – insbes. vor Einführung des „**Euro**" und dem **Jahr „2000"** – vor der Entscheidung „Standardsoftware oder Eigenentwicklung".

Die Einführung von Standardsoftware – hier mit der modernen **Client-Server-Software Navision-Financials®** – ermöglicht die Nutzung neuer Informationstechnologien und die Optimierung betrieblicher Prozesse. Um über den Einsatz von Navision-Systemen in Unternehmen oder an öffentlichen Einrichtungen entscheiden zu können, werden fundierte Informationen über Leistung und Funktionsumfang benötigt.

Umfangreiches Wissen als Ergebnis konkreter **Projekterfahrung** mit Navision-Systemen wird mit diesem Sammelband **(incl. Navision Financials® Demo-CD)** für Entscheidungsträger, Projektleiter, DV-Manager, Hochschullehrer, Studenten und NAVISION-Anwender verfügbar gemacht. Die Beiträge kommen aus der Feder von erfahrenen Praktikern und Managern, die durchweg über langjährige Erfahrung im Umgang mit betriebswirtschaftlicher Anwendungssoftware verfügen

Bei der Zusammenstellung der einzelnen Beiträge wurde keinen Wert auf durchgängige inhaltliche Konsistenz gelegt, sondern vielmehr auf die Darstellung einzelner **projektspezifischer Erkenntnisse**. Denn gerade aus der projektmäßigen Umsetzung einzelner Problemstellungen - im Rahmen der Einführung von Standardsoftware - resultieren wertvolle praxisnahe Informationen für den Einstieg in die Thematik „Geschäftsprozeßoptimierung" im betrieblichen Alltag.

Weiterhin besteht ein Ziel dieses Sammelbandes darin, eine möglichst große Spannweite an Navision-spezifischen Themen zu erreichen. Das Spektrum der vorgestellten Inhalte kann aufgrund der Vielzahl **projektspezifischer Problemstellungen** eine wünschenswerte Beschreibungstiefe nur ansatzweise einnehmen. Besonders auf diesem Gebiet der analysierenden, tiefgreifenden Fachliteratur fehlen derzeit ausreichende Werke, um dem Entscheider und fachkundigen Interessenten eine weiterführende Möglichkeit der Wissensbefriedigung um das Thema „Standard-Software mit Navision" zu eröffnen.

Die in diesem Buch beschriebenen Projekte - zur Verbesserung betrieblicher Abläufe und zur Optimierung von Geschäftsprozessen - zeigen dem Leser die spezifische Verbindung von Betriebswirtschaft und Informatik in der angewandten Form einer praxisnahen Wirtschaftsinformatik.

Die dem **Buch beiliegende Navision-CD** eröffnet dem interessierten Leser in Form einer ansprechenden **multimedialen Präsentation** den Grundaufbau und die Ausbaustufen der Navision-Software Financials®. Neben einer **vollwertig-testbaren Demoversion von Navision Financials®** werden darüber hinaus z. B. Funktionalitäten, Referenzen, Vertriebspartner, Märkte und Szenarien (Euro, Jahr 2000) vorgestellt, die für Navision heute und in Zukunft eine besondere Rolle spielen.

Im Beitrag von ***Dipl.-Wirtsch.-Inf. Sven Buck*** von der Fa. PC&C Personal Computing Vertriebs GmbH, Hamburg, wird der besondere Nutzen von Navision-Financials® für mittelständische Unternehmen, deren zentraler Erfolgsfaktor die Fähigkeit ist, schnell und flexibel auf Veränderungen des Marktes reagieren zu können, beschrieben. Navision-Software sieht genau darin seine zentrale Aufgabe und liefert eine optimale Basis.
Der eingeschlagene Weg liegt darin, die Lösung „**genial einfach**" zu gestalten. Nicht mehr Software als nötig und so viel Flexibilität wie möglich, so könnte man den Ansatz von Navision Software zusammenfassen. Dies sollte nicht auf Kosten des Leistungsumfangs gehen: Financials® liefert Lösungen auf alle wichtigen Fragen des unternehmerischen Alltags und dient darüber hinaus als Innovationsmotor.

Dipl.-Inform., Dipl.-Kfm. Joachim Baehr von der Fa. HORA Software GmbH, St. Katharinen, beschreibt in seinem Beitrag „**NAVISION Financials® – Business-Software ohne Grenzen**", daß auch integrierte kaufmännische Software-Lösungen wie Financials ihre Grenzen besitzen. Welcher Art sie sind, wo sie anzutreffen sind, ob sie unüberwindbar sind, das sind u. a. Fragen, mit denen sich sein Artikel beschäftigt.
Grenzenlose Software wird es wohl nie geben, denn wenn es sie geben würde, würden Ängste bei wohl allen Bedienern entstehen. Vielleicht läßt sich folgende Kompromiß-Formel finden: Eine Business-Software ist grenzenlos, wenn (fast) alle Bediener zufrieden mit ihr sind und (ein wenig) Spaß im täglichen Umgang mit ihr haben.

Dipl.-Kfm. Roland Abele, Dipl.-Ing. (FH) Rainer Weißenberger und ***Dipl.-Wirtsch.-Ing. Patrik Allmann*** von der Fa. ABACON Beratungsgesellschaft für Organisation und Informationslogistik mbH, Rimpar, zeigen ihre Philosophie auf, daß eine anhaltende positive Veränderung sowie die Schaffung der erforderlichen Möglichkeiten und deren optimaler Nutzen nur dann gelingen kann, wenn alle Bausteine des Systems „Unternehmen" (**Struktur**, **Stil**, **System** und **Mitarbeiter**) berücksichtigt und unter Betrachtung des gesamtunternehmerischen Aspektes aufeinander abgestimmt werden.

Vor dem Start eines konkreten Projektes sollten alle **Rahmenbedingungen** und **Planungsaktivitäten** sowie die erforderlichen **Kontrollpunkte** erarbeitet und verbindlich festgelegt werden. Wichtig für den Erfolg ist die Planung des erforderlichen **Ressourceneinsatzes** und die Festlegung der **Projektziele**. Zu einem frühen Zeitpunkt sollten exakt ausformulierte Meilensteine definiert werden. Diese Fixpunkte dienen der späteren Kontrolle und damit der frühzeitigen Gegensteuerung von ungewollten Prozessen bzw. der Umstrukturierung der Planungsschritte.

Dipl.-Inf. (FH) cand. Roland Fischer von der Fachhochschule Konstanz beschreibt das **Tabellen- und Formulardesign mit Navision Financials®**.

Anhand einiger Beispiele aus der Praxis zeigt er die Funktionsweise der Formen (Formulare) und die Erstellung neuer Formen mit Hilfe des „Form-Wizard". Dieser „**Wizard**" ist eine unschätzbare Hilfe beim Design von Formularen. Innerhalb weniger Minuten kommen damit recht anschauliche Ergebnisse zustande. Wer zum ersten Mal mit Navision Financials arbeitet, sollte sich mit den Formularkomponenten und seinen Eigenschaften beschäftigen.

Dipl.-Ing. (BA) Dirk Grigutsch von der Fa. Kumatronik Anwendungssysteme AG, Markdorf, und ***Dipl.-Inf. (FH) Oleg Kryschanowski*** von der Fachhochschule Konstanz, beschreiben die Notwendigkeit des Einsatzes der **Kostenrechnung** als festen Bestandteil des betrieblichen operativen Rechnungswesen. Von wachsender Bedeutung ist der Informationsoutput des Rechnungswesens für die strategische Entscheidungsplanung in einzelnen Marktsegmenten. Moderne Software-Systeme und Architekturen tragen im wesentlichen dazu bei, die für Entscheidungsträger unerläßlichen Informationen schnell, on-demand, zur Verfügung zu stellen, unabhängig von der Betriebsstruktur und des geographisch verteilten Engagements.

Um diesen Kundenwünschen Rechnung zu tragen, entwickelten die drei Unternehmen Cabus, Kumatronik, Lipfert ein Add-On Modul für die Basisapplikation Navision Financials® unter der Bezeichnung CKL, das die Kostenstellen- und die Kostenträgerrechnung vereinigt und in die Applikation integriert.

Dabei entwickelte Herr Kryschanowski im Rahmen seiner Diplomarbeit die erste **Prozeßkostenrechnung** für das System Navision Financials®.

Im Beitrag von ***Dipl.-Ing.(FH) Hendrik Schröder*** von der Fa. GOB Software & Systeme, Ratingen, wird beschrieben, welche Möglichkeiten Navision Financials® bietet, um die vom Hersteller gelieferten Basismodule mit zielgruppen-orientierten Modulen und Funktionen zu erweitern. Diese Module sind voll integriert und bieten die gleiche moderne Softwaretechnologie und die identische Windows-kompatible Benutzerführung wie die Basismodule.

PPSlight ist ein als Navision Financials® AddOn entwickeltes Set von Objekten für den Fertigungsbereich. Dieses zielt auf **mittelständische Fertiger** mit geringer Komplexität der Produktstruktur und reduzierten Anforderungen an Planungs- und Steuerungsfunktionen.

Der Artikel beschreibt Zielstellung, Aufbau und Anwendungserfahrungen dieses Moduls, das auf Unternehmen mit einem Funktionsbedarf unterhalb des Navision-Standard-PPS ausgerichtet ist.

Dipl.-Wirtsch.-Ing. Axel Thode und ***Dipl.-Kfm. Roland Abele*** von der Fa. ABACON Beratungsgesellschaft für Organisation und Informationslogistik mbH, Rimpar, beschreiben die IT-Umstellung mit PPS-Integration beim **mittelständischen Werkzeughersteller Wiha** auf der Basis von NILS (NAVISION®-Informations-Logistik-System).

Im Zuge der Internationalisierung der Märkte und der geforderten schnellen Reaktionsfähigkeit auf die sich ständig ändernde Marktsituation, sah sich die Fa. Wiha gezwungen, die internen Strukturen zu reorganisieren. Ziel war eine generelle Umstrukturierung, die den wechselnden externen Rahmenbedingungen auch in Zukunft besser gerecht wird.

Aus der Kernaufgabe, die **Leistungsfähigkeit** und **Flexibilitiät** von Wiha zu erhöhen, resultierten neben der geänderten Aufbau- und Ablauforganisation auch Anforderungen an die Informationstechnologie.

Die auszuwählende Business-Software mußte es ermöglichen, die definierten Ziele der überarbeiteten Unternehmensstrategie und -organisation und der daraus abgeleiteten Wettbewerbsfähigkeit in der Zukunft, abzubilden.

Zur Auswahl standen die klassisch orientierten Standardanwendungssysteme sowie das offene Basissystem Navision Financials®, das in vielen Teilbereichen noch auf die kundenindividuellen Bedürfnisse ausgerichtet werden mußte.

Im Beitrag „**Wettbewerbsvorteile am Bau durch integriertes Softwaresystem**" schreibt Herr *Manfred Bethge* für die Fa. Henke & Partner GmbH, Achim, welche bauspezifischen Besonderheiten bei Branchen-Software bereits vorhanden sein sollten, die für branchenneutrale Lösungen erst mit viel Zeit-, Geld- und Personalaufwand geschaffen werden müssen.

Einige **Baulösungen**, die in den vergangenen Jahren - vom damaligen Boom der Branche gelockt - auf den Markt kamen, entstanden „im Eilverfahren", häufig ohne spezielles Branchenwissen der Hersteller, vielfach nicht alle Funktionsbereiche abdeckend, selten integriert. In Katalogen und Marktübersichten kann sie der Einzelne von fachlich fundierten Angeboten oft nicht unterscheiden.

Der Großteil jeder **Branchen-Software-Lösung** ist universeller Standard für administrative Aufgaben - wie Finanz- und Anlagenbuchhaltung, Einkauf, Lagerverwaltung sowie Personal-, Projekt- und Ressourcenmanagement. Das bietet Navision Financials® als komplette branchenneutrale Business Software. Als NAVISION Solution Center hat Henke & Partner diese Programm--Basis überarbeitet und mit eigenen Programmteilen für die bauspezifischen Belange optimiert. Völlig in Eigenregie entstanden alle für den bautechnischen Bereich erforderlichen Module.

Dipl.-Kfm. Jochen Link und *Dipl.-Betriebswirt (BA) Mario Krüger* von der Fa. amball Computersysteme, Nürnberg, schildern den Einsatz von Navision Financials 1.30 DE in öffentlich-rechtlichen Unternehmen. Die Einführung der Software wird von den Autoren anhand der Software-Implementierung beim Stadtentwässerungsbetrieb Nürnberg in anschaulicher Art und Weise dargestellt. Dazu werden als erstes die betriebswirtschaftlichen Ausgangsvoraussetzungen beim Auftraggeber beschrieben. Dem schließt sich die Darstellung der Arbeitsmethodik der Firma amball Computersysteme, Nürnberg, am Beispiel der Realisierung dieses Projektes an.

Den Schwerpunkt der Ausführungen bildet die Dokumentation ausgewählter Abläufe innerhalb des Stadtentwässerungsbetriebes und deren Abbildung in Navision Financials 1.30 DE.

Ziel der Autoren ist es, künftigen Anwendern des Produktes im Bereich öffentlicher Verwaltungen und öffentlich-rechtlicher Unternehmen einen ersten Eindruck vom Produkt und seinen Möglichkeiten zu vermitteln.

Der Beitrag **„Database-Marketing mit Navision 3.55"** von *Herrn DV-Kfm. Walid Chaar*, Bonn, soll als Erfahrungsbericht verschiedene Ausbaumöglichkeiten von Navision zum Direktmarketing Tool erläutern.

Wer Navision schon als Warenwirtschaftssystem im Einsatz hat oder die Anschaffung plant, kann über einige Erweiterungen einen hohen Zusatznutzen schaffen.

Die wachsende Wettbewerbssituation macht eine reibungslose Kommunikation mit bestehenden und neuen Kunden für jeden Betrieb immer wichtiger. **„Database Marketing"** erweitert die Navision Standard Debitor-Funktionalität zu einem aussagefähigen und zielgruppenspezifisch einsetzbaren Direktmarketing-Instrument.

Das Hinzufügen vieler werbewirksamer Daten zur Adresse ermöglicht durch gezielte **Selektionen** sowohl im **„Business to Business"** als auch im Consumer-Bereich, individuelles Eingehen auf die Bedürfnisse der Kunden.

Für die geschätzte Mitarbeit und das Engagement der Autoren (siehe Autorenverzeichnis, S. 272 ff) bedanke ich mich herzlichst.

Zuletzt **danke ich besonders meiner lieben Frau Martina** und meiner **Schwester Birgit Kraus** (Lebach), die in vielen Tagen und Wochen das Lektorat für dieses Werk übernommen haben.

Paul Wenzel, Hainburg im Juni 1998

Kapitel 1

Genial einfach

Navision Software bietet Business-Lösungen für das nächste Jahrtausend

Dipl.-Wirtsch.-Inf. Sven Buck

Fa. PC&C Personal Computing Vertriebs GmbH, Hamburg (Marketingleiter bei Navision Software in Deutschland)

1 Nur wer sich permanent verändert, kann an der Spitze bleiben

Ein gutes Produkt entwickeln, ein paar Spitzenverkäufer einstellen und dann genüßlich zurückgelehnt die so errungenen, lehrbuchhaften Umsatz- und Gewinnkurven verfolgen - am besten jahrelang: Wer an der Schwelle zum 21. Jahrhundert diesem Traum nachhängt, hat wenig Chancen auch seine Verwirklichung zu erleben. Denn die Geschwindigkeit des technologischen Fortschritts scheint sich nahezu unbegrenzt zu beschleunigen. Die sich weltweit verzahnenden Märkte sorgen zudem dafür, daß der Druck durch die Wettbewerber spürbar zunimmt.

Erfolgreiche Unternehmer wissen natürlich, daß einmal erreichte Marktanteile nur dann Bestand haben, wenn sie in einem Prozeß der permanenten Weiterentwicklung und Optimierung stets aufs Neue errungen werden. Sie bringen die nötige Flexibilität, Lernbereitschaft und Innovationsfreude mit, um diese Anforderungen in die unternehmerische Wirklichkeit umzusetzen. Sie arbeiten partnerschaftlich mit ihren Mitarbeitern zusammen, deren eigene Verantwortung für den Unternehmenserfolg deutlich gestiegen ist. Und sie sichern sich die bestmögliche Unterstützung durch eine Technologie, die an der modernen Ausprägung der Weltwirtschaft einen erheblichen Anteil hat: die Informationstechnologie.

Innovationsmotor statt Investitionsruine

Kaufmännische Applikationen, mit denen sämtliche Geschäftsvorgänge effizient gesteuert und optimiert werden, bilden das informationstechnologische Herz moderner Unternehmen. Solche „Enterprise Business Solutions" müssen viel können, schließlich sind die Arbeitsabläufe eines Betriebes eine äußerst komplexe Welt. Doch der Anforderungsreichtum birgt auch Gefahren: Lange Einführungszeiten, aufwendige Pflege oder das böse Erwachen, wenn unflexible und schwer beherrschbare Programme ein Unternehmen in ein starres Korsett zwängen - wer sich mit diesen oder ähnlichen Problemen herumschlagen muß, ist von seinen eigentlichen Herausforderungen abgelenkt.

Gerade mittelständische Unternehmen, deren zentraler Erfolgsfaktor die Fähigkeit ist, schnell und flexibel auf Veränderungen des Marktes reagieren zu können, brauchen Informationstechnologien, die diesen Wettbewerbsvorteil weiter ausbaut. Navision Software sieht genau darin seine zentrale Aufgabe und liefert eine optimale Basis. Der eingeschlagene Weg liegt darin, die Lösung „genial einfach" zu gestalten. Nicht mehr Software als nötig und so viel Flexibilität wie möglich, so könnte man den Ansatz von Navision Software zusammenfassen. Wobei dies nicht auf Kosten des Leistungsumfangs gehen darf: Eine „genial einfache" Lösung liefert auch die Antworten auf alle wichtigen Fragen des unternehmerischen Alltags und dient darüber hinaus als Innovationsmotor.

Daß wir uns mit diesem Anspruch einiges vorgenommen haben, wissen wir. Daß wir sehr viel schon verwirklicht haben, mögen unsere weltweit rund 32.000 Kunden, davon allein 3.200 in Deutschland, bezeugen. Es sind vor allem Mittelständler aus allen Branchen des Handels und der Fertigungsindustrie. Daß wir uns trotz dieses Erfolgs nicht ausruhen wollen und dürfen, ist selbstverständlich: Schließlich gelten die Gesetze des Marktes für uns ebenso wie für unsere Kunden.

2   Nicht mehr Software als nötig: Wettbewerbsvorteile durch die etwas andere Produkt-Philosophie

Eine flexible, anpassungsfähige Software läßt genügend Spielraum für Wandel und Veränderung innerhalb der Unternehmensorganisation. Navision bringt Praxis und Realität des unternehmerischen Alltags optimal mit der EDV-Struktur in Einklang und ist Grundlage eines umfassenden Managements sämtlicher kaufmännischer Bereiche. Sekundenschneller Zugriff auf entscheidungsrelevante Informationen und einfache Bedienbarkeit kennzeichnen sowohl die zeichenorientierte Version Navision als auch das neue, voll Microsoft-Office-kompatible Navision Financials mit Windows95-Oberfläche und 32-Bit-Architektur.

Die Ausrichtung der Software stellt die individuellen Bedürfnisse des Anwenders in den Vordergrund. Der modulare Aufbau von Navision erlaubt eine exakte Anpassung der Applikation auf den tatsächlich benötigten Funktionsumfang. Die **Basismodule** von Navision sind Finanzbuchhaltung, Banksteuerung, Debitoren und Verkauf, Kreditoren und Einkauf, Anlagenbuchhaltung, Lagerverwaltung, Projektmanagement, Ressourcenmanagement, Marketing und Personalwesen. Im Gegensatz zu zahlreichen Konkurrenzprodukten baut Navision Software die Funktionalität praktisch von unten her auf und verzichtet auf die Standardisierung spezieller Anforderungen. Komplizierte und überdimensionierte Lösungen sind somit ausgeschlossen. Dennoch braucht man sich aus Sicht der EDV keine Sorgen um das Unternehmenswachstum zu machen, denn bei Navision gilt: Verändern sich die Anforderungen, die das Unternehmen an die Software stellt, steht einer Erweiterung zu einem späteren Zeitpunkt nichts im Wege.

2.1 Eine Software für alle Branchen

Die Erfahrung zeigt, daß rund 80 Prozent der zentralen administrativen Arbeitsabläufe in mittelständischen Unternehmen mehr oder weniger gleich sind. Diesen Bedarf deckt Navision mit dem Standardrepertoire ab. Für die individuelle Ausrichtung der Applikation im verbleibenden Bereich sorgen maßgeschneiderte Zusatzmodule und Branchenlösungen, die sogenannten „**Add-on-Produkte**". Sie werden von den Navision Development Partners nach vorgegebenen Richtlinien entwickelt und erst nach umfassenden Qualitätschecks von Navision autorisiert. Beispiele für solche „Add-ons" sind Module zur Produktionsplanung und -steuerung, zur Kostenrechnung oder zum Zahlungsverkehr.

2.2 Standard und doch individuell

Auch sehr spezifische Abläufe und Strukturen, die ein Unternehmen oftmals positiv vom Wettbewerb abheben, lassen sich in Navision auf einfachem Wege abbilden. So ermöglicht die objektorientierte 4GL-Entwickungsumgebung die Programmierung qualifizierter Systemerweiterungen. Aber schon die Standardfunktionalität bietet genügend Freiraum zur Berücksichtigung des individuellen Unternehmensprofils. Abfragen und Berichte lassen sich zum Beispiel vom Anwender verändern oder neu definieren, ohne daß dabei Programmierkenntnisse erforderlich wären. So entsteht eine nahezu 100-prozentige Business-Lösung, die Standardkomponenten geschickt mit individuellen Elementen verbindet.

Als intelligentes kaufmännisches Paket diktiert Navision nicht, wie die EDV-Strukur auszusehen hat, sondern paßt sich der vorhandenen Systemumgebung an. Lauffähig auf allen gängigen Plattformen kann die objektorientierte, Client-/Server-basierte Software ohne großen Aufwand den Wechsel zu einem anderen Betriebssystem vollziehen. Als frei skalierbare Lösung geht Navision alle Entwicklungen des Unternehmens mit, sei es die Einbeziehung von Filialen, die Anbindung ans Internet oder den Aufbau eines Intranets.

2.3 Schnelle Einführung

Neben dem modularen Prinzip von Navision und der modernen Programmiersprache sorgt ein gut strukturierter Projektablauf für Tempo bei der Einführung. So benötigt die Implementierung von Navision häufig nicht mehr als drei Monate und dies vom Startschuß des Projektes über die Testphase bis hin zum Wechsel in den Echtbetrieb gerechnet. Schon der erste Schritt, die Analyse des konkreten Bedarfs, legt den Grundstein für eine zügige Einführung. Die Abbildung der Analyseergebnisse erfolgt mit entsprechenden Modellierungswerkzeugen. Dies erleichtert die Aufgabendefinition bzw. -verteilung und dient als Basis für eine strukturierte und effiziente Mischung aus Standard- und Individualkomponenten.

2.4 Mittelstandsgerecht in Dimension und Preis

Mit der Philosophie der größtmöglichen Flexibilität sind Navision-Produkte für den Einsatz im mittelständischen Betrieb bestens gegeignet - egal ob es sich um 10, 100 oder mehr Arbeitsplätze handelt. Navision ist konzeptionell auf den Bedarf des Mittelstands zugeschnitten und bezieht konsequent den technologischen Wandel zum Vorteil seiner Anwender ein. Wir sind uns bewußt, daß mittelständische Unternehmen ihre DV-Kosten sehr kritisch betrachten. Deshalb lautet unsere Zielsetzung auch: kurze Einführungszeiten und niedrige Wartungskosten. Navision garantiert dies durch komplette Standardfunktionalität und uneingeschränkte Anpaßbarkeit.

3 Stets einen Schritt voraus: Wir kümmern uns um die beste Technik, unsere Anwender konzentrieren sich auf ihren Geschäftserfolg

Ganz im Sinne unserer Produkt-Philosophie steht auch bei den Top-Issues der nächsten Jahre der Anwender im Mittelpunkt unserer Anstrengungen. Neben der Euro-Umstellung und der Jahr 2000-Problematik werden vor allem E-Commerce sowie ein schlankes PPS-System für die Fertigungsindustrie Themen sein. Zu diesen und vielen weiteren Fragen bietet Navision Software weit in die Zukunft weisende, moderne Lösungen.

Beispiele:
Euro, Jahr 2000

Im Gegensatz zu routinemäßig notwendigen, kontinuierlichen Verbesserungen von IT-Strukturen berühren die Euro-Umstellung und die Jahr 2000-Problematik die Existenzfrage von Unternehmen. Der Start der dritten Stufe der Europäischen Wirtschafts- und Währungsunion am 1. Januar 1999 setzt insbesondere für international agierende Unternehmen die vollständige Eurofähigkeit zwingend voraus. Nicht selten verlangen Geschäftspartner bereits heute eine vertragliche Zusicherung, daß es zu keinerlei Behinderungen im Geschäftsverkehr kommen wird. Trotzdem ist kurz vor der Einführung der neuen Währung nur der kleinere Teil der Unternehmen perfekt auf die Anforderungen des Euros vorbereitet. So ist bspw. **Triangulation** vielerorts noch nicht realisiert. Hinter dem Schlagwort verbirgt sich die Regel, daß nach dem 1. Januar 1999 sämtliche internationalen Geldtransaktionen nicht mehr direkt, sondern stets über den Zwischenschritt Euro umgerechnet werden müssen. Ein DM-Betrag wird bspw. demnach zunächst in Euro und danach erst in Franc konvertiert. Die besondere Anforderung: Der Euro wird auf sechs Nachkommastellen genau berechnet, während die Ursprungs- und die Zielwährung weiterhin nur zweistellig auszuweisen sind. Die meisten der heute eingesetzten kaufmännischen EDV-Lösungen sind hierzu nicht in der Lage. Navision Software hingegen bietet schon jetzt die Berechnung beliebig vieler Nachkommastellen. Und auch auf weitere wichtige Fragen in diesem Zusammenhang wie das Reporting, die Historienführung und die Konvertierung der Debitoren und Kreditoren können wir schon heute überzeugende Antworten liefern.

Unternehmen, die sich bereits für Navision Software entschieden haben oder diesen Schritt planen, können darauf vertrauen, daß wir uns frühzeitig Gedanken machen über die Lösung der anstehenden Probleme. So kann Navision seit jeher vierstellig Datumsformate rechnen. Für den Übergang eines Geschäftsvorgangs in das nächste Jahrtausend bedarf es folglich keiner Systemanpassung.

Beispiel: E-Commerce

Obwohl bereits täglich mehrere Millionen Dollar über das Internet umgesetzt werden, ist das Potential dieser neuen Geschäftsplattform noch längst nicht erschlossen. Besonders für Mittelständler ergeben sich zahlreiche Chancen, denn im Netz zählen weder millionenschwere Werbeausgaben noch eine breites Netz an Niederlassungen. Dennoch lassen die vermeintlich hohen Kosten für die Einrichtung und Pflege eines Web-Shops viele Unternehmen zurückschrecken. Navision Software hat eine E-Commerce-Lösung entwickelt, die auf kostspielige und umständliche Programmierung praktisch verzichtet und somit die Zugangsbarrieren zum Netz erheblich absenkt.

Kern des Web-Shops von Navision Financials ist die vollständige Integration in die betriebswirtschaftliche Anwendung. Nach der Installation durch eines unserer NSCs erfolgt die Pflege direkt in Navision Financials — ganz ohne HTML-Programmierung. Preise und Produkte werden wie gewohnt in der kaufmännischen Verwaltung angepaßt und erscheinen vollautomatisch auf der Web-Page. Auch die Bestellung im Web-Shop läuft über Navision Financials, wo sich die Bearbeitung des Auftrags ohne Zeitverzug anschließt. Zusätzlich lassen sich Bereiche definieren, in denen Kunden den Stand ihrer Bestellungen oder auch Sonderkonditionen nachschlagen können.

Die umfassende aber leicht zu handhabende Funktionalität des Web-Shops ebnet den Weg in die Geschäftswelt des Internet-Zeitalters. Mit der Integration unseres E-Commerce-Werkzeuges in alle wichtigen Plattformen, wie z. B. Microsofts Commerce Server, den Internet Information Server, Microsoft Wallett und Microsoft SQL Server, ist die Zukunftssicherheit gewährleistet.

Beispiel: Produktionsplanung und -steuerung

Analysten zu Folge wird in den nächsten Jahren ein starker Konzentrationsprozeß den Markt für PPS-Systeme kennzeichnen. Anstatt ein weiteres auf die Großindustrie ausgelegtes Tool auf den Markt zu bringen, bietet Navision Software speziell für die mittelständischen Fertigungsbetriebe ein PPS-Modul, das die gekaufte und genutzte Funktionalität optimal zur Deckung bringt - denn nur so können Unternehmen in einem härter werdenden Wettbewerb bestehen.

Navision Financials-PPS ist eine komplette, objektorientierte Neuentwicklung, die keinerlei Altlasten enthält. So ermöglicht das offene Softwarekonzept – ohne Programmieraufwand – die Veränderung von Feldern oder Stücklisten. Der Ruf nach teuren Spezialisten entfällt damit völlig. Mit der Reduktion der Funktionalität auf das Wesentliche ist der Einführungs- und der Wartungsaufwand zudem so gering, daß unsere Kunden sich ganz auf ihren Geschäftserfolg konzentrieren können. Und wenn eine Anpassung der Produktionsprozesse ansteht, werden die Anwender von Navision Financials-PPS die intelligente und flexible Entwicklungsumgebung zu schätzen lernen. Dabei bietet das PPS-Modul eine vollständig Integration in die betriebswirtschaftliche Verwaltung von Navision Financials.

4 Das Unternehmen hinter dem Produkt: Innovation und Flexibilität als Erfolgsfaktoren

Die Orientierung unserer Arbeit am Anwender und seinen Bedürfnissen, wie sie die angeführten Beispiele deutlich gemacht haben, läßt sich bis in die Anfänge von Navision Software zurückverfolgen. Mitte der achtziger Jahre war die Bedienung und Einführung betriebswirtschaftlicher Applikationen in der Regel ein extrem komplizierter, umständlicher Vorgang. Grafische Oberflächen, flexible Auswertungen und eine intuitive Benutzerführung gehörten ins Reich der Wunschträume leidgeprüfter Anwender. Der Einsatz ganzer Heerscharen von Spezialisten und hohe Investitionen in Hard- und Software waren zumeist unabdingbare Voraussetzungen für den Einsatz der EDV in Unternehmen - gerade für Mittelständler eine teure Angelegenheit.

Muß das sein? ...mochten sich die Navision-Gründer Jesper Basler, Torben Wind und Peter Bang gedacht haben, als sie 1984 das Vorgängerunternehmen „Personal Computing & Communication" kurz „PC & C" ins Leben riefen. Die Absolventen der Technischen Universität Dänemarks hatten einen neuen Ansatz im Sinn: Vor allem einfacher und kostengünstiger sollte es werden. Der Erfolg ihrer ersten Komplettlösung konnte sich sehen lassen. Von der Einzelplatzlösung „PCPLUS" gingen in Dänemark

25.000 Exemplare über den Ladentisch, was einem Marktanteil von 17% entsprach.

Mit sehr viel Weitblick entwickelte man bereits 1987 die erste Mehrplatzvariante unter dem Namen „Navision" auf Basis der bis dato kaum bekannten Client/Server-Struktur. Mit der 1990 veröffentlichten Version 3.0 des Navision-Pakets griffen die Dänen den Ruf des Marktes nach einer „individuellen Standardsoftware" zu günstigen Eingangskonditionen, mit geringen Schulungsaufwand und kurzen Implementierungszeiten auf und integrierten bereits damals eine vollständige Entwicklungsumgebung in das Produkt. Als Grundlage einer völlig neuen Produktstrategie gilt Navision 3.0 als richtungsweisend für das heutige Gesamtkonzept und die Philosophie des dänischen Herstellers.

4.1   Technischer Vorsprung

Die Kombination einer schmalen Standardversion mit branchenspezifischen Zusatzmodulen bzw. individuell erstellten Programmteilen kommt der Forderung nach einer „individuellen Standardlösung" schon recht nahe. Der konsequente Einsatz modernster Technologie spielt dabei eine ganz bedeutende Rolle. Er sorgt für die entscheidenden Vereinfachungen bei der Weiterentwicklung des Systems. So brachte der frühzeitige Einstieg in die 32-Bit-Technologie einen Vorsprung, dem das breite Feld der konkurrierenden Unternehmen zum Teil noch immer hinterherläuft. Die strikte Trennung von Plattform und Funktionalität ermöglicht nicht nur jedem Mitglied der Navision-Welt, die eigenen Fähigkeiten optimal einzusetzen, sondern führt darüber hinaus zu einer wesentlich höheren Investitionssicherheit für den Anwender. Dank der Objektorientierung bedeutet ein Update der Basisapplikation nicht gleichzeitig den Stillstand der Zusatzmodule, denn beide stehen in keiner direkten Verbindung.

4.2   Navision heute

Seit 1996 firmiert das dänische Unternehmen weltweit unter dem Namen „Navision Software". Neben den 250 Mitarbeitern der Firmenzentrale umfaßt die Navision-Welt Anfang 1998 mehr als 4.500 Mitarbeiter in über 800 Solution Centern. Der weltweite Umsatz des Navision-Projektgeschäftes betrug 1997 ca. 276 Mio. DM; auf Deutschland entfiel dabei mit 78 Mio. DM knapp ein Drittel. Nicht zuletzt aufgrund der Wachstumsraten von über 40% gelang Navision im Frühjahr 1998 der Aufstieg in die Top 50 der europäischen Softwarehersteller.

5 Wir sind da, wo unsere Kunden sind: Lokal und international kompetent

Die Navision Kundenkartei bietet einen breiten Einblick in die Akteure der Weltwirtschaft. Multinationale Konzerne wie die adidas AG, BASF, Kodak, der Otto Versand und ABB setzen auf das Know-how der Navision-Welt. Daneben laufen unsere Softwarelösungen in zahlreichen mittelständischen Unternehmen. Viele von ihnen verfügen über keine eigene EDV-Abteilung und verlassen sich ganz auf die Dienstleistung der Anbieter. Die lokale Kundenbetreuung ist deshalb ein fundamentaler Bestandteil des Navision Software Vertriebskonzepts. Anstatt jedoch weltweit ein teures und wohl auch behäbiges Unternehmensnetz aufzubauen, gehen wir den indirekten Weg und verwandeln bestehende regionale Systemhäuser in selbständige Kompetenzzentren – die Navison Solution Center. Mit unserem technischen Know-how und ihrer eigenen Implementierungserfahrung sind sie kompetente Berater für den Anwender und stehen ihm vor, während und nach der Implementierung mit Rat und Tat zur Seite. Neben dem Vertrieb fällt ihnen vor allem die Anpassung der Software an die Kundenbedürfnisse und die Schulung der Mitarbeiter zu. Welche bedeutende Rolle unsere Solution Center spielen, läßt der Blick auf den Servicebedarf des Marktes erahnen. Allein in Deutschland entfielen 1997 rund zwei Drittel des Auftragsvolumens auf die Dienstleistungen unserer Partnerunternehmen. Nationale Ansprechpartner der Solution Center sind die 19 Navision Landesvertretungen, deren Sorge neben einem einheitlichen Marktauftreten in erster Linie der Softwarelokalisierung gilt.

Wo unternehmensübergreifend Spezialisten in der ganzen Welt zusammenarbeiten, würde es ohne eine einheitliche Arbeitsgrundlage vielerorts zu Redundanzen kommen. Die dauerhafte Sicherung des einheitlich erstklassigen Qualitätsstandards ist dabei von zentraler Bedeutung. Wir streben deshalb mit unserer Qualitätsinitiative die globale Zertifizierung aller Navision Solution Center an. In Deutschland arbeiten wir in dieser Hinsicht bereits mit dem TÜV Bayern zusammen. Navision Software selbst ist Inhaber des RAL Gütezeichens der Gütegemeinschaft Software e.V.

5.1   Kooperationen mit namhaften Unternehmen

Doch bei allen Anstrengungen, die wir unternehmen, bleibt festzustellen: Es gibt stets Bereiche, die sich innerhalb unseres Netzwerks nicht perfekt lösen lassen. Unternehmensübergreifende Kooperationen sind daher ein wichtiger Pfeiler unseres Unternehmenskonzepts. So werden wir beispielsweise mit dem kommenden Update auch eine auf dem Microsoft SQL-Server basierende Version von Navision Financials auf den Markt bringen. Das BackOffice-Paket hat sich zur führenden Datenbankanwendung bei mittelständischen Unternehmen entwickelt. Mit der Portierung kommen wir in erster Linie den Betrieben entgegen, die bei ihrer Unternehmensplanung von den Vorteilen einer einheitlichen Datenbasis profitieren wollen.

Ebenso bedeutend ist für uns die Zusammenarbeit mit der Siemens AG. Durch die Zuverlässigkeit seiner Lösungen genießt der Hersteller im deutschen Mittelstand einen erstklassigen Ruf und verfügt über eine entsprechend breite Installationsbasis. Mit der Unterstützung des Reliant-UNIX-Systems bieten wir zukünftig ein sicheres und flexibles Hardware/Software-Bundle.

5.2   Der Navision Porsche auf der Überholspur

Partnerschaften pflegen wir aber nicht nur innerhalb der IT-Branche. Seit 1997 treten wir als Sponsor des Navision Porsches auf, der bei den „24 Stunden von Le Mans" und den anderen Rennen der GT-Serie die Ideallinie sucht und oft genug auch findet. Performance, Professionalität, Innovation und Technik sind Synonyme, die sowohl die Welt des Motorsports als auch unsere Business-Lösungen prägen. Unser Einsatz im Automobilsport verfolgt daher nicht nur das Ziel, die Navision-Welt auf dem ganzen Globus noch bekannter zu machen - wir sehen uns auch als Partner, der ähnliche Herausforderungen zu meistern hat.

Auf der Überholspur können sich dank des Einsatzes moderner Informationstechnologien auch Mittelständler wiederfinden. Die betriebswirtschaftliche Komplettlösung Navision ist die Grundlage des unternehmerischen Erfolges. Denn erst eine funktionierende Informationsbasis für alle Unternehmensbereiche und -faktoren gibt die Freiheit, den vielseitigen Anforderungen des Marktes rasch und kompetent zu begegnen. Die unmittelbare Verfügbarkeit der Informationen ist eine wichtige Voraussetzung für erfolgreichen Kundenservice, mit dem sich nicht nur mittelständische Unternehmen positiv im Wettbewerb präsentieren können.

Kapitel 2

NAVISION Financials® – Business-Software ohne Grenzen

Dipl.-Inform., Dipl.-Kfm. Joachim Baehr
Fa. HORA Software GmbH, St. Katharinen

1 Vorbemerkungen

Natürlicherweise hat alles seine Grenzen, ganz besonders Software – die „weiche" Ware der EDV. Auch integrierte kaufmännische Software-Lösungen wie NAVISION Financials haben diese Grenzen. Welcher Art sie sind, wo sie sich befinden, ob sie unüberwindbar sind, das sind u .a. Fragen, mit denen sich der folgende Artikel beschäftigt.

Ganz besonders interessiert dabei jedoch, inwieweit Grenzen faktische Bedeutung haben.

Basis des Textes ist weder wissenschaftlicher Fundamentalismus, noch werbe-technische Show, weder Auflistung von Erfahrungen, noch Listung von Lehrweisheiten, weder EDV-Chinesisch, noch Fachabteilungs-Deutsch, es ist einfach die Idee und der Wunsch, auf Erfahrungen basierend durch „lockere" Formulierungen vielleicht Gedankenanstöße geben zu können.

Mit der Software-Lösung NAVISION Financials als Basis und Grundlage wird im Folgenden versucht, die provokative Formulierung in der Überschrift zu erklären, zu widerlegen, zu untermalen, zu hinterfragen bzw. zu unterstützen.

Rein wissenschaftlich gesehen, kann die Antwort auf den Titel nur lauten: Unsinn.

Praktisch betrachtet, kann für die einzelnen Menschen, die mit einer Business-Software zu tun haben – sei es als Bediener, Programmierer, Berater, Entscheider etc. – die Fragestellung essentiell bis sogar unternehmenslebenswichtig sein; wohlgemerkt bei solch massiver Wortwahl: Kann, nicht Muß.

Wenn im Folgenden der Begriff Software fällt, so ist damit synonym Business-Software gemeint. Business-Software als „Geschäfts-Weich-Ware" in dem Sinne, daß mit ihr alle kaufmännischen Sachverhalte eines Unternehmen erfaßt bzw. bearbeitet werden können.

2 Technische Grenzen

2.1 Hardware und Betriebssysteme

Hardware-technische Grenzen für Business-Systeme können z. B. Prozessoren, Datenspeicher und Drucker sein. In der aktuellen Gegenwart sind diese Komponenten quasi-standardisiert (über Microsoft-Windows und UNIX etc.) und bilden eine – wenn auch etwas eingeschränkt – kompatible Welt.

Das Preis-/Leistungsverhältnis der o. g. Komponenten ist heutzutage so gut, daß Prozessorgeschwindigkeiten, Platten- / Bandkapazitäten und Druck-Layouts nicht mehr als Grenzen einer Business-EDV angesehen werden. Anzeichen, daß sich dies zum Negativen ändert, existieren auch zur Zeit nicht.

Die Qualitäten der einzelnen Hardware-Komponenten und Betriebssysteme jedoch läßt noch eine Reihe von Wünschen offen, insbesondere beim Thema Sicherheit. Fast jede Höhe der gewünschten Qualität ist heute umsetzbar (die Ausfallquoten der großen und größten Rechenzentren zeigen es auf), „nur" die Preisfrage stellt sich.

Grenzen bildet die Hardware für eine „Business-Software ohne Grenzen" praktisch nicht. Grenzen bei den Betriebssystemen existieren zweifellos: NAVISION Financials ist beispielsweise verfügbar unter Win NT, Win '95, OS/2, HP-UX, AIX und SINIX, jedoch nicht unter OSF, MVS, VMS, Solaris, VSE oder OS/400.

2.2 Anwendungssoftware

Jede Anwendungssoftware hat an den verschiedensten Stellen Obergrenzen und Darstellungsgrenzen. Obergrenzen sind z. B. max. 99 Lieferbedingungen (1-99), max. 26 Kundengruppen (A-Z), max. 999 Mitarbeiter, max. Satzlänge 256 Zeichen etc.; Darstellungsgrenzen sind z. B. max. dreistelliger Kundengruppencode, nur numerische Artikelnummern, höchstens 10-stellige Schlüssel.

Viele dieser technischen Grenzen in der Business-Software sind für die meisten Betroffenen irrelevant, im praktischen Umgang nicht zu erreichen.

Aber es kann ohne weiteres dabei Grenzen geben, die relevant sind und dann oft ein KO-Kriterium für eine Software-Lösung sein können.

Die wichtigsten **Grenzen in NAVISION Financials** sind:
- Datenbankgröße 32 GB
- 500 gleichzeitig aktive Benutzer
- Objekt- und Feld-Nummer-Kreis 1 - 999.999.999
- 2.000 Zeichen größte Satzlänge
- 500 Felder in einem Satz
- 40 Schlüssel je Tabelle
- 20 Felder je Schlüssel
- 250 Zeichen je Text- oder Code-Feld
- höchstens 32767 Controls je Maske
- 32500 Byte größtmögliche Bitmap
- max. 10 Dimensionen je Array

Keine Grenzen existieren beispielsweise für:
- Anzahl der Objekte (Tabellen, Fenster, Reports etc.)
- Tabellengröße
- Anzahl der Datensätze je Tabelle

Bemerkung

Die Grenze bei der Datenbankgröße ist nur sehr eingeschränkt vergleichbar, weil bei Textfeldern aller Art effektiv nur die gespeicherten Daten zum Platzverbrauch zählen; so belegen leere Felder keinen Platz und teilweise belegte Felder nur insofern ihrer tatsächlichen Länge (zzgl. Längenfeld, gerundet mit 4).

Erfahrungswerte im Vergleich zur klassischen Speichertechnologie von Datenbanken ergeben eine zwei- bis vierfache Speichereffizienz (also ca. 64 – 128 GB Datenbankobergrenze).

Die Bewertung der Relevanz der Grenzen kann nur situationsbedingt erfolgen. Inwieweit die Software in diesem Punkt grenzenlos ist, ist somit auch situationsbezogen.

2.3   Know-How

Mit dem Begriff Know-How im Rahmen technischer Grenzen ist die physikalische Nähe von Know-How-Trägern im Umfeld der Business-Lösung gemeint.

Zwangsläufig sind NAVISION Financials **räumliche Grenzen** gesetzt, da zur Zeit Landesvertretungen, z. B. in Iran, Pakistan,

Brasilien, Tansania, und anderen Ländern fehlen. Eingesetzt wird NAVISION in über 15 Sprachen in über 70 Ländern.

In Deutschland sorgen über 100 NAVISION Solution Center (NSC) mit ihren Experten für räumliche Nähe von Know-How. Im Rahmen von Kommunikation zu Software-Themenstellungen gibt es eine Reihe von Möglichkeiten, auch solche der elektronischen Datenkommunikation (eMail, Remote Access, etc.); dies ersetzt i. d. R. jedoch nicht das persönliche Gespräch und somit die Art von Kommunikation, mit dem mit Abstand größten Informationsfluß zwischen den Beteiligten.

3 Bedienbarkeit

Man könnte es einfach so definieren, daß eine Software um so mehr Grenzen im Handling hat, je mehr sie die einzelnen Benutzer (Sachbearbeiter, Manager, Systemer) nervt; sie ist grenzenlos, wenn es einfach Spaß macht, mit der Software zu arbeiten.

3.1 Sachbearbeitung

Nur im täglichen Umgang mit einer Business-Software - in der Sachbearbeitung – kann sich die Qualität einer Software-Lösung zeigen. Dies läßt sich relativ einfach aufzeigen.

Wenn man jede Minute, die eine Software schneller (effizienter, besser) zu bedienen ist, letztendlich geldlich bewertet, so summieren sich sehr schnell Beträge, die eine Investition in die jeweils bessere Software-Lösung blaß erscheinen lassen.

Beispiel

Vorausgesetzt wird ein Unternehmen mit ca. 50 EDV-Arbeitsplätzen im kaufmännischen Bereich und einem alles umfassenden Kostensatz von nur 40 DM je Arbeitsstunde.

Werden täglich nur ca. 10 Minuten je Arbeitsplatz gespart, so ergeben sich am Tag insgesamt ca. 250 Minuten, im Monat ca. 10.000 Minuten und im Jahr ca. 120.000 Minuten, was 2.000 Stunden entspricht, was 80.000 DM bedeutet; in 5 Jahren also ca. 400.000 DM.

Diese Zahlen sind beliebig ersetzbar; jedes Unternehmen sollte für sich seine eigenen Berechnungen machen. Aber das Beispiel zeigt auch, welches monetäre Potential in einer effizienteren Bedienbarkeit einer Software liegt.

Dabei ist zu beachten, daß

1. 10 Min. Einsparung bei 7 - 8 Std. Tagesarbeitszeit lediglich ca. 2 % sind und
2. der Betrag sich auf die Differenz zwischen zwei Lösungen beziehen kann oder aber auf den Vergleich ohne / mit neuer Software.

Wie das Einsparungspotential zu ermitteln ist, ist sehr vielschichtig. Zeit zu sparen im reinen Umgang mit Tasten / Maus / Bildschirm des Computers ist sicherlich nur der geringste Teil.

Mehr Zeit kosten i. d. R. eine **mangelnde Datentransparenz**, die zu einem langwierigen Suchen in Dateien / Akten / Tabellen führt. Durch das schnelle Finden einer bestimmten Information spart man schnell eine Zeitspanne, die schon eher in Stunden zu messen ist als in Minuten.

Auch die **effiziente Gruppierung** von Fakten in Masken / Listen / Arbeitsabläufen kann zu klaren Zeitersparnissen führen: Es geht schneller, wenn das Software-System so abläuft, wie der Bediener denkt.

Um diesen entscheidenden Punkt zur Qualität einer Business-Lösung mit Bestnoten zu bestehen, muß die Software entweder die Belange der Sachbearbeitung voll treffen oder leicht adaptierbar sein. Da aber Arbeitsweisen, Geschäftsprozesse, Gewohnheiten und auch Denkstrukturen sich wandeln, bleibt bei langfristiger Betrachtungsweise die leichte Adaptierbarkeit einer Lösung als das letztlich entscheidende Kriterium für die Qualität der Sachbearbeitungs-Bedienbarkeit übrig.

Die Grenzen der Business-Software in diesem Punkt verschieben sich somit auf die Grenzen im Rahmen der Adaptierbarkeit.

3.2   Analyse und Statistik

Die kaufmännischen Daten bestehen aus vielen Einzelinformationen, Fakten, Details etc. Für laufende Entscheidungen im normalen Geschäftsprozeß sind jedoch auch selektierende und zusammenfassende Informationen relevant. Gemeint sind damit z. B. folgende Fragen:

- Was muß sofort bestellt werden ?
- Wie hoch sind die Zahlungsverpflichtungen in den nächsten beiden Wochen ?
- Welche Forderungen sind überfällig ?
- Wie weit ist die Fertigung mit Auftrag 4711 ?
- Sind wir im Projekt 08/15 im Plan ?

Die Antworten auf solche Art von Fragen erfolgt per Bildschirm, per Liste oder überhaupt nicht, wobei letzteres natürlich nicht akzeptabel ist.

Ob Online (per Bildschirm) oder Offline (per Liste) die Antwort erfolgt, sollte durch den Anlaß der Fragestellung erfolgen (Dringlichkeit) und durch die Sinnbehaftung der Ergebnisdarstellung.

Online hat die Vorteile der direkten, unmittelbaren Reaktion, die 100%-ige Aktualität der Information und die Möglichkeit der Folgefragenstellung.

Offline (i. d. R. auf Papier) hat die Vorteile der größzügigeren Darstellungsmöglichkeit, der leichteren Transportierbarkeit und ggf. den höheren Gewöhnungswert.

Die ideale Software-Lösung sollte natürlich beides bieten können. Je mehr dieser Fragen Online zu beantworten sind, wobei Offline auch vorhanden sein sollte, um so besser ist es für das anwendende Unternehmen.

Von den o. g. möglichen Fragestellungen gibt es sehr viele. Antworten in den verschiedensten Business-Software-Paketen gibt es ebenfalls sehr viele. Interessant für die Beantwortung der Grenzen-Frage ist jedoch das Delta, wieviele und welche Fragen werden durch die Standardmasken- bzw. -listen nicht beantwortet. Nur sehr selten ist das Delta nicht existent, öfter ist es eher größer statt kleiner.

Masken- und Report-Generator heißt meist die Antwort der Anbieter, so auch bei NAVISION Financials. Die Qualität dieser Generatoren bilden also die Grenze einer Business-Software im Bereich Auswertungen, Datenanalysen, Übersichten und Statistiken.

3.3   Datenaktualität

Alle Informationen sollen immer aktuell sein. Das heißt, daß eine Business-Software, die Up-To-Date sein will, absolut „Online Denken" muß. Offline bzw. Batch-Prozesse dürfen nur dann eingesetzt werden, wenn der Benutzer das genauso organisieren will, jedoch nicht dann, wenn es die Software nicht anders kann.

Daraus ergibt sich, daß Lösungen mit absolut notwendigen Tagesabschlüssen, Prüfungsläufen und Batch-Folgen von Programmen sich die bissige Frage nach dem Status der Qualität ihrer Software-Technologie gefallen lassen müssen.

Offline / Batch-Prozesse kommen aus einer Zeit, in der Grenzen von Hard- und Software dazu zwangen; sie sind in der heutigen „nahezu grenzenlosen" EDV-Landschaft jedoch überholt.

Datenaktualität bekommt jedoch eine weitere Dimension mit der Zeit:

Wenn der Chef / Boss / Entscheider / Manager / ... eine (spontane) Idee hat und diese an Hand der vorhandenen Informationen überprüfen und testen will, so entsteht meist eine sporadische Anfrage nach einer bestimmten Auswertung. Diese Anfrage existiert meist standardmäßig nicht.

Diese Informationsanfrage spontan und direkt zu beantworten - jedenfalls ohne Zeitverzögerung von gar Tagen oder Wochen - ist ein Anspruch der näheren Zukunft des Managements.

Auch hier sind Masken- und Report-Generator – jedoch zusätzlich mit dem Anspruch der extrem effizienten Benutzung - die Lösungsansätze. Deren Flexibilität und Qualität sind somit die Grenzen einer Business-Lösung bzgl. Aktualität und damit auch Entscheidungsschnelligkeit.

3.4   Informationsessenz

Ein Software-System, das in der Lage ist, Manager in ihren Informationsansprüchen zufriedenzustellen, ist bestimmt grenzenlos. Es kann dann Informationen in einer Essenz liefern, die zu überbieten nicht notwendig ist.

Ob dieser Anspruch überhaupt erfüllbar ist, soll nicht beantwortet werden. In sehr vielen Fällen, in denen die Business-Software vom Management mitbenutzt wird, kann man davon ausgehen, daß das benutzte Instrument leistungsfähig genug ist, um eine genügend große Informationsessenz zu erreichen.

Ein Anspruch, den eine solche Software erfüllen muß, ist die managementtaugliche Bedienbarkeit, was u. a. eine hohe Flexibilität bedeutet; denn das Management dürfte wohl kaum immer wieder nur dieselben Fragen stellen, sondern eher sich wandelnde, dem Markt folgende Fragen. An Grenzen ist die Software gestoßen, wenn sie zu umständlich, zu langwierig, zu komplex ist, um die freien Fragen zu beantworten und es deshalb zur Delegation der Beantwortung kommt.

4 Datentransparenz und Offenheit

Eine Business-Software ohne Grenzen muß extrem transparent und offen sein.

Denn Barrieren und Hürden auf dem Weg zu einer Information – sei es innerhalb des Systems (Transparenz), sei es von außen (Offenheit) – sind Grenzen per definitionem.

4.1 Strukturen

Die Datenstrukturen im System uneingeschränkt verändern und ergänzen zu können, ist eine Schlüsselfunktion der angestrebten Grenzenlosigkeit.

Bei NAVISION Financials sind die Daten als Felder in Tabellen abgelegt, alle Eigenschaften aller Tabellen und aller Felder sind frei zugänglich.

Es können Felder der verschiedensten Arten hinzugefügt werden, andere verändert und wieder andere gelöscht werden. Veränderungen und Löschungen können jedoch nur insoweit getätigt werden, inwieweit durch die Veränderungen keine Konsistenzverletzungen auftreten können. So ist das Löschen eines Feldes in einer Tabelle erst möglich, wenn alle Inhalte vorher gelöscht wurden; ebenso können Änderungen am Datentyp nur durchgeführt werden, wenn keine Wiedersprüche zu den vorhandenen Inhalten vorliegen.

Neue Tabellen hinzufügen und bestehende ergänzen, ist ebenso möglich, wie das komplette Löschen von Tabellen. Auch die Zusammenhänge zwischen Tabellen und Feldern sind frei gestaltbar, wie z. B.

- Hierarchien zwischen Tabellen;
- einfache Relationen von Feldern zu den Schlüsseln von anderen Tabellen;
- Automatik-Reaktionen bei Feldänderungen;
- Definition von Summenbildungen über Felder anderer Tabellen;
- automatische Definition von Datensätzen.

Gewisse Einschränkungen gibt es jedoch; denn bei allen Veränderungen an Tabellen und Feldern sind Regeln einzuhalten, die einer leichteren Softwarepflege dienen. Diese Regeln, wie z. B. bestimmte Nummernkreise bei Objekt-ID's oder Feldern, bilden jedoch keine Grenzen, sondern bieten eher Vorteile in der langfristigen Pflege der Gesamtlösung.

4.2   Darstellung

Die einzelnen Sichten auf die Informationen werden nach den verschiedensten Kriterien strukturiert: nach Geschäftsprozessen, nach Zugriffsberechtigungen, nach logischen Zusammenhängen, einfach nach praktischen Gesichtspunkten.

Alle Varianten dieser Sichten standardmäßig abzudecken, ist fast unmöglich und vor allem verwirrend. Eine anforderungsspezifische Gestaltung der Sichten ist notwendig, ja unabdingbar, womit man wieder bei der Qualität des Maskengenerators angelangt ist, als dem Medium, mit dem die geforderte Flexibilität erreicht werden kann.

Aber es gibt auch Grenzen im Rahmen der Datendarstellung:
- Eine graphische Darstellung der Daten ist nicht oder nur sehr eingeschränkt möglich. Flächendiagramme, Kurven, Kuchen- und Balkendiagramme usw. sind klar aus dem Konzept von NAVISION Financials extrahiert, sie sind Aufgabe von Instrumenten, wie z. B. Excel, SPSS oder Corel.
- Ebenso wird für die textliche Aufbereitung von Kommentaren, Bemerkungen, Notizen etc. auf Winword, AmiPro oder WordPerfect verwiesen.

Inwieweit dieses Grenzen im Sinne der angestrebten Grenzenlosigkeit sind oder es sich um eine klare Aufgabenteilung zwischen der Verwaltung kaufmännischer Daten einerseits und der Textverarbeitung, Tabellenkalkulation und Graphikaufbereitung andererseits handelt, kann nicht allgemein entschieden werden, sondern nur situationsbezogen.

4.3   ## Selektion

Nach Antworten im Informationssystem zu suchen, ist i. d. R. die Aufgabe, die die meiste sparbare Zeit in Anspruch nimmt. Ob es sich um Informationssuche, Selektion, Datenfiltration, Fakten-Fahndung, Fehlersuche, Info-Filter etc. handelt, im Kern ist es das schnelle Finden von dem, was man sucht.

Automatisch wird hier vorausgesetzt, daß der suchende Frage-steller richtig fragt, also eine logisch verständliche (übertragbare) Formulierung wählt. Die Antwort erfolgt um so schneller, je klarer und nachvollziehbarer die Frage war und je klarer und nach-vollziehbarer die Informationsstrukturen im abgefragten EDV-System sind (interne Transparenz). Einfachheit ist hier sehr hilf-reich, wohlgemerkt einfach, nicht simpel. NAVISION Financials hat den zentralen Fokus auf Einfachheit und Transparenz gesetzt.

Grenzenlosigkeit in der Einfachheit der Informationssuche kann es natürlich nicht geben, es besteht immer ein nicht lösbarer Konflikt von Komplexität und Einfachheit. So läßt sich Komple-xität nicht einfach vereinfachen, jedoch die Instrumente zum Handling von komplexen Strukturen lassen sich optimieren.

In diesem Sinne läßt sich mit NAVISION Financials einfach fahn-den.

4.4   ## Datenaustausch

Import-/Export-Möglichkeiten von Daten mit einem Software-System ist ein absolutes **Muß**. Kein Unternehmen und keine Per-son will heute darauf verzichten. Es bleibt nur die Frage nach dem **Wie**.

Können Daten in mehreren (besser wäre in beliebigen) Forma-ten importiert und exportiert werden, wobei zumindest ein Stan-dard-Format (z. B. ASCII) dabei ist, so wäre die Grundbedingung erfüllt (Offline / Batch - Schnittstelle).

Interessanter wird es bei einer Online-Schnittstelle. Besteht die Möglichkeit mit einer klassischen Programmiersprache das Soft-ware-System zu ergänzen, in die Daten des Systems einzugreifen, dann stehen alle Wege offen.

Anbindungen und Zugriffe per OCX, OLE, MAPI etc. sind ergän-zender und den Aufwand erleichternder Luxus.

Entscheidend für das grenzenlose Umgehen mit der Software ist der Grad der Flexibilität und Qualität der Schnittstellenunterstützungstools.

Wie schon bei den Datenstrukturen und den Sichten der Daten, führt der Weg mit der Frage nach der Grenzenlosigkeit zu den Pflege-Tools, Designern, Programmier-Schnittstellen (API's) und deren Leistungsfähigkeit.

4.5   Sicherheit

Transparenz und Offenheit sind nichts wert, wenn die Sicherheit für alle Informationen im Business-System nicht gewährleistet ist:

- auf Hardware-Ebene mit Qualitäts-Hardware, abschließbare Rechner und/oder EDV-Räume, täglichen systematischen Bandsicherungen, Plattenspeicher über RAID level 5 bzw. 1 usw.;
- auf Systemsoftware-Ebene mit spezieller Schutzsoftware, Kennwörtern, Zugriffsberechtigungen, Mitarbeiter-Zugriffsprofilen usw.;
- auf Ebene der Anwendungs-Software mit Zugriffsprofilen, wobei die Integration der Anwendungssoftware in die vorhandenen Sicherheitssysteme wünschenswert wäre;
- auf organisatorischer Ebene mit Zugriffsberechtigungshierarchien, Vertreterregelungen, Notfallpläne, Ausfall-RZ, Datentresore, externe Sicherungslagerung usw.

Aber zur Sicherheit in der Anwendung gehört noch mehr, so zum Beispiel Stabilität, Transaction Rollback, Transaction Logging und soviel Automatismen bei der Konsistenzprüfung wie nur möglich. NAVISION Financials ist sehr stabil, bietet im Rahmen von Konsistenzprüfungen extrem viel, besitzt Transaction Rollback standardmäßig, hat aber mit dem fehlenden Transaction Logging eine Grenze im möglichen Einsatzspektrum.

4.6   Integration

Eine Komplett-Lösung soll integrieren, sie soll integriert sein, sie soll als Integrationsplattform dienen.

Integration – ein Schlagwort unserer Zeit.

Wie eine Business-Software integriert ist, ist meist eine Frage der Einbettung in eine bestehende Rechner-Welt mit dem Umfeld eines Betriebssystem. Mehr „Integration in" wird meist nicht erwartet.

Das Feld, was eine Business-Software zu integrieren hat, also die „Integration von", ist sog. erheblich umfangreicher:

- Betriebsdatenerfassung (Personen, Maschinen, Aufträge, Steuerungen);

- Außendienst (Online-Anbindung, Auftrags-Replikation, Bestandsabgleich);

- Kommunikation mit Banken, Sozialversicherungsträgern, Finanzämtern etc.;

- Archivierungssysteme (vom Ordner-Schrank bis zur Juke-Box);

- Electronic Data Interchange (EDI) in den verschiedensten Varianten

- oder einfach nur den Fernzugriff des Chefs von Zuhause.

Das Maß der Integration bestimmt die Organisation bzw. der Organisator, d. h. die Menschen innerhalb der Organisation. Die Software allein kann nicht integrieren, sie kann nur Lösungen und Werkzeuge für die Bediener zur Verfügung stellen, möglichst gute und flexible.

NAVISION Financials macht dies einerseits durch fertige Software-Komponenten, andererseits durch seine extrem flexiblen Designer-Werkzeuge.

4.7   Individuelles

Es gibt Situationen, in denen allein die **individuellen Wünsche** der entscheidenden Personen die alles entscheidenden Rollen spielen. Dies sind ganz spezielle Anforderungen an die Business-Software, die es unbedingt zu erfüllen gilt.

Man ist schnell mit Begriffen wie Marotte, Spleen, Verrücktheit, Unsinn, Quatsch zur Hand bei der Kommentierung. Aber bilden nicht die individuellen Eigenarten und speziellen abweichenden Denkweisen die Grundlage für Erfolg? Wenn es diese Abweichler nicht gäbe, wäre doch vieles gleich, standardisiert, schematisiert und damit in seiner Konsequenz in einer Marktwirtschaft erfolglos.

Auf Standard-Software bezogen kann nur die Schlußfolgerung lauten, daß die Software individualisierbar ist, anpaßbar an auch die speziellsten Wünsche. Die notwendige Flexibilität zur Individualisierbarkeit ist dabei ein Muß, durchgängig auf alle Facetten der Software-Lösung.

NAVISION Financials ist Sinnbild für Offenheit und Flexibilität,

- nicht funktionenbeladen bis zum Überlaufen,
- nicht komplex bis zum Unverständnis,
- nicht mehrere 300% abdeckend, und damit 200% zuviel,
- nicht Standard um des Standards willen,
- nicht kompliziert, daß man Angst vor Änderungen hat,
- nicht mondän, überall, global, ...,

sondern frei von Ballast, einfach frei zur Konzentration auf das Individuum.

Eigentlich müßte „Individuelles" der erste Punkt sein - im erfolgreichen Business.

5 Zukunftstauglichkeit

Daß eine Business-Software eine Lösung für eine absehbare Zukunft und damit zukunftstauglich ist, erfordert gewisse Minimalanforderungen.

Man muß mit ihr so zufrieden sein, daß die Frage nach etwas besserem nicht gestellt wird; sie muß einem das Gefühl geben, auch noch nicht bekannte Anfordeungen mit ihr gut abdecken zu können; und wenn der Umgang mit der Software – sei es Sachbearbeitung und/oder Programmierung – auch noch Spaß macht und keinen Frust erzeugt, was will man mehr.

5.1 Zufriedenheit

Dies ist der erste Anspruch an eine Business-Software, bei der man sich vorstellen kann, noch in vier bis sechs Jahren damit zu arbeiten. Eine längere Frist anzunehmen, wäre wohl anmaßend in der schnellebigen EDV-Zeit.

Der Tatbestand, der einem zufrieden stellt, muß natürlich existieren. Die Vorstellung, die EDV nur mit einem Knopf zu bedienen und dann läuft alles von selbst und vollautomatisiert, ist irreal, leider jedoch noch weit verbreitet. Zum Glück hat die EDV schon eine bestimmte Historie mit meist mehreren erlebten Software-Generationen, woraus sich leicht ablesen läßt, inwieweit jemand notorisch unzufrieden ist, eine irreale EDV-Vorstellung hat oder nur immer nach dem Besseren sucht.

5.2 Flexibilität und Freiheit

Was ist Flexibilität ?

Auf eine Business-Software wie NAVISION Financials bezogen, ist sie die Möglichkeit, die Software leicht und transparent so anpassen zu können, wie man sich die Lösung bzw. das Ergebnis vorstellt.

Oder ist Flexibilität nur ein Modewort der anstrengenden wirtschaftlichen Gegenwart ?

Ja, auch das; jedoch nicht mit dem Hintergedanken, daß die Mode geht wie sie gekommen ist, sondern eher als eine notwendige banale Erkenntnis.

Oder ist Flexibilität nur die Entschuldigung für fehlende Funktionalität ?

Dies mag in bestimmten Bereichen so aussehen und auf den ersten Blick so erscheinen. Wenn man aber darüber nachdenkt, kommt man schnell zu dem Ergebnis, daß Gegenüberstellen von Funktionalität und Flexibilität eine Einbahnstraße ist:

Mit einem flexiblen Software-System können schnell beliebige Funktionen ergänzt werden, ein System mit enorm vielen Funktionen ist aber noch lange nicht schnell flexibel zu machen; das ist einfach eine Frage der Basis-Technologie.

Flexibilität hat auch eine besondere Eigenschaft: Sie hat keine Nachteile. Sie gibt einem nur eine Freiheit, nämlich die Freiheit, ergänzen, verändern, löschen, modifizieren, verbessern, ja schlicht handeln zu können. Sie entläßt aus der Gefangenschaft des Nichts-Tun-Könnens

5.3 Emotionale Sicherheit

Das Gefühl, eine Software einzusetzen,

- die stabil und ohne „Mucken" läuft und läuft und läuft,
- bei der man seine kaufmännischen Daten gut aufgehoben weiß,
- die nichts geheimnisvolles Unbekanntes in ihrem Kern versteckt,
- von der man weiß, daß sie nicht bei neuen Ideen erstarrt,
- die prüft und mitarbeitet (soweit das eine Software kann),
- bei der Know-How in der Nähe sitzt,

führt zwangsläufig zu einer gewissen Zufriedenheit, jedenfalls in einem sochen Maße, das kein unmittelbarer Handlungszwang zur Suche nach einer anderen Lösung besteht.

Dieses Gefühl zu erreichen, ist ohne weiteres möglich, es gibt schnelle und sichere Hardware, Software wie NAVISION Financials und Software-Häuser mit guter und solider Projekterfahrung, die auch in brisanten Situationen Standing haben.

Wenn das menschliche Miteinander im unternehmensinternen Projektteam positiv ist, ein Feeling für die Software vorhanden ist und die „Chemie" in der Beziehung zum externen Berater bzw. Software-Haus paßt, steht auch dem Prozeß der Einführung im Unternehmen nichts mehr im Wege.

Jedoch steckt der Teufel im Detail: Nur ein Schwachpunkt in der Kette Mitarbeiter, Software, Berater kann verhindern, zu dem „guten Gefühl" bei der Business-Lösung zu kommen.

6   Software ohne Grenzen ?

6.1   Vergangenheit

Wurden in den ersten Jahren der „Elektronischen Datenverarbeitung" durch Hauptspeicherengpässe und Plattenkapazitäten Grenzen gesetzt, so wurden diese mit der Zeit durch die Grenzen der Entwicklungswerkzeuge (i. e. L. Programmiersprachen) ersetzt. Eine weitere Grenze war die beschränkte Verfügbarkeit von EDV-Wissen.

Business-Software – ein Begriff aus der eher jüngeren Zeit – bestand „gestern" lediglich aus einer Buchhaltung, dann kamen nach und nach weitere Funktionsbereiche hinzu. Mit der Zeit wurden zahlreiche Bereiche computerisiert, meist Bereiche zuerst, in denen die Informationen fixierbar sind (Zahlen, Fakten, Texte, Beträge, weniger Meinungen, Tips, Einstellungen etc.).

Die Jahr 2000–Problematik zeigt in Randbereichen auf, daß heute noch viele Programme und Jobs aus dieser historischen Zeit stammen. Die EDV-Verantwortlichen haben eine Ablösung dieser Altlasten bis heute nicht geschafft, sei es aus Zeitmangel, personellen Engpässen, organisatorischen Widerständen, Geldmangel oder festgefahrenen Denkstrukturen.

6.2   Gegenwart

Heute existieren im Sektor Business-Software in den Unternehmen EDV-Landschaften, die fast so abwechslungsreich sind wie die der Natur.

Von der Inselwelt Tahitis mit seinen unzähligen Inseln / Atollen mit der unendllichen Weite des Meeres dazwischen, bis zur Kompaktheit Hongkongs mit seiner totalen Integration von allem und jedem. Von den Glasfasernetzen in den USA bis zu den abhandengekommenen Kupferleitungen Mosambiques. Von den isolierten XT-PC's bis zu den vernetzten PentiumPro-Clients. Von den Schreibmaschinen für die Mahnungen bis zu ...

In der EDV ist die Gegenwart geprägt durch den Blick nach vorne, für die Erinnerung zurück bleibt kaum Zeit. Gesucht werden Lösungen für Morgen.

Der Anspruch einer „Business-Software ohne Grenzen" ist heute nicht mehr utopisch. Die in diesem Artikel angestoßenen Betrachtungsweisen und Gedankengänge sollen zeigen, wo Schwerpunkte aktueller und zukünftiger Software liegen werden:

NAVISION Financials hat diese Kernkompetenzen

- **Bedienungsfreundlichkeit** (technologisch und inhaltlich)
- **Transparenz** (interne und externe Offenheit, Einfachheit)
- **Flexibilität** (Anpassungsfähigkeit, Adaptionsvermögen)

Der Titel „NAVISION Financials – Business-Software ohne Grenzen" ist zwar etwas provokativ, fordernd, vielleicht sogar frech, überzogen, jedoch auch voll vertretbar, real im Vergleich zum Markt und (in Grenzen) aufzeigbar.

6.3   Zukunft

Spekulationen sind das einzige, was über die Zukunft machbar ist. Grenzenlose Software wird es wohl auch nie geben, zum Glück, denn wenn es sie geben würde, würden Ängste bei wohl allen Bedienern entstehen.

Vielleicht läßt sich folgende Kompromiß-Formel finden: Eine Business-Software ist grenzenlos, wenn (fast) alle Bediener zufrieden mit ihr sind und (ein wenig) Spaß im täglichen Umgang mit ihr haben.

Kapitel 3

**Reorganisation auf der Basis von NILS
(NAVISION®-Informations-Logistik-System)**

Dipl.-Kfm. Roland Abele

Dipl.-Ing. (FH) Rainer Weißenberger

Dipl.-Wirtsch.-Ing. Patrik Allmann

Fa. ABACON Beratungsgesellschaft für Organisation
und Informationslogistik mbH, Rimpar

1 Reorganisation

Die ABACON Beratungsgesellschaft für Organisation und Informationslogistik versteht sich als Organisationsberatung, die die ganzheitliche Betrachtungsweise einer Unternehmensorganisation in den Vordergrund stellt. Die Philosophie, daß eine anhaltende positive Veränderung sowie die Schaffung der erforderlichen Möglichkeiten und deren optimaler Nutzen nur dann gelingen kann, wenn alle Bausteine des Systems „Unternehmen" (**Struktur**, **Stil**, **System** und **Mitarbeiter**) berücksichtigt und unter Betrachtung des gesamtunternehmerischen Aspektes aufeinander abgestimmt werden, ist eine wesentliche Basis für den Erfolg.

Abb. 1.1
Stärken-/Schwächen-
Analyse

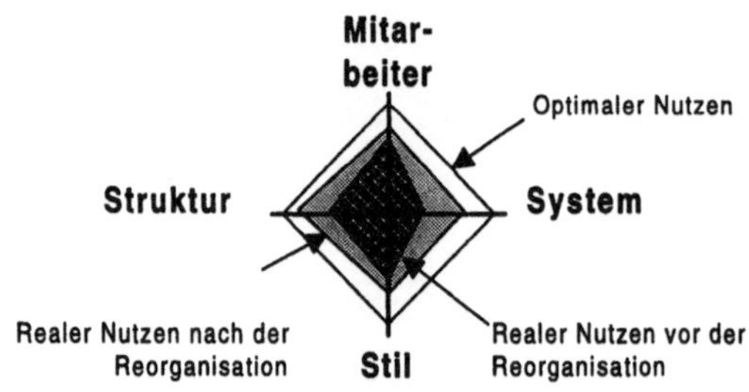

Die Ausprägungen des Möglichkeiten-/Nutzenverhältnisses sind in jedem Unternehmen unterschiedlich.

Ganzheitliche
Dienstleistung

ABACON versteht sich nicht als Software-Partner, sondern als Beratungsunternehmen, für das die Informationstechnologie und deren Anwendung eine Grundlage für den wirtschaftlichen Erfolg darstellt.

Die Frage nach dem richtigen Zeitpunkt, an dem die Gedanken in den Köpfen der verantwortlichen Menschen in einem Unternehmen in die Form einer organisierten Vorgehensweise gewandelt werden, hängt von einer Vielzahl von Einflußfaktoren ab. Es können innerbetriebliche oder außerbetriebliche Gründe, deren Verursacher bekannt bzw. noch unbekannt sind, zur Aufnahme von geplanten Arbeitsschritten führen.

Vor dem Start eines konkreten Projektes sollten alle Rahmenbedingungen und Planungsaktivitäten sowie die erforderlichen Kontrollpunkte erarbeitet und verbindlich festgelegt werden. Wichtig für den Erfolg ist die Planung des erforderlichen Ressourceneinsatzes und die Festlegung der Projektziele. Zu einem frühen Zeitpunkt sollten exakt ausformulierte Meilensteine definiert werden. Diese Fixpunkte dienen der späteren Kontrolle und damit der frühzeitigen Gegensteuerung von ungewollten Prozessen bzw. der Umstrukturierung der Planungsschritte.

Zunächst muß analysiert und festgestellt werden, welche Strukturen der Aufbau- und Ablauforganisation die Kernprozesse fördern oder behindern (**Stärken-Schwächen-Profil der Struktur**), ob der **Qualifikationsstand der Mitarbeiter** den gestellten Anforderungen gerecht wird, ob z. B. der **Führungsstil** den selbst gesteckten Anforderungen angemessen ist und ob die vorhandenen **Systeme** (z. B. DV) allen Anforderungen gerecht werden.

Bei der Analyse eines jeden Bausteins ist zu berücksichtigen, ob die vorhandenen Gegebenheiten (z. B. Mitarbeiterpotential, effektive Ablauforganisationen) den gestellten Anforderungen entsprechen und ob diese Möglichkeiten auch tatsächlich genutzt werden.

Unter dem ganzheitlichen Aspekt ist zu beachten, daß ein schlechtes Möglichkeiten-Nutzenverhältnis eines Bausteins den Nutzen der anderen Bausteine verringert, d. h. Reibungsverluste in den Prozessen erzeugt.

Als Ergebnis der Analyse wird für jeden Baustein ein Stärken-/ Schwächen-Profil erstellt und die erforderlichen Maßnahmen (Wahrung der Stärken, Beseitigung der Schwächen) aufgezeigt. Nur auf diese Weise ist eine erfolgreiche Reorganisation und eine anhaltende Verbesserung möglich.

Die EDV-Reorganisation ist dabei nur eine mögliche Maßnahme. Dennoch lassen sich die geplanten Maßnahmen aller 4 Faktoren (Struktur, Stil, Mitarbeiter, System) sehr gut in einem EDV-Reorganisationsprojekt verwirklichen.

ABACON führt

- Stärken-Schwächen-Analysen,
- EDV-Reorganisationsprojekte und
- Beratungen zur Optimierung der Unternehmensprozesse

bei mittelständischen Unternehmen und Tochtergesellschaften von Konzernen durch.

Im Vorfeld der EDV-Reorganisation werden die strategischen Ziele des Kunden ermittelt und mit den organisatorischen Merkmalen des Unternehmens abgeglichen. Häufig trifft ABACON auf Kunden, die mit einem umfangreichen Pflichtenheft die Anforderungen einer neuen Business-Software beschreiben wollen. Oftmals wird funktional eine Auflistung von „Muß-" und „Kann-" Funktionen und -Feldern vorgenommen. Die Problembeschreibung und die Hinweise für die Optimierung hingegen werden nur sehr grob aufgezeigt. In vielen Projekten wird die Auswahlentscheidung für ein neues EDV-Organisations-system über die Beantwortung des groben Anforderungs-kataloges und mittels Vergleich der durchgeführten System-präsentationen herbeigeführt.

Der Entscheidungsfindung für einen Partner werden objektive und subjektive Argumente und Vergleichswerte zu Grunde gelegt. Die Güte stellt sich meist erst in der Zusammenarbeit heraus.

Die Schwierigkeiten bei der Einführung von Standardsoftware resultieren oftmals aus nachstehenden Kriterien:

- Die Anwendungssoftware erfüllt nicht die in sie gesetzten Erwartungen.

- Die organisatorischen und personellen Voraussetzungen sind nicht gegeben.

- Der geplante Zeit- und/oder Kostenrahmen wird über-schritten.

ABACON kennt diese Schwierigkeit aus der neutralen Beratungstätigkeit. Aufgrund dieser Erfahrungen wurde ein Konzept entwickelt, das dazu beiträgt die oben genannten Risikofaktoren möglichst zu minimieren. Dieses Konzept und die damit verbundenen Arbeitsprogramme werden nachstehend detailliert vorgestellt.

Nach der Systemeinführung betreut ABACON den Kunden nicht nur in Software-Fragen, sondern definiert bei Bedarf

- neue strategische und organisatorische Anforderungen zur Steigerung des Unternehmenserfolges und/oder

- führt weitere kontinuierliche Methoden zur Erfolgssteigerung ein.

Die Unterstützung und Absicherung der Abläufe durch NILS sowie die Möglichkeit zur Generierung wichtiger Daten und Kennzahlen dient als wesentliche Basis für den kontinuierlichen Verbesserungsprozeß.

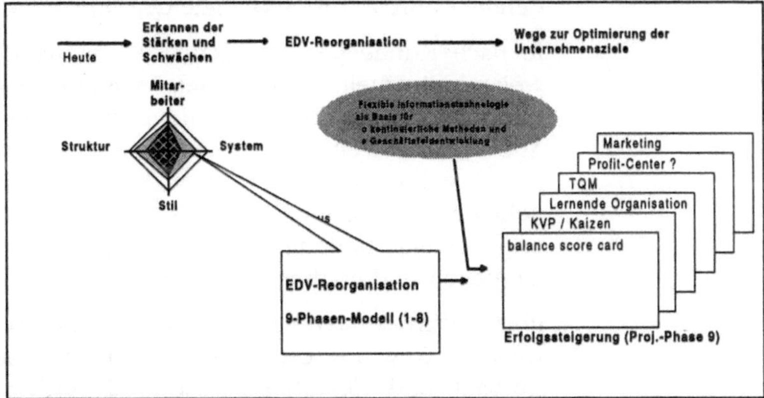

Die Ergebnisse dieser Arbeitsweise sind:

- Vorschläge und Maßnahmen zur Verbesserung der Aufbau- und Ablauforganisation;

- Begleitung bei der Umsetzung der festgelegten Verbesserungsmaßnahmen;

- Schaffung einer integrierten Plattform zur effizienteren Unternehmensführung (Management-Informations-System);

- Bereitstellen kundenindividueller Lösungen und Funktionen, die eine zielsichere Steuerung des Unternehmens ermöglichen;

- Reduktion der Gesamtkosten bzw. Gewinnsteigerung;

- Umsetzung von QM-Philosophien; d. h. Unterstützung bei der Erfüllung von QM-Anforderungen durch **NILS** (**NAVISION-Informations-Logistik-System**) bspw. in Form der Realisierung einer Chargenrückverfolgung oder einer Prüfplanverwaltung etc.;

- Integrierter Daten-/Informationsfluß und dessen Nutzen als Basis für Feedback- und Regelkreise im kontinuierlichen Verbesserungsprozeß.

2 Zielorientierte EDV-Reorganisation

Projektmanagement

Die Realisierung/Institutionalisierung einer integrierten DV-Gesamtlösung verlangt eine konsequente Vorgehensweise bereits während der Aufnahme der geplanten Aktivitäten.

Je nach Kunde gestaltet sich der Umfang und die Vorgehensweise individuell. Inhalt dieser Projektphase ist die Prüfung der Zusammenhänge zwischen dem Unternehmensumfeld (z. B. Absatzmarkt, Wettbewerb) und der Unternehmensstrategie sowie die Erstellung eines Stärken-/Schwächen-Profils der Unternehmensorganisation. ABACON läßt die vorhandene Branchen- und Projekterfahrung in die Analyseschritte und Workshops einfließen und erarbeitet und prüft mögliche Zielvorstellungen.

Primär werden Methoden, Strukturen und Modelle in Bezug auf Umsatz, Gewinn, Leistungsspektrum, Wertschöpfungsprozesse, Aufbau- und Ablauforganisation etc. diskutiert und in einem Konzept festgehalten.

Alle Ergebnisse werden zusammengefaßt und protokolliert. Entscheidungsprozesse müssen vorbereitet und durchgeführt werden. Ein Projekt ist nur dann effizient, wenn die Dynamik stets nutzbringende Ergebnisse und Entscheidungen bewirkt, auf den aufbauend konkrete Verbesserungsmaßnahmen eingeleitet werden können. Die von ABACON bevorzugt eingesetzte und praxisbewährte Projektablaufgestaltung wird in Abb. 2.1 grob dargestellt.

Abb. 2.1
Projektstruktur EDV-
Reorganisation /
9-Phasen-Modell

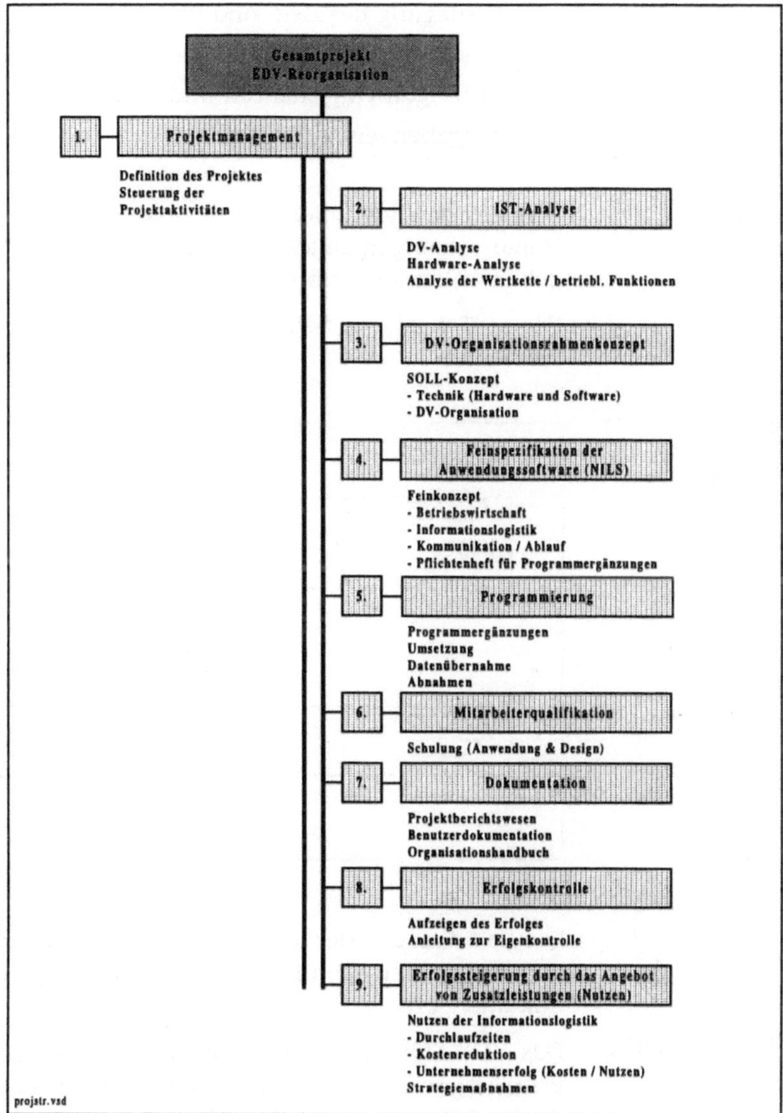

Projektorganisation

Die Projektorganisation bestimmt in einem sehr starken Maße den Erfolg des Projektes.

Die Rahmenbedingungen für ein Projekt werden gemeinsam festgelegt und in Form eines Kick-Off-Meetings allen beteiligten Personen vorgestellt:

- Festlegung des Zeit- und Projektplans
- Zusammenstellung des Projektteams
- Aufzeigen von Chancen und Risiken
- Aufgabenverteilung.

IST-Analyse

Die IST-Analyse dient zur detaillierten Prüfung der EDV-Voraussetzungen unter Berücksichtigung der betriebswirtschaftlichen und organisatorischen Unternehmensziele.

Die IST-Analyse beinhaltet die in Abb. 2.2 dargestellten Elemente.

Abb. 2.2
Elemente der
IST-Analyse

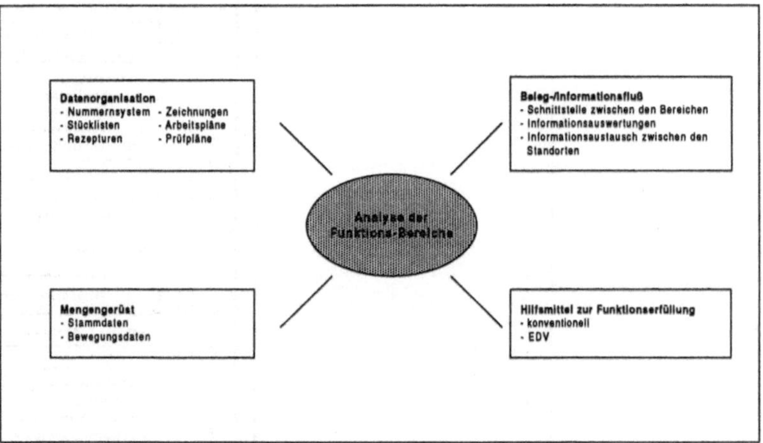

Die IST-Analyse der EDV-Reorganisation wird rein unter dem DV-Aspekt durchgeführt und im folgenden DV-SOLL-Konzept dokumentiert.

DV-SOLL-Konzept

Das DV-SOLL-Konzept beinhaltet Informationen, die zur Erstellung einer IT-Feinspezifikation nötig sind. Bis zu diesem Punkt arbeitet ABACON software-neutral; d. h. die erstellte Dokumentation läßt sich für fast jede Software nutzen.

Inhalte des SOLL-Konzeptes sind:

- Hardware-Empfehlungen
- Empfehlungen zur Systemumgebung
- Schnittstellendefinitionen
- Integrierte Funktionen der Business-Lösung

- Detailbeschreibung der Funktionen
- Performance-Anforderungen in Bezug auf Datenmengen und Tätigkeiten
- Integration von QS-Anforderungen.

Mit Abschluß des DV-SOLL-Konzeptes endet die Konzeptionsphase.

Realisierungsphase

Die Realisierungsphase enthält die Teilschritte:
- Feinspezifikation der Anwendungssoftware
- Programmierung
- Mitarbeiterqualifikation
- Dokumentation.

Zug um Zug werden die Funktionen des erstellten DV-SOLL-Konzeptes umgesetzt und die Mitarbeiter auf den Echtbetrieb des neuen EDV-Organisationssystems vorbereitet.

Prototyping

Es hat sich gezeigt, daß die Abstraktion in Konzepten nur bedingt zu Erfolgen führt; d. h. in der Veranschaulichung des Prototypings wird dem System-Anwender eine Korrektur der Inhalte und Funktionen ermöglicht. An diesem Punkt entsteht ein erhöhter Aufwand, da die umfangreiche Dokumentation der Konzeptphase nachgearbeitet werden muß.

Übergeordnetes Ziel ist jedoch der Nutzengewinnn bzw. die Qualitätssteigerung des EDV-Systems. Stellt man die täglichen Einsparpotentiale durch den verbesserten Prozeßablauf (Zeit- und Materialeinsparmöglichkeiten, die sich mehrfach wiederholen) dem Mehraufwand gegenüber, fällt die Entscheidung nicht schwer, diesen Regelmechanismus zu nutzen.

Um die Programmergänzungen zu verstehen, ist der Einblick in die NAVISION-System-Architektur unerläßlich. Eine Graphik soll die Philosphie NAVISION/NILS/Kunden-NILS erörtern:

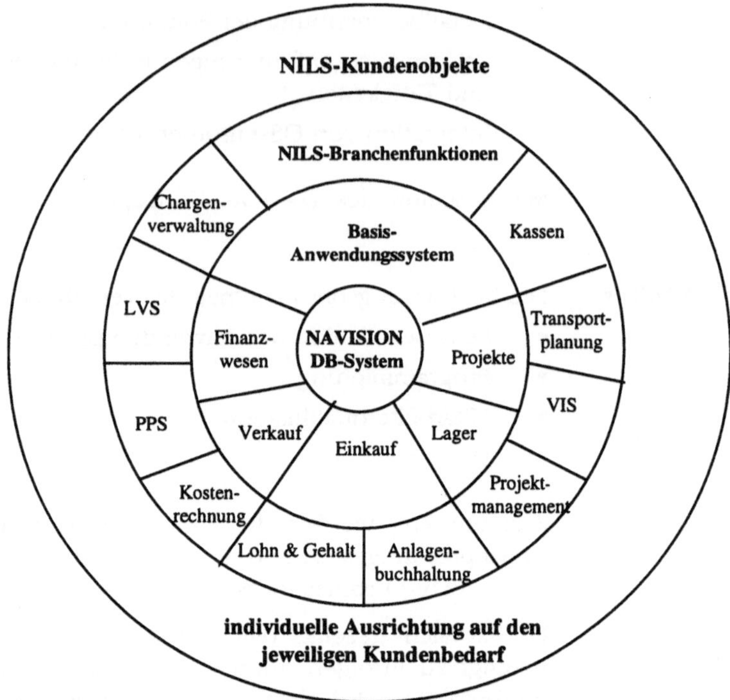

Mit den aufgezeigten Arbeitsprogrammen (Realisierungsschritte) läßt sich die Objektaufbaustruktur von NILS sehr gut umsetzen:

Die Feinspezifikation der Anwendungssoftware dient der Anpassung der Software NILS an die kundenspezifischen Anforderungen. ABACON baut auf dem Datenbanksystem NAVISION und den Basisfunktionen auf. Branchenspezifisch werden Add-On-Produkte, wie bspw. PPS, Kostenrechnung, Lohn & Gehalt, LVS, Chargenverwaltung, Tourenplanung, Vertriebsinformationssystem und weitere[1], an die kunden-spezifischen Anforderungen angepaßt.

Die NILS-Branchenfunktionen erweitern und verbessern sich mit jedem Referenzprojekt. Sowohl in der

- SAA-Version (textorientiert), als auch in der

- Vollgraphik-Version FINANCIALS (auch als GUI-Version bezeichnet)

können Funktionserweiterungen leicht vorgenommen werden.

---

[1] Mehr zu NILS-Funktionen im Band B „NAVISION als branchenspezifische Anwendung"

Auf Basis der SAA-Version hat ABACON über 50 Kundenprojekte abgewickelt und branchenspezifische Funktionserweiterungen geschaffen. Ein Großteil der branchenspezifischen Funktionen ist mittlerweile auf der im Frühjahr 1996 erschienenen Version FINANCIALS verfügbar.

Weitere Inhalte der Feinspezifikation sind:

- Feindefinition der betriebswirtschaftlichen Funktionen;
- Festlegung der Informationslogistik (Schnittstellen);
- Datenaustausch und Kommunikation (intern und extern);
- Festlegung der Teilfunktionen.

Was in Abb. 2.3 als „kundenindividuelle Ausrichtung" in Form des äußeren Randes dargestellt ist, wird in den Projekten als „Programmergänzung" bezeichnet.

Diese Leistung stellt den wesentlichen Erfolgsfaktor bei der Einführung einer Business-Gesamtlösung dar. Die in den Workshops definierten Funktionen und Teilprozesse werden, soweit nicht schon in den bestehenden Branchenlösungen realisiert, für den Kunden entwickelt. An dieser Stelle entsteht die Symbiose zwischen der betriebswirtschaftlichen SOLL-Konzeption und der Umsetzung in der EDV-Anwendung.

Ziel von ABACON ist stets die **Realisierung von schlanken Organisationsstrukturen**. In den EDV-Reorganisationsprojekten konnte durch Minimierung des Aufwands beim Auftragsdurchlauf sowie durch umfangreiche Preisfindungsfunktionen etc. die **Wettbewerbsfähigkeit der Kunden wesentlich erhöht** werden. Kundenzufriedenheit durch Erhöhung der fehlerfreien Auftragsabwicklung und die Substitution überalterter Tätigkeiten und Abläufe sind dagegen eher allgemeine Argumentationen, die für die Einführung einer integrierten Business-Gesamtlösung sprechen.

Über diese Kernfaktoren hinaus sind weitere Leistungsinhalte der Projekte unentbehrlich.

Mitarbeiter-Qualifikation   Die Schaffung einer Plattform alleine reicht keinesfalls aus, um eine derart umfangreiche und leistungsfähige Software-Lösung nutzbringend einzusetzen. ABACON realisierte erst im Juli 1997 einen Echtstart, bei dem der Kunde[1] bereits im Einführungsmonat ein deutliches Umsatzplus verzeichnen konnte. Dieser Umsatzsteigerung folgen sukzessive die in der Konzeptphase erarbeiteten Einsparungspotentiale. Die Schulung der Mitarbeiter stellt dabei einen wesentlichen Faktor zur Erfüllung dieser hohen Anforderungen dar. Oft fehlt es den Projektpartnern, extern wie intern, am nötigen Bewußtsein, mit der Anwenderqualifikation einen wesentlichen Beitrag zur Implementierungsstärke beizutragen.

Die Vorgehensweise, die Ziele und die Wirkung von Qualifikationsmaßnahmen werden in Abb. 6 aufgezeigt. Der Wissensaufbau muß durch „sukzessives Erlernen" und „permanentes Training" gefördert werden.

Dokumentation Eine sehr arbeitsintensive Projektaufgabe verbirgt sich hinter den komplexen Themendokumentationen.
Der Umfang der Dokumente variiert sehr stark. In Abhängigkeit der Vorleistungen und des Umfangs in der Konzeptionsphase definiert das Projektteam die Teil-Konzepte.

In der Art der Dokumentation richtet sich ABACON auf die Wünsche des Kunden aus, wobei ein hohes Maß an Geschwindigkeit und Qualität zu erreichen, als Ziel erreicht werden soll.

Der Anwender sollte gezielt diese entstandenen Dokumentationen zur Erfüllung seiner Aufgaben nutzen können. Wichtig ist die korrekte Widerspiegelung der Systemmöglichkeiten und die Festlegung der Standardabläufe in Form einer aussagefähigen Dokumentation.

---

[1] Eckdaten des Kunden: 45 User auf der Vollgraphik-Oberfläche FINANCIALS mit umfangreicher PPS-Logik (Klein- und Großserienfertigung), Stück-listenlogik, Auftrags- und Artikelkalkulation, komplexes Prognoseverfahren und mehrdimensionale Preis-/Rabattfindung

Folgende Dokumentationsarten werden genutzt:

Tab. 2.1

Art	Beschreibung	Stärken	Schwächen
Klassischer Workflow	In diese Kategorie werden graphische Arbeitsablauf-modelle eingestuft, bei denen die Möglichkeit besteht, Daten zu hinter-legen. Nicht enthalten sind Case-Tools.	Hoher Bekanntheits-grad bzw. einfaches Verständnis	• wenig übersichtlich • Abstrak-tionsmaß hoch • keine integrierte Datenmodel-lierung (ERM) • Ebenenmodelle eignen sich schlecht zur Plastifizierung von Prozessen
Textartige Beschrei-bung	Im Stil der meisten Pflichtenhefte als geordnete Text-Dokumentation der Prozesse.	Erläuterungen zur graphischen Darstellung werden überschaubar	• wenig über-sichtlich, weil schnell zu umfangreich • keine integrierte Datenmodel-lierung (ERM) • zu wenig strukturiert • wenig Prozessbezug
Gemischte Dokumen-tation[1]	Mischung aus • Workflow Diagrammen • Tabellen • Aufzählungen • Graphiken • Objekt-Tabellen • Text und • Hardcopies	• übersichtlich • verständlich • kunden-individuell • prozeßorientiert	• keine integrierte Datenmodel-lierung (ERM) • Aktualisie-rungsaufwand hoch

---

[1] In einem jüngsten Projekt, im Umfeld der Pharma-Industrie, wurde eine Dokumentation auf Funktions- und Feldebene realisiert (Software-Atlas).

Case-Tools und die klassische Art der Workflow-Beschreibung haben sich in den von ABACON abgewickelten Projekten nicht durchgesetzt. Die Projektvorgehensweise, die objektorientierte Programmstruktur und vor allem die flexible Realisierung setzen eine hohe Qualifikation der Projektmitarbeiter voraus. Bisher konnte kein ERP-Tool (Enterprise-Ressource-Planing-Tool) die Anforderungen an die Projektvorgehensweise von ABACON in wirtschaftlich vertretbarem Maße erfüllen. Mit wirtschaftlich vertretbar ist der Aufwand des praktikablen Einsatzes und nicht der Anschaffungsaufwand gemeint.

Erfolgskontrolle

Das Arbeitsprogramm „Erfolgkontrolle" kann als Projekt-Controlling-Instrument verstanden werden.

Aufgaben sind die

- Terminüberwachung,

- Qualitätsprüfung der Aktivitäten,

- Mitarbeitermotivation und

- der ständige SOLL-/IST-Vergleich der Vorgaben.

Ziel dieses Arbeitsprogrammes ist die permanente Ausrichtung an den definierten Zielen, Aufzeigen des Erfolges und Anleitung zur Eigenkontrolle.

Erfolgssteigerung

Eine weitere Leistung ist das - optional als Folgeprojekt - durchführbare Arbeitsprogramm „Erfolgssteigerung".

Mögliche Inhalte dieses Projektes sind:

- Verbesserung der Entscheidungsgrundlagen (Geschäftsfeldentwicklung, Profit-Center, Integration neuer Bereiche und Leistungen, Outsourcing, Informationspolitik nach außen);

- Reduzierung der Gemeinkosten für die Informationsverarbeitung (Controlling-Daten);

- Reduktion der Gesamtkosten durch geeignete kontinuierliche Methoden (KVP, Kaizen, TQM, Lernende Organisation etc.);

- Minimierung der Bearbeitungs- und Durchlaufzeiten;

- Transparenzerweiterung über die aktuelle Situation (Informationsweitergabe an Dritte) zur Förderung des Vertriebserfolges (Bindung der Kunden an das Unternehmen).

Zur Erfüllung dieser Ziele werden folgende Aufgaben wahrgenommen:

- Implementierung und Institutionalisierung der betriebsorganisatorischen Methoden nach Erstellung eines Maßnahmenplans zur kontinuierlichen Steigerung des Unternehmenserfolges.

- Schaffung einer Plattform zur strategischen Geschäftsfeldentwicklung (Leistungsparameter verschiedener Geschäftsbereiche, Aufbereitung aller Daten für ein leistungsstarkes Marketing-Instrument).

Die aufgezeigte kundenorientierte Projektvorgehensweise von ABACON hat sich in über 60 Projekten als wichtiger Erfolgsfaktor erwiesen.

Voraussetzung für eine derartige Projektabwicklung sind hochmotivierte Projektteams mit interdisziplinärer Zusammensetzung und einem hohen Maß an Belastbarkeit. Die Kombination von klassischen Organisationsberatern und EDV-Spezialisten gewährleistet, daß die DV-Reorganisation keine Insellösung in der Gesamtorganisation unserer Kunden wird.

Auch zukünftig wird ABACON Projekte zielorientiert und partnerschaftlich durch den Einsatz von engagierten Mitarbeitern zuverlässig abwickeln.

Kapitel 4 47

Tabellen- und Formulardesign mit Navision Financials®

Dipl.-Inf. (FH) cand. Roland Fischer

Fachhochschule Konstanz
Hochschule für Technik, Wirtschaft und Gestaltung
Fachbereich Informatik/Wirtschaftsinformatik

1 Grundlagen zur Formulargestaltung

Die sorgfältige Formularerstellung ist für einen Navision Financials Entwickler die wichtigste Voraussetzung zum Erfolg. Nur wer die Anforderungen seiner Kunden versteht und praktisch über das Formulardesign und die Programmierung mit dem C/AL-Code diese Anforderungen in Objekte umsetzen kann, wird verstehen können, welche Möglichkeiten ihm Navision Financials bietet.

Anhand einiger Beispiele aus der Praxis soll dieses Kapitel die Funktionsweise der Formen (Formulare) erklären. Zusätzlich soll die Erstellung neuer Formen mit Hilfe des „Form-Wizard" beschrieben werden. Dieser „Wizard" ist eine unschätzbare Hilfe beim Design von Formularen. Innerhalb weniger Minuten kommen damit recht anschauliche Ergebnisse zustande.

Wer zum ersten Mal mit Navision Financials arbeitet, sollte sich zunächst mit den Formularkomponenten und seinen Eigenschaften beschäftigen. Wenn die einzelnen Objektbegriffe später geläufig sind, wird auch das Verständnis wachsen.

1.1 Was sind Formulare?

Formulare werden benutzt, um sich Daten auf dem Bildschirm anzeigen zu lassen oder um sie über die Tastatur einzugeben. Die zu bearbeitenden Informationen können aber auch ohne Eingabe des Anwenders aus einer bereits bestehenden Tabelle kommen.

Eine Form kann entweder ein Kartenformular (mit Registern) oder ein Tabellenformular (mit Spalten) darstellen. Kartenformulare können nur einen Datensatz darstellen, während Tabellenformulare mehrere Datensätze gleichzeitig anzeigen können.

Um den Überblick zu erleichtern, werden in diesem Kapitel die Komponenten eines Formulars wie folgt dargestellt:

Properties = kursiv
„Triggers in doppelten Anführungszeichen"
Controls in Fettdruck

Dabei lassen sich die Controls zusätzlich noch in Properties und Triggers unterscheiden.

Folgende Darstellung soll die Komponenten eines Formulars verdeutlichen:

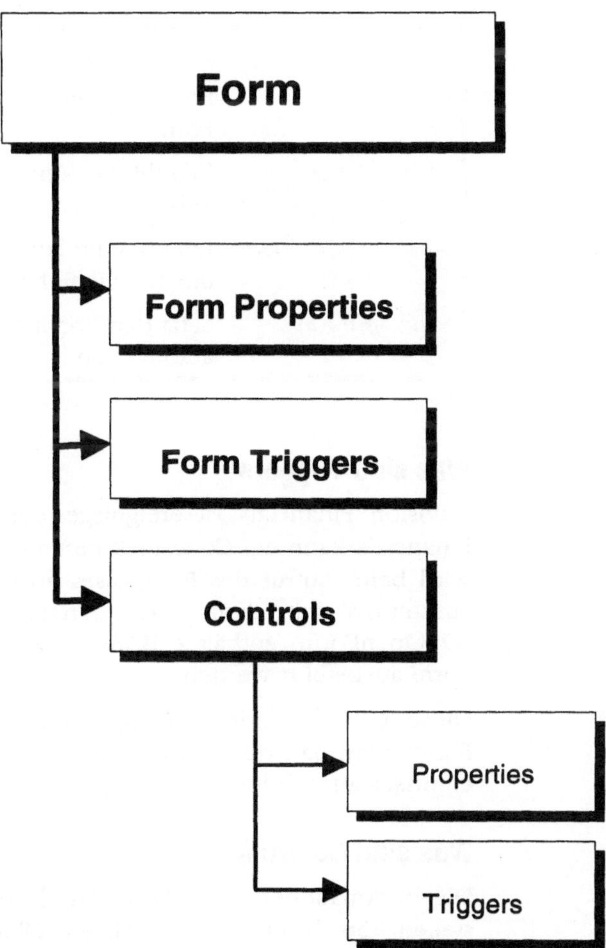

1.2   Was sind Properties?

Formulare und Controls bekommen durch die Properties ihre Eigenschaften zugewiesen. Man unterscheidet Properties nach Formular und Control. Die Eigenschaften geben unter anderem an, auf welche Tabelle sich eine Form bezieht oder an welcher Position ein Feld einer Tabelle dargestellt wird.

Nach der Eingabe eines Wertes in ein Control können je nach Eigenschaft des Controls entsprechende Aktionen vorbereitet oder verhindert werden.

Die wichtigsten Form Properties sind in der unten dargestellten Tabelle wiedergegeben:

Tab. 1.1
wichtige Form
Properties

Property	Bedeutung
Editable	Erlaubt/unterbindet Änderungen in der Form.
Source Table	Erlaubt das Verbinden der Form mit einer Tabelle.
Source Table View	Erlaubt eine Sortierung und einen Filter für die Tabelleninhalte.
Auto Split Key	Setzt den Primärschlüssel für die Tabelle automatisch.

1.3 Was sind Triggers?

Navision Financials ist ereignisgesteuert: Zu jedem Ereignis in Financials kann ein Codestück hinterlegt werden. Das Codestück wird beim Aufruf des Ereignisses ausgeführt. Das Ereignis wird zusammen mit dem Code „Trigger" genannt. Der Trigger „OnOpenForm" enthält z. B. Anweisungen, die beim Öffnen der Form ausgeführt werden.

Dieser und alle anderen Trigger stellen somit eine Menge lokaler Funktionen dar, deren Code bei Eintreten eines bestimmten Ereignisses ausgeführt wird.

1.4 Was sind Controls?

Die Informationen eines Formulars lassen sich mit Controls darstellen. Ein Control ist folglich ein Objekt, das z. B. Daten aus einer Tabelle anzeigt.

Ein Control kann auch das Ergebnis eines statischen Ausdrucks enthalten, welcher über C/AL-Code berechnet wurde oder Informationen wie ein Benutzerdialog.

Es gibt auch sogenannte „Container Controls". Diese zeigen selbst keine Informationen an, können aber z. B. mehrere Register verwalten, zwischen denen der Benutzer mit der Maus hin- und herschalten kann.

Die Controls stehen nur als Parents und Children zueinander in Beziehung.

Im Normalfall bezieht sich eine Form immer auf eine bestimmte Tabelle und die Controls stellen die Feldinhalte aus dieser Tabelle dar. Die Form ist folglich mit der Tabelle verbunden (s. Property *Source Table*).

1.5 Mit Controls arbeiten

Das Auswählen eines Controls geschieht am einfachsten mit der Maus. Dazu bewegt man den Mauszeiger auf das gewünschte Control und klickt mit der linken Maustaste. Dadurch wurde das Control selektiert.

Um mehrere Controls gleichzeitig auszuwählen, muß zunächst sichergestellt werden, daß kein Control aktiviert ist. Dazu klickt man mit der Maus im Formular auf einen Bereich, in welchem kein Control dargestellt ist. Mit gedrückter linker Maustaste kann dann ein durch ein Rechteck dargestellter Bereich ausgewählt werden. Alle Controls, die ganz oder wenigstens zu einem Teil in diesem Rechteck liegen, wurden selektiert.

Um ein ausgewähltes Control zu verschieben, muß man den Mauszeiger auf das Control stellen. Wird der normale Mauszeiger dargestellt, kann die linke Maustaste gedrückt und das Control an den gewünschten Ort des Formulars gezogen werden.

Um eine Reihe ausgewählter Controls zu verschieben, müssen diese wie oben beschrieben selektiert werden. Anschließend sollte der Mauszeiger so plaziert sein, daß er als Hand dargestellt ist. Nun muß die linke Maustaste gedrückt sein, um die Controls an ihren neuen Platz zu rücken.

Die Größe von Controls kann ebenfalls verändert werden. Es gibt mehrere Möglichkeiten, wobei die leichteste über das Markieren (Auswählen) eines Controls erfolgt.

Nach dem Markieren werden auf der Umrandung sechs kleine schwarze Rechtecke dargestellt. Wird daraufhin der Mauszeiger auf ein solches Rechteck gesetzt, verwandelt er sich in einen Doppelpfeil. Dieser gibt die möglichen Richtungen für eine Änderung der Größe an. Durch Drücken der Maustaste und gleichzeitiges Verschieben des Pfeils ändert sich die Größe des Controls solange, bis die linke Maustaste wieder losgelassen wird.

1.6   Unterschiedliche Control-Typen

Es gibt unterschiedliche Control-Typen. Diese beschreiben bestimmte untergeordnete Controls. Nachfolgende Tabelle zeigt, zu welchen Control-Typen die Controls zuzuordnen sind.

Tab. 1.2
Control-Typen

Control Typ	Controls
Static Controls	**Label, Image, Shape**
Data Controls	**Check Box, Option Button, Textbox, Picture Box**
Containers	**Frame, Tab Control**
Data Containers	**Table Box, Matrix Box**
Other	**Command Button, Menu Button, Menu Item, Subform**

Um solche Controls in eine leere Form einzufügen, gibt es in NAVISION Financials zwei Werkzeuge; zum einen ist dies ein „Field Menu", über das Felder aus einer Tabelle als **Textbox** mit dazugehörigem **Label** eingefügt werden können. Die zweite Möglichkeit besteht darin, die gewünschten Controls aus der „Toolbox" zu übernehmen und anschließend mit dem Feldnamen der Tabelle oder einer Variablen zu versehen.

1.7   Speichern und Kompilieren

Die Form kann z. B. mit Strg+S gespeichert werden. Dabei muß eine Objektnummer => 50000 angegeben werden, da die Nummern 1 - 49999 für die Standardapplikation reserviert sind. Zusätzlich verlangt das Dialogfenster beim Speichern die Eingabe eines Objektnamens. Dieser muß nicht eindeutig wie die Objektnummer sein.

Vor dem Ausführen einer Form muß diese kompiliert werden (F11-Taste). Die Kompilierung überprüft die syntaktische Korrektheit des generierten Codes für diese Form. Es ist folglich möglich, Formen, die noch nicht fertiggestellt sind und Fehler enthalten, zwischenzuspeichern.

1.8   Zusätzliche Tools

Es ist auch möglich, ein *„Color Tool"* und ein *„Font Tool"* einzusetzen, um Controls ganz individuell anzupassen. Jedoch sind diese Tools besonders zu Beginn des Designs nicht empfehlenswert, um nicht zu große Abweichungen vom Standard zu erhalten.

1.9   Eigenschaften von Controls

Das Verhalten eines Controls ist über seine Eigenschaften vorherbestimmt. Einige Control-Properties einzelner Controls sollen nun näher beschrieben werden.

Tab. 1.3
Labels

Property	Bedeutung
Caption	Enthält den Text, der später im **Label** angezeigt wird.
ParentControl	Durch Angabe einer Control-Nummer wird eine Beziehung zum angegebenen Objekt aufgestellt.

Tab. 1.4
Option Button
(Radio Button)

Property	Bedeutung
Caption	Wird vom OptionValue oder der SourceExpression geerbt.
Option Value	Wenn die Auswertung des C/AL Ausdrucks der SourceExpression diesen Wert ergibt, wird ein schwarzer Punkt im **Option Button** gesetzt. Handelt es sich bei der SourceExpression um ein Feld, wird durch einen Mausklick auf den **Option Button** der OptionValue dem Feld zugewiesen.
SourceExpr	Beliebiger C/AL Ausdruck

Tab. 1.5
Textbox

Property	Bedeutung
Editable	Erlaubt/unterbindet Editierungen. Wenn nicht erlaubt, wird das Control grau dargestellt.
HorzGlue	Bestimmt das Größenverhalten in der Breite der **Textbox** bei Änderung eines Formulars zur Laufzeit.
SourceExpr	C/AL Ausdruck oder Feldname, welcher den Wert der **Textbox** beinhaltet.
TableRelation	Relation zu einer anderen Tabelle kann hergestellt werden.
Visible	Bei Visible=Nein wird das Feld standardmäßig in der Table Box nicht angezeigt.

Tab. 1.6
Tab Control
(Register)

Property	Bedeutung
Editable	Erlaubt/unterbindet Änderungen im Control
PageNames	Enthält die kommaseparierte Liste der Namen von einzelnen Registern.

Tab. 1.7
Command Button

Property	Bedeutung
Caption	Der Text, der auf dem **Menu Button** angezeigt wird. Der Hotkey wird durch Voranstellen eines „&" vor den betreffenden Buchstaben eingerichtet. Ein „&" vor D, B, A, O, X und F ist unzulässig, da diese bereits in der Menüzeile des Anwendungsfensters gesetzt sind.
HorzGlue *VertGlue*	Die **Menu Buttons** werden horizontal und vertikal ausgerichtet. <Left,Right,Both> und <Top, Bottom, Both> sind möglich.
RunObject	Spezifiziert, welches Objekt nach dem Anklikken des Buttons ausgeführt wird.

Tab. 1.8
Check Box

Property	Bedeutung
SourceExpr	Boolscher Ausdruck oder Name eines BLOB Feldes.

Tab. 1.9
Image

Property	Bedeutung
Bitmap	Beinhaltet die Nummer/Dateinamen eines Systembitmaps.

Tab. 1.10
Menu Button

Property	Bedeutung
Caption	Der Text, der auf dem **Menu Button** angezeigt wird. Der Hotkey wird durch Voranstellen eines „&" vor den betreffenden Buchstaben eingerichtet. Ein „&" vor D, B, A, O, X und F ist unzulässig, da diese bereits in der Menüzeile des Anwendungsfensters gesetzt sind.
HorzGlue *VertGlue*	Die **Menu Buttons** werden horizontal und vertikal ausgerichtet. <Left,Right,Both> und <Top, Bottom, Both> sind möglich.

Die Menüpunkte zu einem Menu Item können unter Ansicht des
Menu Items eingetragen werden. Properties können hier ebenfalls zu jedem Menüpunkt angegeben werden.

Tab. 1.11
Properties zu
Menüpunkten

Spalte	Bedeutung
Caption	Der Text, der auf der Menüzeile angezeigt wird. Der Hotkey wird durch Voranstellen eines „&" vor den betreffenden Buchstaben eingerichtet.
ShortCutKey	Tastenkombination, mit der ohne Mausbewegung die Menüzeile aufgerufen werden kann (z. B. Strg + M).
Action	Operation bei Anwahl der Menüzeile z. B. RunObjekt
RunObjekt	Angabe der Objektnummer zur Spezifizierung.
LookupTable	Durch Angabe eines Standardformulars für eine bestimmte Tabelle kann dieses mit dem Short-CutKey F5 immer aufgerufen werden.

Mit der Schaltfläche „Separator" können Trennlinien zwischen
den einzelnen Menüpunkten eingegeben werden. Dies ist sinnvoll, um die Zusammengehörigkeit einzelner Menüpunkte her-
vorzuheben und die Orientierung zu erleichtern.

Mit den Pfeilen „links" und „rechts" können auch zusätzlich untergeordnete Menüstrukturen eingerichtet werden. Allerdings
sollten nicht zu viele Untermenüs erzeugt werden, um die Über-
sichtlichkeit für den Benutzer zu erleichtern.

Wird als Aktion „RunObject" gewählt, müssen Verknüpfungen in
Form von weiteren Properties eingetragen werden. Diese sind:

Tab. 1.12
Properties, die bei
Run Object berück-
sichtigt werden müs-
sen

Property	Bedeutung
RunFormView	Bestimmt die Sortierung des (Tabellen-) Formulars.
RunFormLink	Legt die Sicht der Datensätze in dem aufge-rufenen Formular fest. Verknüpfungen mit Feldern des aufrufenden Formulars sind möglich.
RunFormLink-Type	Legt einen Update auf das aufgerufene For-mular fest, wenn ein anderer Datensatz be-arbeitet wird.

2 Projektbeschreibung

Zur Verdeutlichung des Formular- und Tabellen-Designs soll ein Beispielprojekt mit dem Namen **Rechnungserstellung für Spezialkunden** dienen.

Das Projekt muß zunächst spezifiziert werden. Die Bedeutung der dabei aufgeführten Punkte ist unterschiedlich gewichtet. Großer Wert wird in diesem Projekt auf die Anzeige des Formulars gelegt. Ein Beispiel soll den Ablauf einführend verdeutlichen.

2.1 Einführung

Einige spezielle Kunden (Möbelhäuser) des Möbelgroßhändlers Schnäppchen OHG wünschen die Zusendung einer Rechnung, die in Einzelbeträge aufgegliedert ist.

Abb. 2.1
Mögliche Ein- und
Auslesungen über
Dataports

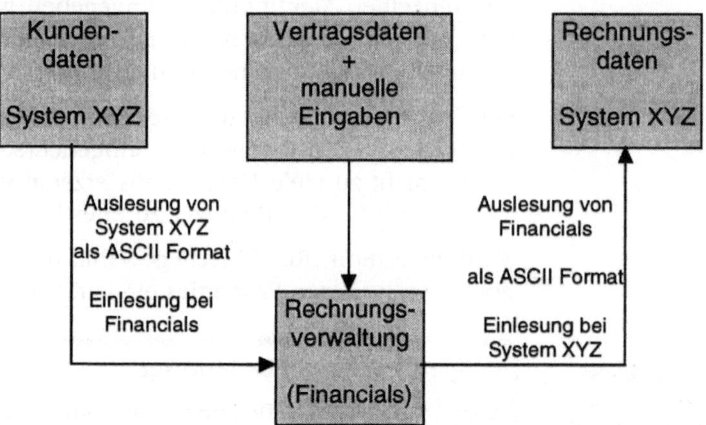

Die Vertragsdaten mit den Kunden und die Kundendaten werden im Datenverarbeitungssystem XYZ der Schnäppchen OHG gespeichert. Die Rechnungen an die Kunden sollen in Zukunft unter Navision Financials 1.4 durch die Verkäufer erstellt werden. Eine Kopie der abgeschlossenen Rechnungen (nach Zahlung durch den Kunden) geht für die Buchhaltung wieder an das System XYZ (s. Abb. 2.1).

Verwendung von
Dataports

Die vollständige Rechnungsabwicklung soll neu über Navision Financials abgehandelt werden. Um die Kundendaten zu erhalten, muß über sogenannte Dataports eine Einlesung vorgenommen werden. Die Vertragsdaten und späteren Einträge, Bemerkungen oder Änderungen werden manuell in Financials eingegeben.

Eine wichtige Aufgabe, die hier entwickelt werden soll, ist die Darstellung der Kundendaten mit Adresse in einem eigenen Formular. Bemerkungen zur Abwicklung der Verträge werden ebenfalls angezeigt. Dieses Formular dient zur Rechnungserstellung.

2.2   Sicherheitsmechanismen

Mit Financials wird die Möglichkeit geschaffen, Rechnungen unter Berücksichtigung von Sicherungsmechanismen direkt zu erfassen.

Hier muß beachtet werden, daß der Verkäufer selbst die Rechnung direkt erfassen kann. Es soll für ihn jedoch unmöglich sein, die Rechnung zu prüfen oder zu drucken. Dies bleibt Personen überlassen, die in Financials eine Berechtigung für den Zugriff auf diese Daten erhalten haben.

Der Verkäufer erhält damit nur eingeschränkten Zugriff auf die Rechnungskartei und die zugehörigen Übersichten und Funktionen.

3

Anlegen von Tabellen

Die wichtigsten Karteien in diesem Projekt sind der „**spezielle Verkaufskopf**" und die „**speziellen Verkaufszeilen**". Diese Tabellen müssen für das Projekt neu angelegt werden. Sie dienen dazu, die Rechnungsdaten zu verwalten, welche von den Verkäufern manuell erfaßt werden.

Berechtigungen

Um die Tabelle anlegen zu können, werden bestimmte Berechtigungen in Financials notwendig. Die Berechtigungen können über die Lizenzdatei eingesehen werden. Besteht keine Berechtigung zum Anlegen von Tabellen, kann Financials die erstellten Tabellen nicht abspeichern.

3.1   Vorgehensweise

Im ersten Schritt wird der Objektdesigner benötigt. Dieser wird über die Menüleiste mit Extras - Objektdesigner oder dem Short-Key Shift + F12 aufgerufen. Dort muß der Button „Table" eingestellt werden, so daß nur alle Tabellen im Objektdesigner dargestellt sind. Über den Button „New" wird der Table Designer aufgerufen, in welchem die Tabellenstruktur erzeugt werden kann.

Um ein Feld einzutragen, muß in der Spalte „Enabled" das Häkchen gesetzt sein. Nur dann ist das Feld später aktiviert.

Feldnummer

Die Feldnummer wird automatisch gesetzt, kann aber manuell geändert werden.

Feldname

In der folgenden Spalte wird der Feldname eingetragen. Dieser entspricht der ersten Spalte der nachfolgend aufgeführten Tabelle.

Datentyp

Die zweite Tabellenspalte entspricht dem Datentyp. Dieser kann aus einem Drop Down Menü gewählt werden, in welchem alle unter Financials zulässigen Datentypen aufgeführt sind.

Es besteht auch die Möglichkeit, den Datentyp über die Tastatur einzutragen. Ist der Datentyp dabei soweit referenziert, daß er eindeutig ist, kann Financials den richtigen Typ bereits setzen, bevor der Datentyp ausgeschrieben wurde.

Länge des Datentyps

Die Länge des Datentyps wird nur bei Text und Code verlangt. In jedem anderen Fall ist die Länge fest vorgegeben. Standard ist bei Textfeldern die Länge von 30 Zeichen, bei Codefeldern 10 Zeichen.

Zusätzlich bietet die Spalte „Bemerkungen" die Möglichkeit, weitere Informationen einzugeben, die sich auf ein Feld beziehen.

Wurde der Datentyp „Option" gewählt, können die Optionen für diesen Datentyp in den Properties eingetragen werden. Dazu müssen die Properties für diese Tabelle (mit Ansicht - Properties) angezeigt werden. Das Property *Option String* kann z. B. die Optionen „Rechnung,Gutschrift" für das Feld Belegart beinhalten. Damit wird die Eingabe in diesem Feld auf diese beiden Werte beschränkt.

Abspeichern der Tabelle

Wurden alle Felder der Tabelle angelegt, muß die neue Tabelle abgespeichert werden. Die ersten 49.999 Tabellennummern sind für den Financials Standard reserviert. Die Tabelle kann folglich nur mit einer eindeutigen Tabellennummer => 50000 abgespeichert werden.

Um die neue Tabelle zu speichern, kann entweder Datei Save As gewählt werden oder die ESC-Taste. Eine dritte Möglichkeit wäre das Schließen der neuen Tabelle, wobei Financials automatisch einen Dialog mit der Meldung

"Do you want to save the changes in the Table?" startet.

Die zweite Tabelle „spezielle Verkaufszeilen" wird nach dem gleichen Prinzip angelegt.

Die gespeicherten Tabellen oder Formen können über den Objektdesigner mit Hilfe des Buttons „Run" aufgerufen werden. Eine sinnvollere Möglichkeit wäre ein Aufruf über eine Form. Hierzu muß die Tabelle aber mit der Form verbunden werden.

Zur Tabelle **„spezieller Verkaufskopf"** gehören u. a. folgende Felder:

Tab. 3.1
Felder und Datentypen in der Tabelle „spezieller Verkaufskopf"

Feldname	Datentyp
Verkaufs-Nr.	(Code 10)
Belegart	(Option: Rechnung,Gutschrift)
Kundenname	(Text 50)
Adresse	(Text 30)
PLZ Code	(Code 5)
Ort	(Text 30)
Belegdatum	(Datum)
Kontaktperson	(Text 50)
Belegtyp	(Option: Kundenbeleg, Eigenbeleg, Umbuchung)
Bemerkungen	(Text 100)
Druckdatum	(Datum)
Errichtet am	(Datum)
Errichtet von	(Code 10)
Geändert am	(Datum)
Geändert von	(Code 10)
Kunden-Nr.	(Code 10)
Rechnungs-Nr.	(Code 10)
Status	(Option: erstellt,gedruckt,gemahnt,erledigt)
Verkäufer	(Code 10, Relation zur Tabelle Verkäufer)

Wie die Verbindung einer Tabelle mit einer Form erfolgt, wird später beim Erstellen eines Formulars verdeutlicht.

Die zweite Tabelle „spezielle Verkaufszeilen" enthält die einzelnen Rechnungsbeträge für die verkauften Artikel. Da in einer Rechnung mehrere Artikel aufgeführt sein können - z. B. wurden ein Tisch und mehrere Stühle von der Schnäppchen OHG verkauft - enthält die zweite Tabelle die spezifischen Artikelinformationen und die erste Tabelle nur den Rechnungskopf.

Die Referenzierung erfolgt über das Feld „Verkaufs-Nr.". Im „speziellen Verkaufskopf" ist diese Nummer eindeutig. In den „speziellen Verkaufszeilen" kann diese Nummer mehrmals vorkommen. Um in dieser zweiten Tabelle eine Eindeutigkeit zu erreichen, sollte das Feld „Position" als zusätzliches Schlüsselkriterium verwendet werden.

Das Anlegen des Schlüssels (Key) zu den „speziellen Verkaufszeilen" erfolgt wie nun beschrieben:

Anlegen/Ändern eines Schlüssels

Befindet man sich im Table-Designer, und ist die „spezielle Verkaufszeilen"-Tabelle geöffnet, kann das Formular zum Setzen des Schlüssels über Ansicht - Keys in der Menüleiste ausgewählt werden.

In der Regel wird das Feld „Verkaufs-Nr." bereits als Schlüsselfeld definiert sein. Dies ist der Fall, wenn es bei der Eingabe der Tabellenstruktur als erstes eingegeben wurde.

Als weiteres Feld wird die Position hinzugefügt. Dazu klickt man auf das Feld in der Spalte „Key" mit dem Eintrag „Verkaufs-Nr.". Anschließend sollte der nun erscheinende Button (mit 3 Punkten) per Maus gedrückt werden. In der erscheinenden „Field List" sollte nun die zweite Zeile unter „Verkaufs-Nr." ausgewählt werden (s. Abb. 3.1). Nun ist es möglich, über den „⊕ -Button" das gewünschte Feld „Position" auszuwählen und die Eingaben zu bestätigen.

Abb. 3.1
Erweiterung eines Tabellenschlüssels

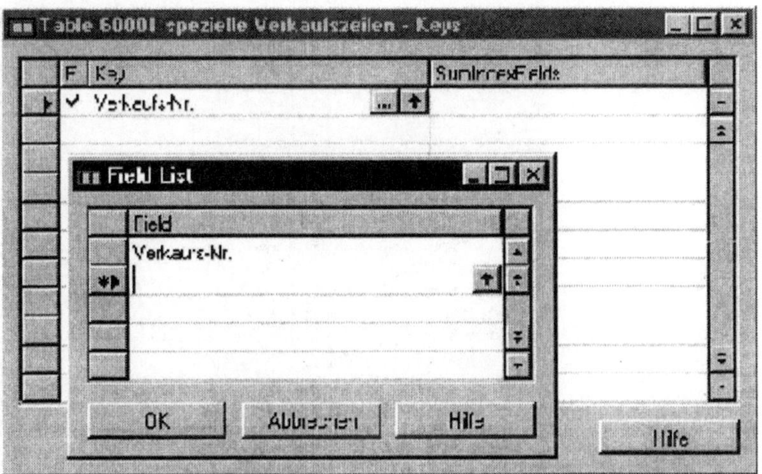

Als Key ist nun folgendes definiert:

"Verkaufs-Nr.","Position"

Nach dieser Änderung des Schlüssels muß die erneuerte Tabelle wiederum abgespeichert werden.

Wurde die Tabelle „spezielle Verkaufszeilen" noch nie abgespeichert, kann es vorkommen, daß der Schlüssel nicht gesetzt werden kann. Es empfiehlt sich daher, die Tabelle direkt vor dem Anlegen oder Ändern des Schlüssels zu speichern.
Ebenso sollte man nach dem Ändern von Feldnamen oder Datentypen verfahren.

Der Gesamtrechnungsbetrag wird temporär berechnet und kann über die speziellen Verkaufszeilen aufsummiert werden. Somit ist eine Aufteilung des Gesamtrechnungsbetrages in einzelne Rechnungsbeträge möglich. Über Gruppierungen und Sortierungen können die Rechnungsbeträge nach Warengruppe und/oder Artikel ausgegeben werden.

Die Tabelle **„spezielle Verkaufszeilen"** enthält die Felder:

Tab. 3.2
Felder und Datentypen in der Tabelle „spezielle Verkaufszeilen"

Feldname	Datentyp
Verkaufs-Nr.	(Code 10)
Position	(Code 10)
Rechnungs-Nr.	(Code 10)
Warengruppe	(Code 10, Relation zur Tabelle Warengruppe)
Artikel	(Code 10, Relation zur Tabelle Artikel)
Menge	(Integer)
Nettobetrag	(Decimal)
MwSt. in %	(Decimal)
MwSt. in DM	(Decimal)
Bezeichnung	(Text 100)
Vertrags-Nr.	(Code 10)
Druckdatum	(Date)
Errichtet am	(Datum)
Errichtet von	(Code 10)
Geändert am	(Datum)
Geändert von	(Code 10)

Das Setzen von Relationen

Wurden beide Tabellen angelegt, können sie über eine Relation verknüpft werden. Dies geschieht, indem die Tabelle „spezielle Verkaufszeilen" im Table Designer geöffnet wird. Der Cursor muß sich im Feld „Verkaufs-Nr." befinden. Dann werden die Properties aufgerufen und das Feld hinter dem Property *Table Relation* angeklickt. Ein Push-Button mit drei Punkten erscheint. Dieser muß gedrückt werden, um im neuen Fenster die Tabelle anzugeben, und das Feld, auf welches sich das aktuell gewählte Feld „Verkaufs-Nr." in der Tabelle „spezielle Verkaufszeilen" beziehen soll. Dieses ist in der Tabelle „spezieller Verkaufskopf" das Feld „Verkaufs-Nr.". Damit ist eine Relation erstellt, die folgendermaßen aussieht:

> **"spezieller Verkaufskopf"."Verkaufs-Nr."**

3.2   Einschränkungen

Vor einem Rechnungsdruck sollte eine Plausibilitätsprüfung durchgeführt werden. Dabei wird geprüft, ob alle Pflichtfelder in den Tabellen „spezieller Verkaufskopf" und „spezielle Verkaufszeilen" ausgefüllt wurden und der Gesamtbetrag nicht Null ergibt. Damit soll sichergestellt werden, daß keine unvollständige Rechnung gedruckt und versandt werden kann.

Verwendung des Belegdatum

Beim erstmaligen Rechnungsdruck erhält die Rechnung ein Belegdatum, ein Druckdatum und eine Rechnungsnummer. Dies ermöglicht eine Trennung der gedruckten und ungedruckten Rechnungen anhand dieser Felder (s. Abbildung 3.2).

Das „Belegdatum" ist außerdem das Kennzeichen, ob und wann eine Rechnung fakturiert wurde. Das „Druckdatum" wird direkt beim Rechnungsdruck gesetzt. Eine Rechnung kann mehrmals gedruckt werden, ohne das „Belegdatum" zu beeinflussen. Nur das „Druckdatum" wird neu belegt.

Die Abbildung 3.2 gibt Aufschluß über die Notwendigkeit des Belegdatums. Nach dem Druck der Rechnung sollten keine Änderungen bei der Rechnung mehr möglich sein. Möchte die Schnäppchen OHG sich die Rechnungsdaten aber im Formular Verkaufsrechnung nochmals anzeigen lassen, muß zuerst geprüft werden, ob die Rechnung schon gedruckt wurde.

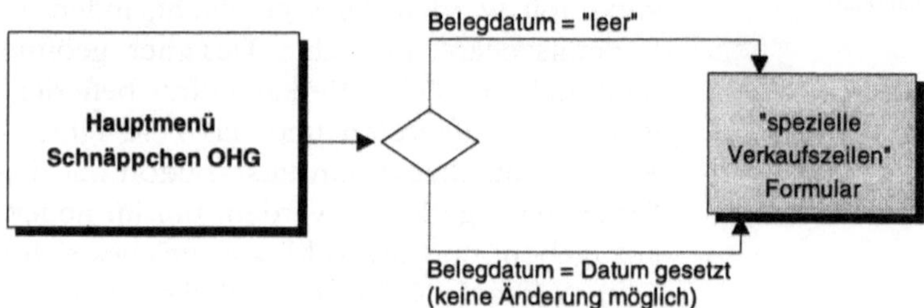

Abb. 3.2
Abgrenzung nach
dem Feld Belegda-
tum

4 Anlegen von Formularen

Im folgenden Schritt können über den „Wizard" die benötigten
Formulare erstellt werden. Zunächst errichtet man ein Kartenformular, auf dem die wichtigsten Felder als **Textbox**-Controls
sichtbar sind. Damit wird es möglich, neue Rechnungen in die
Tabelle „spezieller Verkaufskopf" aufzunehmen. Anschließend
kann ein Tabellenformular erstellt werden, in welchem die Daten für die „speziellen Verkaufszeilen" eingetragen werden. Dies
sind die einzelnen Positionen der Rechnungen.

4.1 Kartenformular erstellen

Über die Financials Menüleiste wird mit Ansicht „Objektdesigner"
der gleichnamige aufgerufen.

Dort sollte nun der Button „Form" in der linken Leiste angeklickt
werden, so daß nur alle Formen in der Übersicht erscheinen.

Verbinden von Form
und Tabelle

Im nächsten Schritt muß der Button „New" betätigt werden. Der
Wizard verlangt im Bild „New Form" die Eingabe eines Tabel-
lennamens. Hier muß die Tabelle eingetragen werden, mit der
die Form verbunden werden soll. In unserem Fall ist dies der
„spezielle Verkaufskopf".

Abb. 4.1
Verbinden von
Tabelle und
Kartenformular

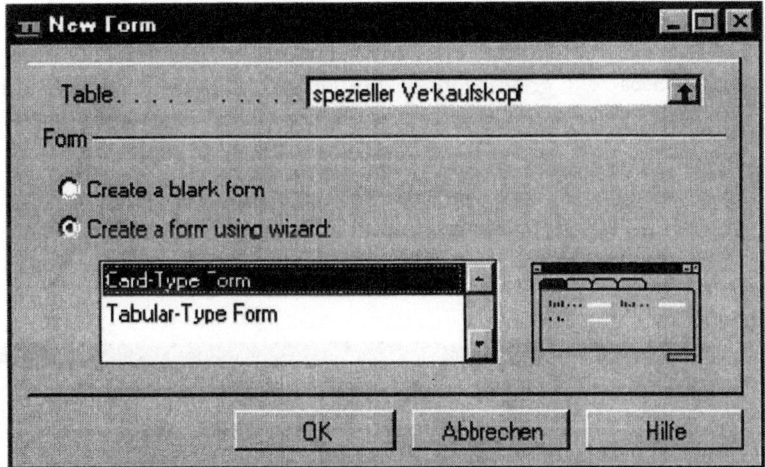

Im dritten Schritt wird entschieden, ob der Wizard weiter benutzt werden soll. Möchte man dies nicht, wird eine leere Form erstellt („Create a blank form"), welche nachfolgend ohne Anleitung bearbeitet werden kann. Dies ist jedoch nur für Benutzer empfehlenswert, die sich mit Financials bereits gut auskennen.

Der vierte Schritt bestimmt das Aussehen des Formulars. Der Benutzer muß nun wählen, ob er ein Kartenformular oder ein Tabellenformular erstellen möchte. Im Projekt soll zuerst ein Kartenformular erstellt werden.

Eintragen der Register in das Kartenformular

Nach dem Bestätigen mit „OK" können nachfolgend die Register für das Kartenformular eingetragen werden. Diese beziehen sich sinnvollerweise auf allgemeine Kundendaten, eventuelle Bemerkungen und die Rechnungsdaten, die der Verkäufer eintragen kann.
In unserem Beispiel ist es daher angebracht, folgende Register einzutragen:

1. Allgemein
2. Bemerkungen

Über einen Radio-Button wird auch die Möglichkeit geboten, ein Formular ohne Register zu erstellen. Diese Option sollte gewählt werden, wenn sich die Form auf wenige Felder beschränkt und keine Aufteilung erfordert.

Durch Wahl des Buttons „Next" gelangt man einen Schritt weiter.

Darstellung der
Tabellenfelder im
Formular mit Sepa-
rator und Spaltenum-
bruch

Hier können nun die Felder aus der Tabelle „spezieller Verkaufskopf" plaziert werden. Dazu wählt man mit der Maus die gewünschten Felder nacheinander aus. Bei Bedarf kann auch der sogenannte Separator gesetzt werden, welcher einen größeren Abstand zwischen zwei Felder setzt.

Eine weitere Formatierungsmöglichkeit im Wizard bietet der Spaltenumbruch (Column Break). Mit diesem ist eine Aufreihung der Felder in mehrere Spalten möglich.

Abb. 4.2
Einfügen von Feldern
in die Form

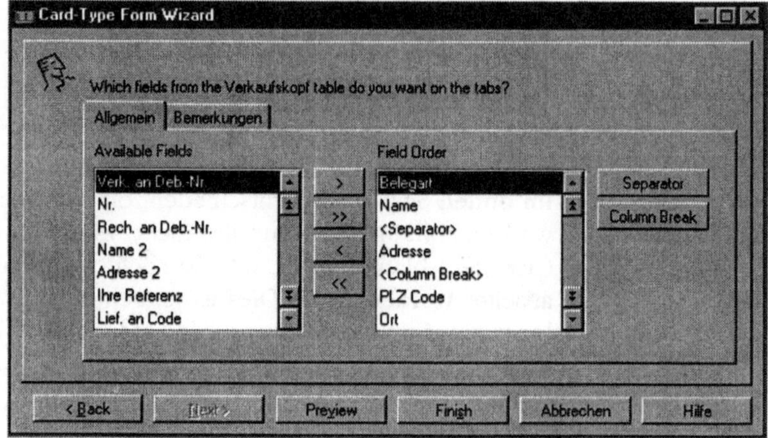

Die Ansicht des zu erstellenden Formulars kann über den Button „Preview" bereits vorab angezeigt werden. Somit erhält man einen sehr guten Eindruck über die selbst gewählte Struktur der Form und kann über den Wizard noch Änderungen im Aussehen vornehmen.

Ist man mit der Form zufrieden, wird über den Push-Button „Finish" der Wizard beendet. Die neu erstellte Form wird nun im Formdesigner dargestellt. Änderungen und Erweiterungen sind hier jederzeit manuell durchführbar. Das Speichern erfolgt über die Menüleiste mit Datei - Save As.

Speichern des
Formulars

Dazu muß das Formular eine eindeutige ID-Nummer erhalten und einen Namen. Der Name des Formulars kann dem Tabellennamen entsprechen. Zur besseren Identifizierung kann allerdings auch noch das Wort „Form" hinzugefügt werden.

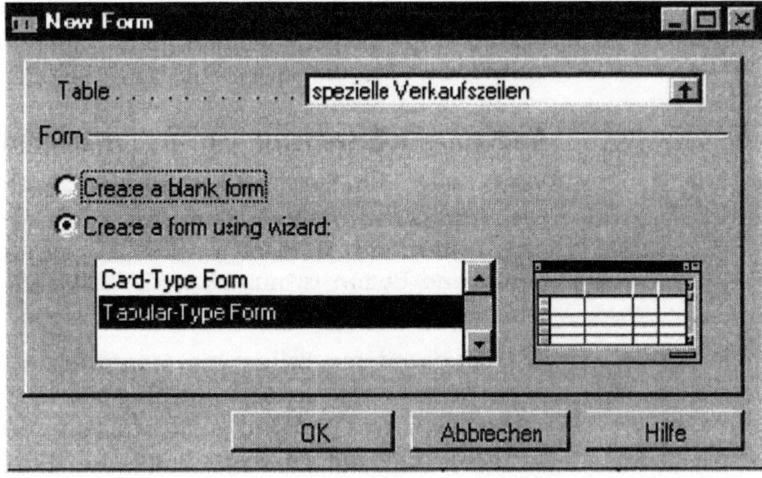

4.2   Tabellenformular erstellen

Ein zweites Formular wird als Tabellenformular angelegt. So wird dem Benutzer die Möglichkeit gegeben, mehrere Datensätze übersichtlich in ein Formular einzutragen. Dieses Formular dient sowohl zur Übersicht, als auch zur Eingabe der Daten. Alle Verkaufspositionen können damit eingetragen werden.

Vorgehensweise

Zunächst muß der Objektdesigner geöffnet sein. Über die Push-Buttons „Form" und „New" kann wiederum der Wizard zur Erstellung dieses Tabellenformulars benutzt werden.

Als Tabelle muß nun „spezielle Verkaufszeilen" eingetragen werden. Der Formulartyp ist nun „Tabula-Type-Form" (s. Abb. 4.4).

Abb. 4.4
Verbinden von
Tabelle und
Tabellenformular

Die Wahl von Tabelle und Formulartyp muß mit dem OK-Button bestätigt werden.

Im nachfolgenden Schritt werden die Felder der gerade gewählten Tabelle in das Formular übernommen. Es müssen nicht alle
Felder angezeigt werden. Aus diesem Grund gibt es verschiedene Richtungsbuttons, über welche die Felder bestimmt werden
können.

Richtungsbutton

- „>" verschiebt ein markiertes Feld von „Available Fields" nach
  „Field Order".
- „>>" verschiebt alle Felder von „Available Fields" nach „Field
  Order".
- „<" verschiebt ein markiertes Feld von „Field Order" nach
  „Available Fields".
- „<<" verschiebt alle Felder von „Field Order" nach „Available
  Fields".

Über den Button „Preview" ist eine Anzeige der gewählten Felder möglich. So läßt sich die Reihenfolge der Felder optisch gut
nachvollziehen, und anschließende Änderungen stellen kein
Problem dar.

Mit dem Button „Finish" wird der Wizard verlassen und der Formulardesigner zeigt das Tabellenformular an.

Wie die bisherigen Tabellen und das Kartenformular muß nun
auch diese Form gespeichert werden.

**Sperren des
gesamten Formulars**

Wenn das Tabellenformular z. B. nur zur Übersicht dienen soll,
sollte über das Form-Property (*Editable = Nein*) die Eingabe in
das Formular gesperrt werden. Eine Änderung des Tabellenformulars wird dadurch ausgeschlossen.

4.3 Änderungen/Erweiterungen an Formularen

Vom zuerst erstellten Kartenformular ausgehend erreicht man
eine Übersichtsanzeige, indem man einen Menü-Button oder einen **Command Button** in das Kartenformular einfügt. Ein
Command Button ist nur sinnvoll, falls keine weiteren Aktionen
erfolgen.

In jedem anderen Fall ist ein **Menü-Button** sinnvoller, um auf
dem Formular Platz zu sparen. Über einen solchen Button wird
ein dazugehörendes Menü geöffnet. Dieses enthält z. B. das Menu-Item „Übersicht anzeigen", das nun die Form öffnet. Dazu
muß dem Menu-Item mitgeteilt werden, daß die Art des Aufrufs
„RunObject" ist. Zusätzlich wird der Name bzw. die Nummer der
Form angegeben.

Ein Short-Key kann ebenfalls vergeben werden. Bei Navision Financials wird eine Übersicht zu einer Karte immer mit F5 aufgerufen. Die Karte selbst wird von Übersichten und anderen Formen jeweils mit Shift+F5 aufgerufen.

Die folgende Liste soll helfen, eine Doppelbelegung von Short-Keys zu vermeiden. Die genannten Short-Keys sind von Financials fest vorbelegt:

<table>
<tr><td>Liste der wichtigen „festen" Short-Keys</td><td>

F1 = Navision Financials-Hilfe anzeigen
F2 = Bearbeiten von Datensätzen
F3 = Einfügen neuer Datensätze
F4 = Löschen von Datensätzen
F6 = Anzeige einer Auswahl zum aktuellen Tabellenfeld
F12 = Aufruf des Hauptmenüs

<u>weitere Short-Keys:</u>

Shift F1 = Kontext-Hilfe von Navision Financials anzeigen
Shift F2 = Assist Edit
Shift F6 = Auflösen
Shift F7 = Flow-Filter setzen
Shift F8 = Sortierung ändern
Shift F12 = Aufruf des Objekt Designers
Strg F2 = Formular Designer (Änderung eines Formulars)
Strg F4 = Schließen des aktivierten Fensters
Strg F6 = Nächstes Fenster anzeigen
Strg F7 = Tabellenfilter
Strg F8 = Zoom
Alt F1 = Übersicht über alle Short-Keys

</td></tr>
</table>

<table>
<tr><td>Einfügen von Buttons</td><td>

Im vorliegenden Beispiel soll ein **Push-Button** (Command-Button) in das Kartenformular eingefügt werden. Über ihn soll das Tabellenformular aufgerufen werden.

Zunächst muß das Kartenformular „spezieller Verkaufskopf" im Objektdesigner markiert und über den Button „Design" im Formulardesigner bearbeitbar sein.

Nun sollten über Ansicht - Toolbox die Formularwerkzeuge angezeigt werden. Aus ihr wird dann der **Command Button** ausgewählt und über die Maus in das Kartenformular eingesetzt. Er sollte auf gleiche Höhe zum „Hilfe"-Button gesetzt werden.

</td></tr>
</table>

Über Ansicht - Properties erscheinen nun die Properties zu diesem neuen Button auf dem Bildschirm. Der Command Button muß dazu mit der Maus markiert sein.

Um dem neuen Button einen Namen zu geben, muß das Property *Caption* einen Eintrag erhalten: „Bet&räge"

Das kaufmännische UND wird an dieser Stelle verwendet, um einen Short-Key zuzuweisen. Das Zeichen „&" wird vor den Buchstaben gesetzt, welcher als Short-Key dienen soll.
Die Buchstaben: **D,B,A,O,X** und **F** sollten nicht benutzt werden, da sonst Redundanzen mit der Menüleiste auftreten, in der diese Short-Keys bereits eingesetzt sind.

Das Property *PushAction* erhält den Eintrag: „RunObject". Dadurch wird definiert, daß nach dem Drücken des Buttons ein erstelltes Objekt ausgeführt werden soll.

Das Property *RunObject* muß nun ebenfalls einen Eintrag erhalten: „Form spezielle Verkaufszeilen". Damit wird das Objekt bekannt gemacht, das aktiviert werden soll.
Die letzten beiden Einträge können auch alternativ aus einer Liste ausgewählt werden.

Sperren von Feldern

Neben dem neuen Button ist es auch empfehlenswert, Sicherungsmechanismen zu aktivieren. Eine einfache Möglichkeit ist das Sperren von Feldern, welche über C/AL-Code Programmierung automatisch gefüllt werden. Eine Änderung durch den Anwender wird damit nicht zugelassen.

Im Formular „spezieller Verkaufskopf" ist es sinnvoll, die Felder

- Belegdatum
- Errichtet von
- Errichtet am
- Geändert von
- Geändert am
- Druckdatum

zu sperren, da diese nicht vom Benutzer geändert werden dürfen.

Das Sperren der Felder wird erreicht, indem im Formulardesigner jeweils das gewünschte Feld markiert wird und sich über das Property *Editable = Nein* die Control-Eigenschaft ändert.

Das Feld wird nun grau hinterlegt dargestellt und läßt über die Tastatur keine Änderung zu.

Um die gesperrten Felder zu füllen, müssen Änderungen im Programmcode vorgenommen werden. Diese Arbeiten sollten nur Programmierer erledigen, die sich mit Financials auskennen.
Ergänzend zum Formulardesign soll an dieser Stelle jedoch erwähnt werden, wie dies geschieht:

Über Ansicht - C/AL-Code werden die Trigger für eine im Table-Design geöffnete Tabelle angezeigt. Die Trigger „OnInsert( )", „OnModify( )" und „OnRename( )" sollten folgende Feldzuweisungen für die in diesem Projekt erstellten Tabellen enthalten:

```
OnInsert=BEGIN
      "Errichtet am" := TODAY;
      "Errichtet von" := USERID;
END;


OnModify=BEGIN
      "Geändert am" := TODAY;
      "Geändert von" := USERID;
END;


OnRename=BEGIN
      "Geändert am" := TODAY;
      "Geändert von" := USERID;
END;
```

Durch diese Zuweisungen wird das Systemdatum automatisch eingetragen, sobald ein Datensatz angelegt, geändert oder der Schlüssel umbenannt wird.

Ähnlich wird auch das Druck- und das Belegdatum in den gesperrten Feldern automatisch gesetzt. Allerdings erfolgt dies im C/AL-Code eines Reports bzw. Berichts, der für die Rechnungsausgabe erstellt wird.

Es besteht die Möglichkeit, daß evtl. keine Berechtigung zum Ändern von C/AL-Code gegeben ist. In diesem Fall können die als Code dargestellten Eingaben nicht durchgeführt werden.

Die erstellten Formulare sehen nach den durchgeführten Schritten etwa folgendermaßen aus:

Abb. 4.5
Darstellung des Registers „Allgemein" im Kartenformular

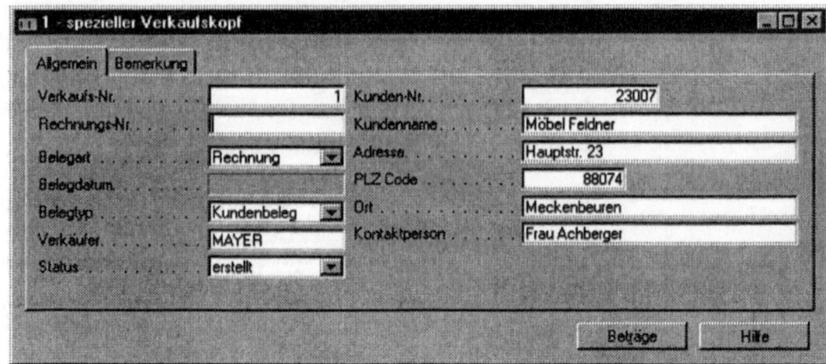

Abb. 4.6
Darstellung des Registers „Bemerkung" im Kartenformular

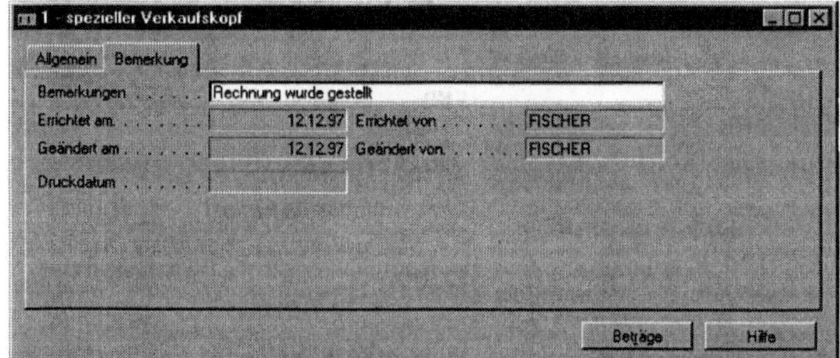

Abb. 4.7
Darstellung des Tabellenformulars

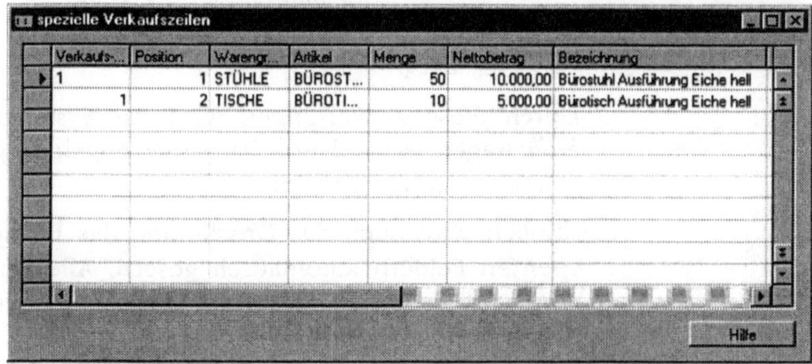

4.4   Main-/Subformulare erstellen

Zu den bisherigen Formularen existierten noch keine Unterformulare. Solche werden jedoch interessant, wenn auf einem Formular noch viel Platz verfügbar ist oder man nicht von einem Formular zu einem anderen springen möchte.

Eines der wichtigsten Formulare in Navision Financials ist die Verbindung einer sogenannten „Mainform" mit einer „Subform".

Die Mainform setzt sich aus einer Karte zusammen und hat im unteren Teil über ein **Subform-Control** eine Subform eingebunden. Die Subform besteht aus einem Tabellenformular.

Über das **Subform-Control** ist es möglich, Formulare in andere Formulare einzubetten. Da solche zusammengesetzten Formulare nicht immer leicht zu erstellen sind, empfiehlt sich ein Arbeitsplan, der die Schritte sinnvoll ergänzt.

Dieser Arbeitsplan könnte wie folgt aussehen:

Erstellen einer Subform

Subform erstellen (Wizard):

- Tabelle auswählen
- benötigte Felder der Tabelle einfügen
- **Command Button**s löschen (im Standard vorgegeben)
- Table Box Properties ändern
- (*XPos* u. *YPos* = 0, *Width* = 16060, *Hight* = 2420)
- Form Properties ändern (*Width* = 16060, *Hight* = 2420)
- *Editable* und *SubFormView* setzen

Erstellen einer Mainform

Mainform erstellen (Wizard)

- Tabelle für die Karte auswählen
- benötigte Felder der Tabelle als **Textbox** Controls einfügen, Separator setzen und eventuell Column Breaks einfügen
- Form horizontal vergrößern, um später die **Subform** einfügen zu können
- der Hilfe-Button muß angepaßt werden (rechts unten ausrichten)
- **Tab Control** Properties anpassen
- (*Width* = 16060, *Hight* 4950, *HorzGlue* = Both, *VertGlue* = top)
- **Subform-Control** zufügen und positionieren
- Properties der **Subform-Control** anpassen
- (*Width* = 16060, *Hight* = 2420, *HorzGlue* = both, *VertGlue* = both, *Border* = nein)
- *SubFormID*, *SubFormLink* und *SubFormView* setzen (s. Hinweise unten) (eindeutige Nummer der Subform, Tabellenfilter in der Subform, Sortierung der Subform-Tabelle)

SubFormID: eindeutige Nummer eines Formulars
SubFormLink: Die Tabelle der Subform wird gefiltert aufgerufen.

Wird z. B. der Tabellenfilter

Feldname2=FIELD(Feldname1)

gesetzt, bedeutet dies: Die Tabelle der Subform zeigt ein Abbild auf das referenzierte Feld aus der Mainform-Tabelle. Übertragen auf das obige Projekt mit den Feldern „Verkaufs-Nr." in beiden Tabellen entsteht folgende Aussage:

Wird in der Mainform die Verkaufs-Nr. = 7 des „speziellen Verkaufskopfes" ausgewählt, werden in der Subform nur Datensätze angezeigt, die die Verkaufs-Nr. = 7 der „speziellen Verkaufszeilen" enthalten.

SubFormView: Es wird nach bestimmten Feldern sortiert, z. B.:

SORTING(„Vertrags-Nr.",„Position")

sortiert nach der „Vertrags-Nr." und der „Position".

Das in Abschnitt 2 erwähnte Projekt kann, wie bereits angedeutet, auch mit einem einzigen Formular auskommen.

In diesem Fall dient das in Abschnitt 3 erstellte Kartenformular auch als Mainform. Zusätzlich muß allerdings über die Toolbox ein **Subform-Control** eingefügt und unterhalb der anderen Controls positioniert werden. Die Mainform sollte anschließend wie im Arbeitsplan beschrieben aussehen.

Das Tabellenformular sollte ebenfalls nach dem Arbeitsplan (Subform) abgeändert werden. Sind die Arbeitsschritte abgeschlossen und die Änderungen gespeichert, erhält man ein Formular mit einer Main- und einer Subform, das sich aus zwei Objekten zusammensetzt.

Ein Beispiel dafür, wie ein Formular aus Main- und Subform aussehen kann, soll nachfolgende Abbildung 4.8 verdeutlichen. Sie ist unabhängig vom oben dargestellten Projekt zu sehen und soll zeigen, welche Möglichkeiten diese Formularart bietet. Neben der Mainform (Kartenformular) ist eine Subform (Tabellenformular) eingebunden. Darunter sind mehrere Menü-Buttons zu sehen, über die verschiedene Aktionen ausgeführt werden können.

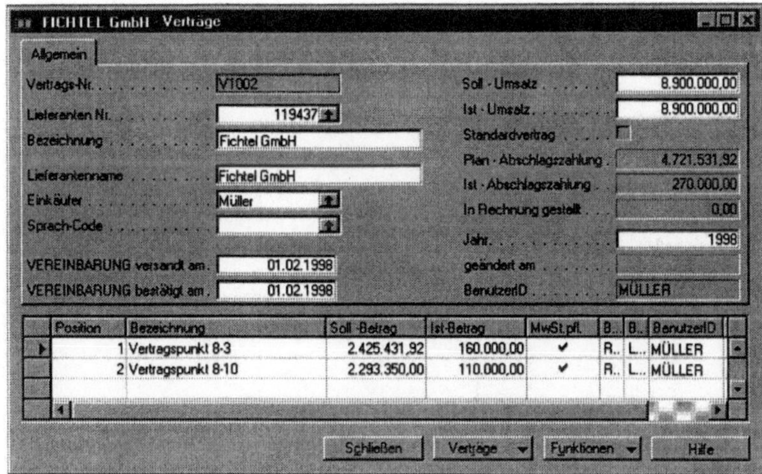

5 Resümee

In diesem Beitrag konnte nicht auf alle Möglichkeiten des Formulardesigns eingegangen werden. Vielmehr soll ein Einblick in die Möglichkeiten der Erstellung gegeben und besonders für Anfänger eine gezielte Hilfe geboten werden.

Ebensowenig kann an dieser Stelle auf das Reportdesign eingegangen werden, mit welchem gute Berichte einfach zu erstellen sind.

Kapitel 5

Kostenrechnung und Controlling unter Navision Financials

Dipl.-Ing. (BA) Dirk Grigutsch

Fa. Kumatronik Anwendungssysteme AG,
Markdorf

Dipl.-Inf. (FH) Oleg Kryschanowski

Fachhochschule Konstanz,
Fachbereich Informatik/Wirtschaftsinformatik

1 Einleitung

Die verkürzten Produktlebenszyklen, steigende Produktvielfalt, streng logistik- und kundenorientierte Denkweise der Betriebe treiben die Gemeinkosten eines Unternehmens gewaltig in die Höhe, was sich letztendlich als Liquiditäts- und Effizienznachteil im Unternehmen widerspiegelt. Eine Folge dieser Entwicklung ist der Zuwachs an administrativen Tätigkeiten in den Unternehmen. Im Einzelnen sind dies vorbereitende, planende, steuernde, überwachende und koordinierende Tätigkeiten in F&E, Beschaffung, Logistik, Arbeitsvorbereitung und Softwareerstellung, Qualitätssicherung etc.

Die Zahlen unterstreichen die Tendenz: Im heutigen Industriedurchschnitt sind ca. 50-55% der Mitarbeiter im Gemeinkostenbereich beschäftigt, dagegen waren es lediglich 25-35% in den 50er Jahren. Miller[1] geht in seinem Buch „The hidden factory" davon aus, daß die Veränderung der Kostenstruktur in der Zukunft fortgesetzt wird.

Somit steigt mit der Erhöhung des Gemeinkosten (GK) -Anteils gleichzeitig die Bedeutung des GK-Managements. Untersuchungen vergleichbarer deutscher Betriebe der Unternehmensberatung McKinsey haben gezeigt, daß Renditeunterschiede sich primär durch unterschiedliche GK-Strukturen erklären lassen.

Die Notwendigkeit des Einsatzes der Kostenrechnung entbindet hier jeglicher Diskussion, anzumerken bleibt jedoch, daß die Kostenrechnung ein fester Bestandteil des betrieblichen operativen Rechnungswesen ist. Von wachsender Bedeutung ist der Informationsoutput des Rechnungswesens für die strategische Entscheidungsplanung in einzelnen Marktsegmenten. Moderne Software-Systeme und Architekturen tragen im wesentlichen dazu bei, die für Entscheidungsträger unerläßlichen Informationen schnell, on-demand, zur Verfügung zu stellen, unabhängig von der Betriebsstruktur und des geographisch verteilten Engagements.

---

[1]   Vgl. Miller J.G./Vollmann T.E.: The hidden factory. In: Harvard Business Review, 1985/5, S. 143

Um diesen Kundenwünschen Rechnung zu tragen, entwickelten die drei Unternehmen Cabus, Kumatronik, Lipfert ein Add-On Modul für die Basisapplikation Navision Financials unter der Bezeichnung CKL, das die Kostenstellen- und die Kostenträgerrechnung vereinigt und in die Applikation integriert.

2 Das betriebliche Rechnungswesen

In diesem Kapitel sollen die Kernaufgaben der Kosten- und Leistungsrechnung angesprochen werden. Die Kenntnis des Lesers über die behandelte Thematik wird vorausgesetzt und an entsprechenden Stellen sei an weiterführende Literatur verwiesen.

Den Ausgangspunkt der Kostenrechnung bildet die Kostenartenrechnung. Ihre Aufgabe ist die systematische Erfassung, Bewertung und Klassifikation der entstandenen Kosten. Ferner differenziert die Kostenartenrechnung die Kosten nach der Art der verbrauchten Güter und Leistungen, nach der Zurechenbarkeit zu einer Bezugsgröße (Einzelkosten vs. Gemeinkosten) und nach Verhalten bei Variation der Beschäftigung. Das letztere bedeutet nichts anderes als die Aufteilung der Kosten nach ihrem fixen und variablen Charakter, was eine Voraussetzung für die Teilkostenrechnung ist.

Abb. 2.1
Die Kosten im
Betriebsprozeß

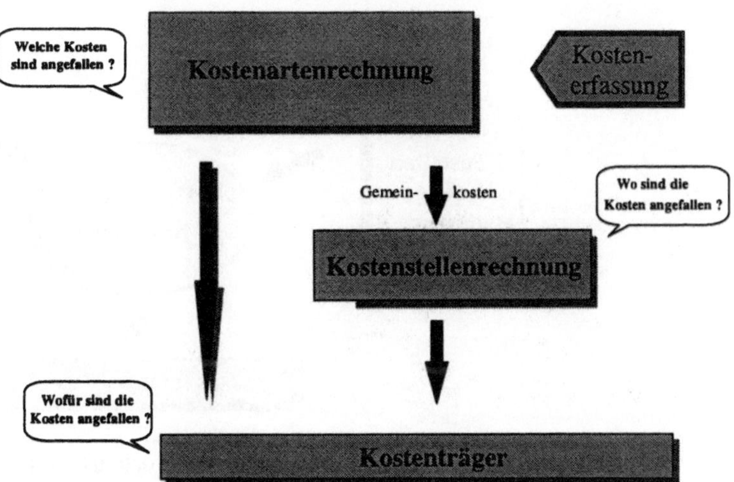

Kostenarten-
rechnung

Alle Kostenarten, die nicht direkt dem Kostenträger verrechnet werden können, werden der Kostenstelle belastet. Auf dieser Kostenstelle werden im Laufe der Geschäftstätigkeit auch weitere Gemeinkosten, beispielsweise aus der innerbetrieblichen Tätigkeit, aufsummiert. Zu einem bestimmten Stichtag (Periodenabschluß) werden auch die Neben- und Hilfskostenstellen den Hauptkostenstellen belastet. Es sei noch einmal erwähnt, daß es sich bei dieser Umlage nur um Gemeinkosten handelt. Einzelkosten werden, dies macht auch die Abb. 2.1 deutlich, dem Kostenträger direkt verrechnet.

Die Kostenstellenrechnung sowie die Prozeßkostenrechnung haben bei einem Mehrproduktbetrieb also die Aufgabe, die angefallenen Gemeinkosten verursachungsgerecht dem Kostenträger zu belasten.

Kostenstellen-
rechnung

Zum Thema Kostenstellenbildung sei hier erwähnt, daß die Bildung der Kostenstellen bzw. des Kostenplanes sehr spezifisch ist und auf die Anforderungen eines jeden Betriebs angepaßt werden muß. Jede Kostenstelle kann weiter um die Kostenstellenart spezifiziert werden, was eine viel genauere Zuordnung der Kostenherkunft ermöglicht. Im fachlichen Schrifttum kann man verallgemeinernd folgende Sichtweisen zur Kostenstellenbildung erkennen (vgl. Abb. 2.2):

Abb. 2.2
Sichten zur
Kostenstellen-
bildung

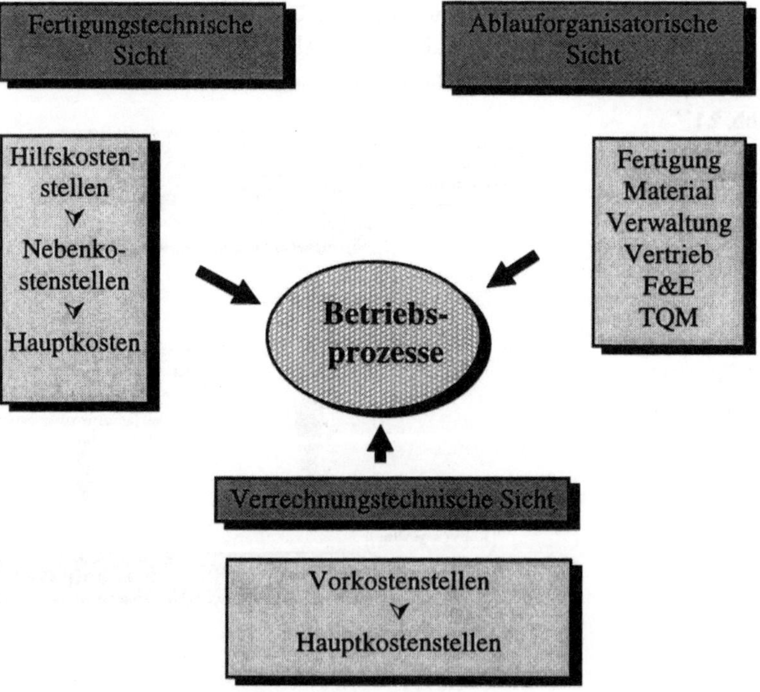

BAB

Als ein Werkzeug der Kostenstellenrechnung kann der Betriebsabrechnungsbogen (BAB) angesehen werden. Dieser hat die Funktion, tabellarisch die erfaßten Kostenarten in zwei Stufen auf den Kostenträger umzulegen. In der ersten Stufe werden die Primärkosten nach dem Verursachungsprinzip auf die entsprechenden Kostenstellen umgelegt. In diesem Schritt erfolgt die Aufspaltung der Kosten nach ihrem Charakter: Einzelkosten werden direkt umgelegt, Gemeinkosten können erst nach einem entsprechenden Schlüssel umgelegt werden

Der weitere Schritt besteht in der Verrechnung der Hauptkostenstellen auf den/die Kostenträger mittels Zuschlagssätze,[1] deren Berechnung auf

- Mengenbasis,
- Wertbasis und
- Prozeßbasis erfolgt.

Zu den Methoden der Verrechnung von innerbetrieblichen Leistungen, wie:

- Anbauverfahren

- Stufenleiterverfahren

- Standardsatzverrechnung

sei hier u. a. auf Coenenberg verwiesen.

Prozeßkosten - rechnung

Basierend auf der oben beschriebenen Problematik der Gemeinkostenexpansion erlangt die Prozeßkostenrechnung immer größere Popularität. Die Prozeßkostenrechnung (PK-Rg) ging aus dem, in den USA entwickelten Activity-Based Costing, hervor. Dabei stellten amerikanische Hochschullehrer in einer Studie eine Verbreitung der Vollkostenrechnung fest, in der auf eine einfache Weise die Verteilung der gesamten GK aufgrund der Fertigungslöhne vorgenommen wurde. Die besagte Kostenverlagerung in den Gemeinkostenbereich war für die Lehrer der Anlaß, nach neuen Konzepten zu suchen.

Die Zielsetzung der PK-Thematik leitet sich aus der Erkenntnis ab, daß die Gemeinkosten nur zu einem geringen Teil von den Materialeinzel- oder Herstellkosten abhängen.

---

[1] Diese Zuschlagssätze tauchen später als Kalkulationszuschläge in der Kostenträgerrechnung erneut auf.

Deshalb erkannte Cooper[1], daß die gemeinkostentreibenden Faktoren (später Cost Driver genannt) mit den Aktivitäten in den GK-verursachenden Bereichen zusammenhängen. Dem ABC (Activity Based Costing), so nannte Cooper formal seine Theorien, wurde zugetraut, mit den ansteigenden Gemeinkosten fertig zu werden, in dem diese Vorgehensweise die Kosten zuvor den Aktivitäten und dann den Prozessen zurechnet. Der Einsatz der Prozeßkostenrechnung setzt eine Tätigkeitsanalyse voraus, deren Ergebnisse bereits in der Analysephase schon Mehrfachtätigkeiten (redundante Aktivitäten) aufdecken können, was als ein positiver Nebeneffekt gewertet werden kann.

Ziele der Prozeß-kostenrechnung

Weiter seien folgende Ziele genannt:

- **Erhöhung der Kostentransparenz:** speziell in den Gemeinkostenbereichen ist durch das prozeßorientierte Vorgehen ein Durchleuchten der Kostenstruktur zu erwarten.

- **Planung und Kontrolle der Gemeinkosten:** durch die Verwendung von Prozeß-Planmengen und Prozeßkostensätzen können die Gemeinkosten in den indirekten Bereichen geplant und kontrolliert werden.

- **Verbesserte Produktkalkulation:** der langfristige Charakter der prozeßorientierte Vorgehensweise trägt dazu bei, strategische Entscheidungen besser zu planen.

- **Lösung von strategischen Problemsituationen** durch die Erfassung und Verarbeitung der als relevant identifizierten, internen und externen Informationen, entsprechend den sich aus der Struktur des Entscheidungsprozesses ergebenden Anforderungen.

Der wesentliche Unterschied der Prozeßkostenrechnung zur konventionellen Kostenstellenrechnung ist die grundsätzlich unterschiedliche Sichtweise im Hinblick auf die Kostenentstehung. Damit ist nicht mehr die funktionale, streng an die Ablauforganisation angelehnte, sondern die abteilungsübergreifende, prozeßorientierte Sichtweise gemeint. Die folgende Abbildung soll diese Idee visualisieren:

---

[1]   Vgl. Cooper,R./Kaplan, R.S.(1987): How cost accounting systematically distorts product costs, in: Bruns/Kaplan [Hrsg.] 1987

Abb. 2.3
Kostenstellenrech-
nung vs. Prozeßko-
stenrechnung

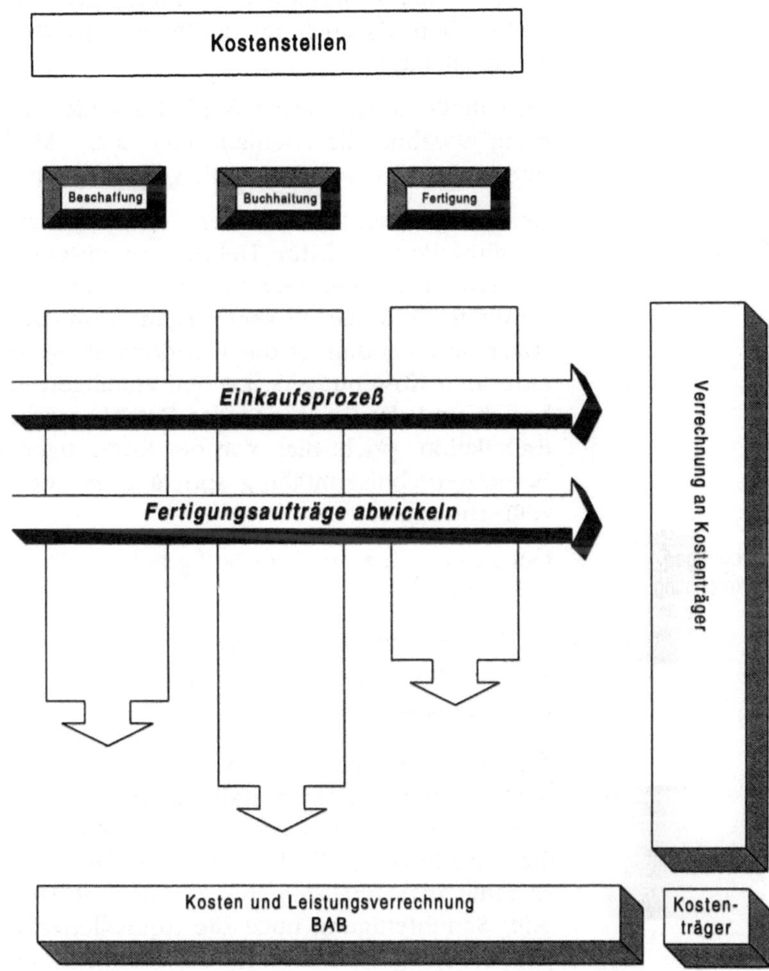

An dieser Stelle ist anzumerken, daß die Prozeßkostenrechnung selten einen exklusiven Charakter hat, sondern eher als ein alternatives Instrument zur Kontrolle der bereits eingesetzten Gemeinkostenverrechnungsverfahren verwendet wird. Das heißt, es ist durchaus sinnvoll, bspw. bei der Ermittlung von Preisuntergrenzen, neben der Grenzkostenrechnung auch die Ergebnisse der Prozeßkostenrechnung zu vergleichen.

Zum Thema Prozeßkostenrechnung gibt es sowohl im angelsächsischen als auch im deutschen Sprachraum bereits umfassende Literatur[1].

Abschließend zu diesem Kapitel sei hier die Kostenträgerrechnung erwähnt, die ebenfalls von CKL - Modul abgedeckt wird und in das Navision Financials voll integriert ist.

Kostenträger sind in der Regel einfacher zu definieren als die Kostenstellen, weil ihre Definition meistens schon aus dem Betriebsziel abgeleitet werden kann. So sind typische Kostenträger Produkte, Aufträge, Projekte, Dienstleistungen, etc. Ziel der Kostenträgerrechnung ist die verursachungsgerechte Belastung des einzelnen Kostenträgers mit den anteiligen Einzel- und Gemeinkosten und die Ermittlung des Betriebsergebnisses. Im Falle der Kalkulation spricht man von der Kostenträgerstückrechnung, bei Betriebsergebnisermittlung spricht man auch von Kostenträgerzeitrechnung.

Der Kostenträger wird dreistufig belastet (bei der herkömmlichen Kalkulation):

- Primärkostenverrechnung
- Sekundärkostenverrechnung
- Zuschlagsverrechnung

Als Verrechnungsmethoden gibt es eine Vielzahl von Kalkulationsverfahren. Welche Kalkulationsart verwendet wird, hängt primär von der Betriebsstruktur ab. So wird ein Einproduktbetrieb idealerweise die Division-Kalkulation im Einsatz haben, da er damit am schnellsten zum Ziel kommt. Der Betrieb mit Sorten- oder Serienfertigung nutzt die Äquivalenzziffernkalkulation. Um die Fertigung einzelner Aufträge zu kalkulieren wird die Zuschlagskalkulation angewandt, die im direkten Vergleich zur Prozeßkostenrechnung von besonderem Interesse ist.

---

[1] Als wichtigste Vertreter seien hier genannt:
vgl. Horvath,P/Mayer, R.: Prozeßkostenrechnung - Der neue Weg zu mehr Kostentransparenz und wirkungsvolleren Unternehmensstrategien. In: Controlling, 1. Jg. (1989)
vgl. Cooper,R./Kaplan, R.S.: How cost accounting systematically distorts product costs. In: Bruns/Kaplan [Hrsg.] 1987
vgl. Ostrenga, M.R.: Activities: The Focal Point of Total Cost Management. In: Management Accounting, Vol.71 (1990)

Die Zuschlagskalkulation sowie die Prozeßkalkulation setzen Material- und Fertigungseinzelkosten als Basis an und kommen aufgrund unterschiedlicher Zuschlagssätze zu abweichenden Ergebnissen.

Fazit

Mit den angesprochenen Möglichkeiten hat der Unternehmer Werkzeuge in der Hand, mit welchen er seine Kosten koordiniert „handlen" kann. Die daraus folgende Preisgestaltung bildet die Basis für operative und vor allem strategische und marktpolitische Entscheidungen und bestimmt letztendlich den Betriebserfolg.

Prozeßorientierte Kostenrechnung allein ist kein Garant für eine effektivere Leistungsverwertung. In späteren Kapitel soll verdeutlicht werden, daß dem Einsatz der PK reifliche Überlegung vorausgeht, weil die Umstellung zunächst einen höheren Aufwand bedeutet.

Den Zeit- und Sicherheitsfaktor (also Performance und Datensicherheit) der Informationsverarbeitung übernimmt das System Navision Financials. Kunden aus den verschiedensten Branchen, wie Dienstleistungs- oder Produktionsbrachen, vertrauen Financials, weil es den unterschiedlichen, teilweise extremen Anforderungen standhält. Die Probleme, z. B. Massendaten, Jahr 2000, Euro, werden von Financials zuverlässig abgedeckt, ebenso hält Financials Schritt mit den Themen Intranet, Kommunikation etc. Durch die Flexibilität der Anwendung ist es möglich, den ausgefallensten Kundenwünschen nachzukommen, ohne ihm dabei eine Mammutsoftware anzubieten

3 Praktischer Einsatz der Kostenrechnung

Das vorhergehende Kapitel gab eine zusammenfassende Übersicht über die Notwendigkeit und Möglichkeiten vom Einsatz der Kosten- und Leistungsrechnung in einem Betrieb. Darauf aufbauend soll eine Schnittstelle zur Anwendung CKL + Prozeßkostenrechnung und somit zum praktischen Teil geschaffen werden, die bildlich dokumentiert wird:

Abb. 3.1
Module der
Kostenrechnung

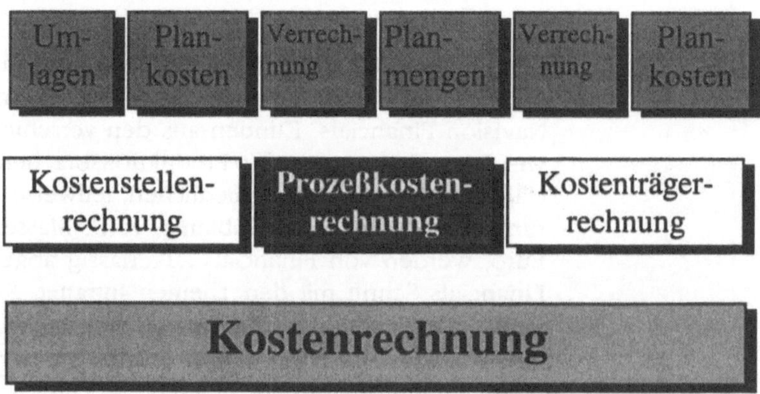

Das Add-On Modul CKL basiert auf dem Standard von Navision und umfaßt die Kostenstellen- sowie die Kostenträgerrechnung. Die Namensgebung ist auf die drei NSC's zurückzuführen: Firma **Cabus**, Hamburg / Firma **Kumatronik** Anwendungssysteme AG, Markdorf und die Unternehmensberatung Dr. **Lipfert** GmbH, Stuttgart. Den in diesem Kostenrechnungspaket integrierten Ansatz zur Prozeßkostenrechnung entwickelte die Firma Kumatronik Anwendungssysteme AG, Markdorf. Sowohl das Kostenrechnungspaket als auch die Prozeßkostenrechnung sollen hier miteinbezogen werden.

3.1   Wertefluß

Die folgende Abbildung 3.2 zeigt den Wertefluß, der modulübergreifend in Form von Verrechnungsprozessen zwischen Kostenstellen, Prozessen und Kostenträgern beliebig gestaltet werden kann.

Abb. 3.2
Wertefluß in KoRe einschließlich Prozeßkostenrechnung

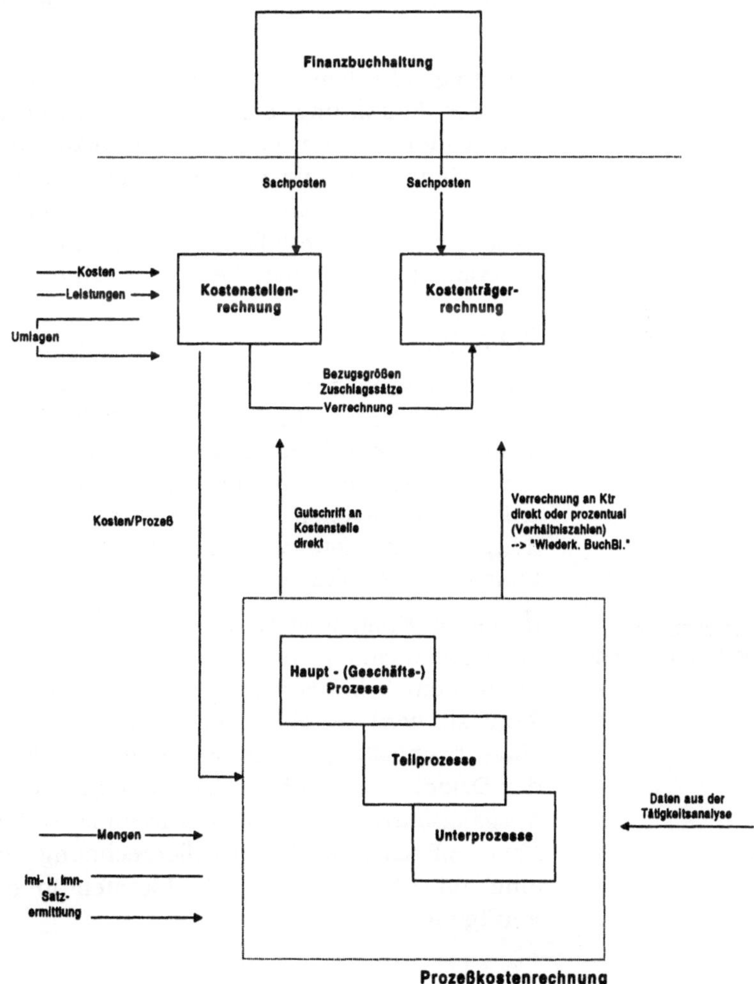

So können Daten aus der Finanzbuchhaltung automatisch übernommen und Informationen aus anderen Systemen bei Bedarf problemlos über individuelle Schnittstellen in die Kostenrechnung einbezogen und mit Hilfe von Prozessen und Prozeßkostensätzen weiterverarbeitet werden.

Mit Hilfe des Dimensionenmoduls kann man zusätzliche Hierarchien in der Prozeßkosten-, Kostenstellen– und Kostenträgerrechnung einführen und für den Aufbau der Kostenrechnung nutzen.

Nachfolgend sollen die wesentlichen Punkte gezeigt werden, die bei der Einführung der Navision Financials Kostenrechnung durchlaufen werden müssen, wenn man die Integration der Kostenrechnungsmodule anvisiert. Daraus ableitend ergeben sich Anstöße für die Strukturierung der Daten, wie Sachkonten/ Kostenarten, Kostenstellen und Prozesse, um eine einheitliche koordinierbare Systemeinheit zu gewährleisten.

3.2   Schnittstellen

Das gesamte Kostenrechnungspaket ist so konzipiert, daß es unabhängig von der Basislösung lauffähig ist. Die eigenständige Stammdatenverwaltung sowie die Budgetwerte, Umlagen und Verrechnungsätze sind allesamt zusammengekoppelt und bilden einen geschlossenen Wertefluß. Sinnvoll ist jedoch die Anbindung bzw. die Integration an das Basissystem, was eine Datenkonsistenz durch die gesamte Anwendung hinweg gewährleistet.

Übernahme von Sachkonten aus Fibu

In diesem Kontext ist die Frage zu klären, wie die Daten aus der Finanzbuchhaltung in die Kostenrechnung gelangen. Im Stand-Alone Betrieb können die Daten manuell verwaltet werden. Im Regelfall wird es aber notwendig sein, die Daten aus der Finanzbuchhaltung zu transferieren, da die Finanzbuchhaltung der Datenlieferant für die aufwandsgleichen Kosten ist und die Ausgangsbasis für den Kostenartenplan bildet. Dafür stellt die NavisionFinancials Kostenstellenrechnung eine Stapelverarbeitung zur Übernahme der Sachkonten in die Kostenarten zur Verfügung.

Abb. 3.3
Übernahme von
Sachkonten

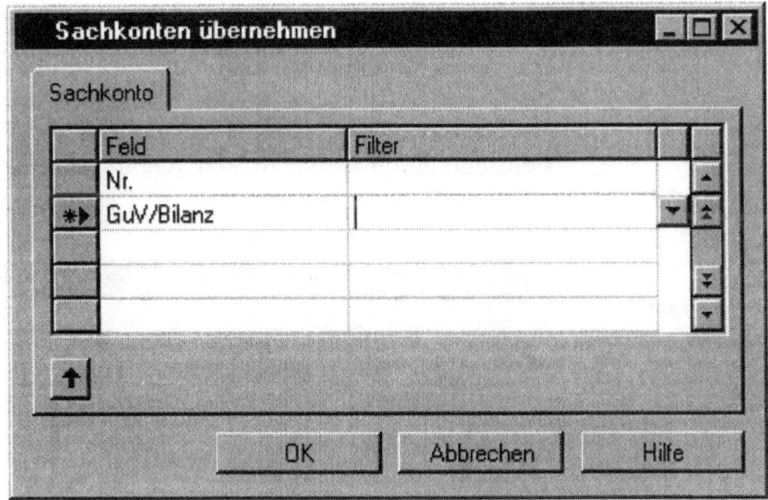

Je nach Bedarf können entweder alle Konten oder nur GuV–
und/oder Bilanzkonten in die Kostenarten übernommen werden.

Für den Abgleich der Kostenstellendaten[1] stellt die Kostenrechnung dann zwei Stapelverarbeitungen zur Verfügung:

Abb. 3.4
Datenaustausch
zwischen Fibu und
Kostenstellen-
rechnung

Übernahme Kostenstellen aus Fibu

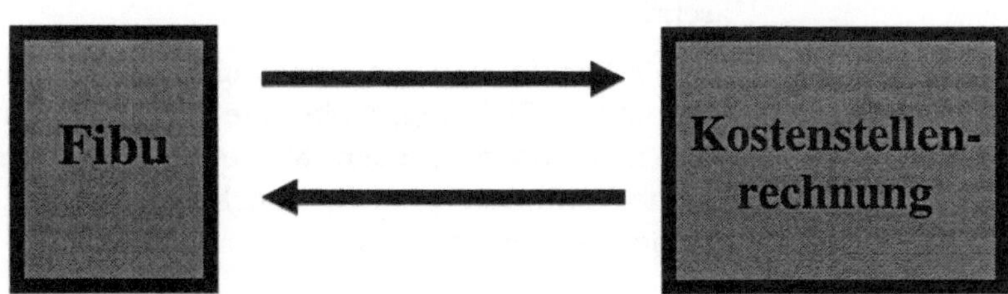

Übergabe Kostenstellen an Fibu

---

[1]   Bemerkung: Im Kontenplan der Finanzbuchhaltung erfolgt die Zuordnung
der Kostenart zum Sachkonto, damit die in der Finanzbuchhaltung gebuchten Sachposten den richtigen Kostenarten der Kostenstellenrechnung zugeordnet werden können.

Auch hier können entweder nur bestimmte oder alle Kostenstellen an die Finanzbuchhaltung übergeben werden.

Die Stapelverarbeitung kopiert alle Kostenstellen mit der Kostenstellenart „Kostenstelle" in die Tabelle „Kostenstelle" der Finanzbuchhaltung. Das Feld KoreKostenstelle wird dabei mit der Kostenstellennummer der Kostenrechnung gefüllt (vgl. Abb. 3.5):

Abb. 3.5
Übergabe von
Kostenstellen an Fibu

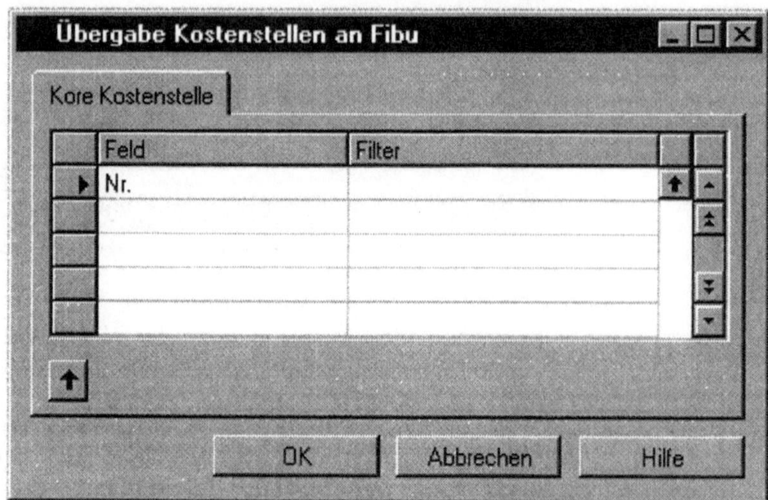

Ist eine Kostenstellennummer der Kostenstellenrechnung in der Finanzbuchhaltung bereits vorhanden, wird diese nicht überschrieben.

Übernahme Kostenstellen aus Fibu

Die folgende Stapelverarbeitung transferiert die Daten genau in die andere Richtung, wobei die bereits vorhandenen Kostenstellen nicht überschrieben werden und ab dem Zeitpunkt auch keine Verknüpfung mehr besteht, so daß die Daten manuell repliziert werden müssen.

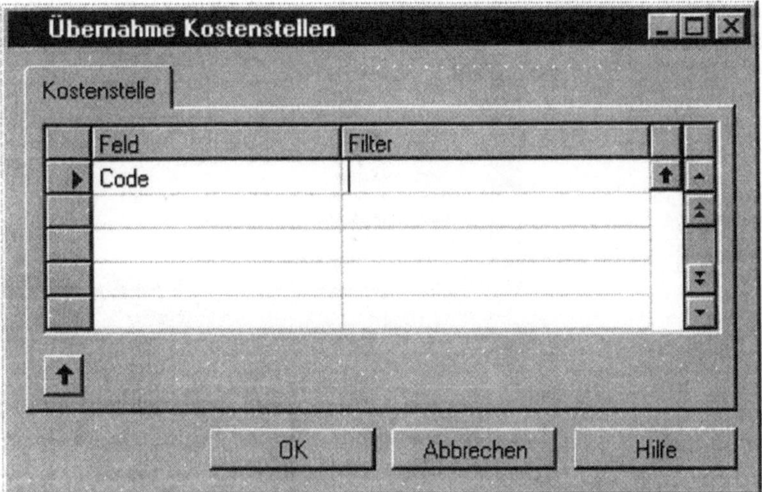

Abb. 3.6
Übernahme
Kostenstellen

3.3   Stammdatenverwaltung

Für jedes Teilmodul (Kostenstellenrechnung, Prozeßkostenrechnung, Kostenträgerrechnung) existiert in Navision eine Form zur Verwaltung von Stammdaten. Von dort aus gibt es weitere Verzweigungen in die gewünschten Funktionseinheiten. Schon die Anlage der Stammdaten ist entscheidend für die Aussagekraft der verwalteten Informationen und soll einer möglichst gründlichen Analysephase unterzogen werden. Auch die erstmalige Systemeinführung bringt den Vorteil, aber auch die Gefahr einer Umgestaltung des Designs mit sich.

Soll ein neuer Kostenstellenplan eingerichtet oder in eine bestehende neue Kostenstellen hinzugefügt werden, muß jede Kostenstelle einzeln eingegeben werden. Kostenstellen können im Fenster „**Kostenstellenplan**" oder auf einer **Kostenstellenkarte** eingerichtet werden. Die Einrichtung der Kostenstellen kann im Fenster Kostenstellenplan erfolgen. Kostenstellenkarten sind besser zum Ändern bzw. Hinzufügen von Daten einzelner Kostenstellen geeignet.

Abb. 3.7
Kostenstellenplan

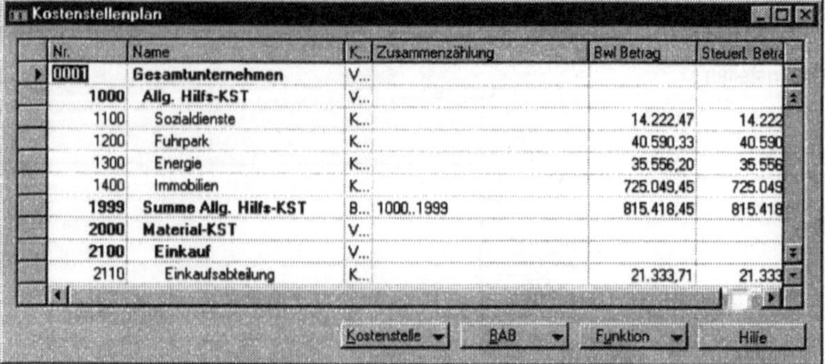

Bei der Neuanlage von Kostenstellen besteht die Möglichkeit, den Kostenstellen–Verantwortlichen, Profitcenter, Betriebsstätten und Kostenstellengruppen zuzuweisen.

Eine ähnlich einfache Verwaltung findet man auch bei Kostenträgern und Prozessen. Die Form **Prozeßplan** ist genau wie der Kostenstellen- oder Kostenträgerplan an die Standardanwendung angelehnt und bietet mit den bekannten Einfügungs- und Löschungsfunktionen die Möglichkeit des Anlegens und Löschens der Stammdaten. Darüberhinaus können die Zeilen beliebig (mit Summenbildung) gruppiert werden. Von der Hauptmaske (siehe Abb. 3.8)

Abb. 3.8
Prozeßplan

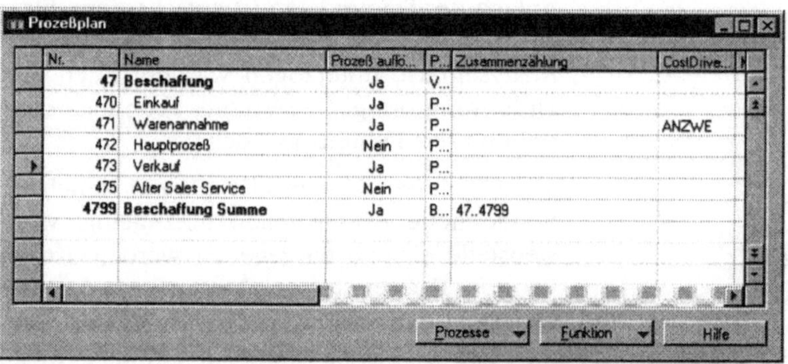

gelangt man zu den weiteren Anwendungen, wie die Ermittlung von Verrechnungssätzen oder zu den Transferfunktionen.

Planungsfunktion

Möchte man in Anbetracht der seltenen Anpassungen die Plandaten auch die Stammdaten sehen, so erfolgt an dieser Stelle ein kurzer Ausblick auf die Möglichkeiten der Planung der Kosten und Leistungen.

Die einfache Planung der Kosten je Kostenstelle umfaßt sowohl
eine differenzierte Planung der Kosten nach Kostenstellen und
Kostenarten als auch die Planung der Werte als Gesamtbetrag
oder aber getrennt nach fixen und variablen Anteilen.

Abb. 3.9
Budget Fix + Budget
Variabel

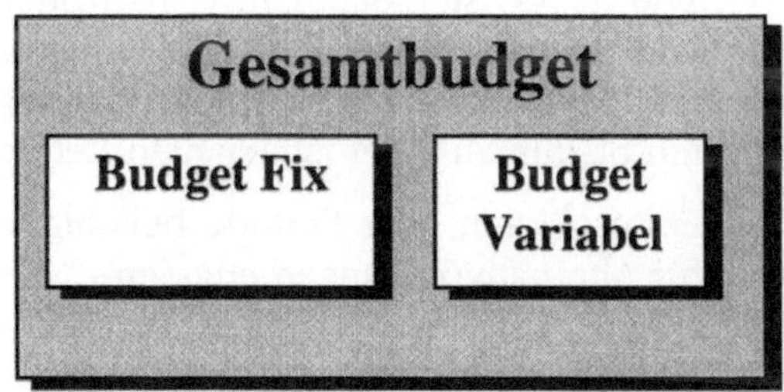

Kostenpläne können aber auch mit Hilfe von Saisonkurven automatisch generiert werden, das heißt, daß in Abhängigkeit einer
bestimmten Bezugsgröße, eine hinterlegte Funktion(skurve) im
Kostenplan nachgebildet werden kann. Diese Funktionalität trägt
der Kostenanpassung an die saisonalen Schwankungen und Erfahrungswerte Rechnung und bezeugt Flexibilität im integrierten
System. Folgende Abbildung zeigt die Abhängigkeit der Bezugs-
kosten zu den Budgetwerten:

Abb. 3.10
Budgetkosten
und Budgetwerte

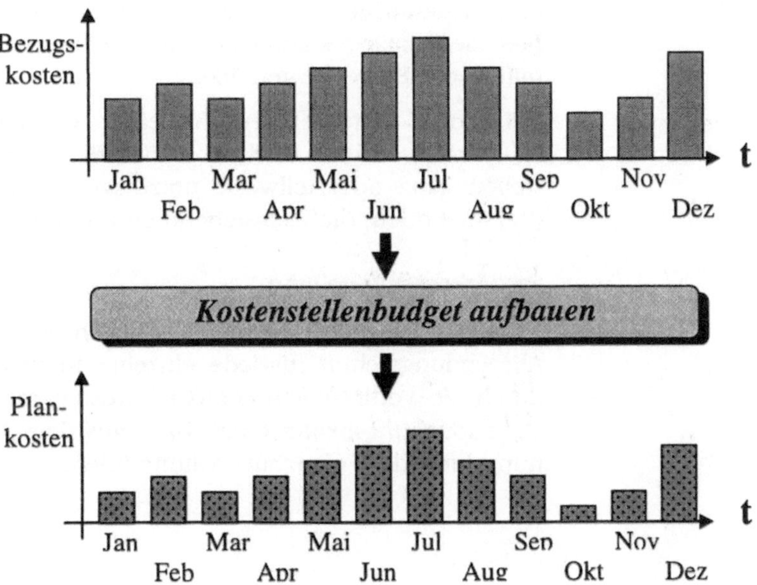

Zusätzlich kann eine Planung der Leistungen je Kostenstelle und Bezugsgröße aufgebaut werden. Auf Basis der Leistungsmengen und eines für eine Periode vorzugebenden Gesamtbetrages können die Kosten–Planwerte der Teilperioden automatisch generiert werden.

Wie in Navision-Standard (Finanzbuchhaltung) besteht die Möglichkeit, die Werte mit einer individuellen Detailgenauigkeit zu planen, angefangen bei einer Planung auf Basis von Jahreswerten bis hin zu einer taggenauen Betrachtungsweise.

Ebenso kann eine Periode beliebig viele verschiedene Budgets für Alternativplanungen erfassen.

3.4   Bewegungsdaten

Die Kostenrechnung ist kein starres Gebilde, sondern das monetäre Abbild der betrieblichen Betätigungen. Will man genaue Ergebnisse über einen Zeitraum oder die momentane Situation analysieren, so greift man auf die Kostendaten des Systems durch die Forms oder Reports zurück. Diese können auch nur so genau sein, wie deren pflichtbewußte Pflege. Im Zusammenhang mit „Bewegungsdaten" liegt die Stärke der NavisionFinancials Kostenrechnung als Cost Management System im Umgang mit dem anfallenden Datenvolumen, der innerbetrieblichen Leistungsverrechnung, der Budgetierung etc.

Der Punkt Bewegungsdaten wird an dieser Stelle wiederum in drei wesentliche Unterpunkte untergliedert. Behandelt werden hier die Primär-, Sekundärkostenverteilung und die Verrechnung mittels der Prozeßkostensätze.

Umlagen

Bei einem Unternehmen mit einer Vielzahl von Hilfs- oder Hauptkostenstellen wird es erforderlich sein, die Hilfskostenstellen ganz oder teilweise umzulegen. Hierzu bietet Navision drei Methoden, die nachstehend einzeln erläutert werden.

3.4.1   Primärkostenverteilung

Nach der Definition dieser Stammdaten werden in einem ersten Abrechnungsschritt für jede einzelne Kostenstelle zunächst die durch sie verursachten primären Kosten mit Hilfe der Kostenstellenbuchungsblätter erfaßt bzw. aus dem vorgelagerten Rechnungskreis der Finanzbuchhaltung übernommen.

Um die Primärkosten zu erfassen, müssen sie mit Hilfe der Buchungsblätter gebucht werden. Beispielsweise sieht ein Buchungsblatt für die Buchung von Prozeßmengen folgendermaßen aus:

Abb. 3.11
Primärkosten-
erfassung

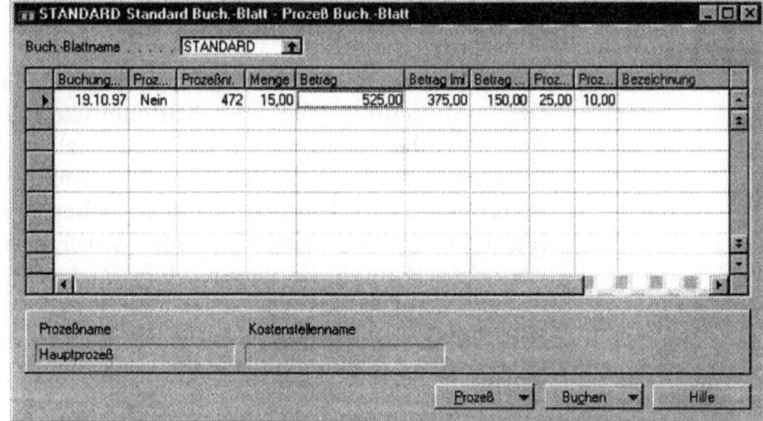

Seitens der Kostenstellenrechnung gibt es die Möglichkeit der Verbuchung von Kosten, Leistungen und Umlagen. Auf den/die Kostenträger kann über Bezugsgrößen, Zuschlagsverrechnung oder durch eine direkte Werterfassung gebucht werden.

Abb. 3.12
Kosten-
zurechnung

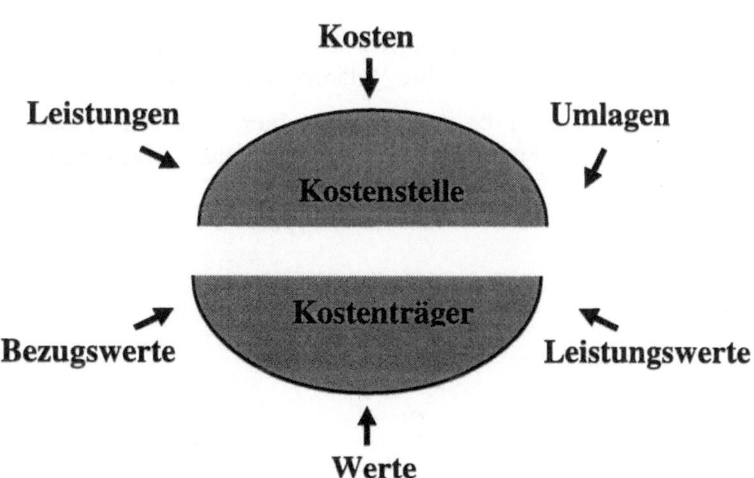

3.4.2   **Sekundärkostenverteilung**

Ausgehend davon, daß es in jedem Unternehmen Kostenstellen gibt, die ausschließlich oder teilweise Leistungen an andere Kostenstellen abgeben, müssen innerhalb der Kostenstellenrechnung auch die verschiedenen Formen der innerbetrieblichen Leistungsverflechtungen erfaßt werden.

Innerbetriebliche Leistungsverrechnung ist das Hauptinstrument der verursachungsgerechten Kostenermittlung. Im Gegensatz zu den leistungserbringenden Endkostenstellen, welche direkt verrechenbar sind, erbringen die Vorkostenstellen ausschließlich innerbetriebliche Leistungen. Diese stellen ihre Leistungen anderen Kostenstellen zum Ge– oder Verbrauch bereit. Zu jedem Zeitpunkt können die Kosten einer Vorkostenstelle an eine oder mehrere Endkostenstellen oder Kostenträger umgebucht werden. Dies kann im Einzelfall sowohl manuell angestoßen werden als auch von den kalkulatorischen Dauerbuchungen übernommen werden.

Die Kostenrechnung für Navision Financials stellt standardmäßig die im folgenden beschriebenen Verfahren zur Verfügung, mit deren Hilfe Kosten im Rahmen der innerbetrieblichen Leistungsverrechnung umgelegt werden können.

Neben der Verrechnung Kostenstelle an Kostenstelle können alle Verfahren auch für eine Verrechnung Kostenstelle an Kostenträger verwendet werden, um die Gemeinkosten letztendlich den Absatzleistungen zuzurechnen.

Die einfachste Form der einstufigen Leistungsverrechnung wird von Navision genauso abgedeckt und ist für Betriebe geeignet, welche eine Vollkostenrechnung im Einsatz haben.

Zu bemerken wäre hier, daß der Leistungsstrom nur in eine Richtung fließt, also von der Vorkostenstelle auf die Endkostenstelle (vgl. Abb. 3.13):

Abb. 3.13
Leistungsströme

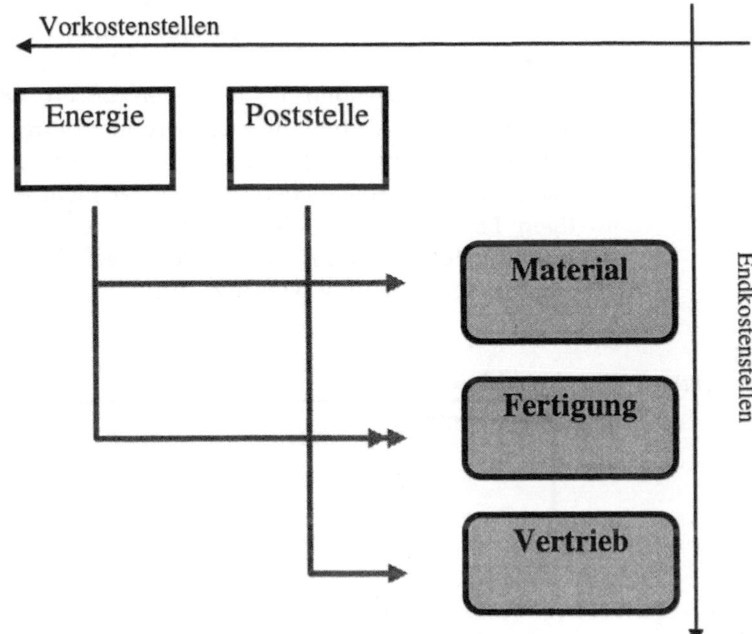

Die nachfolgende Abbildung zeigt, wie eine solche Umlage mit einer Buchung mit Hilfe des Umlagenbuchungsblattes erfolgt:

Abb. 3.14
Umbuchungsblatt

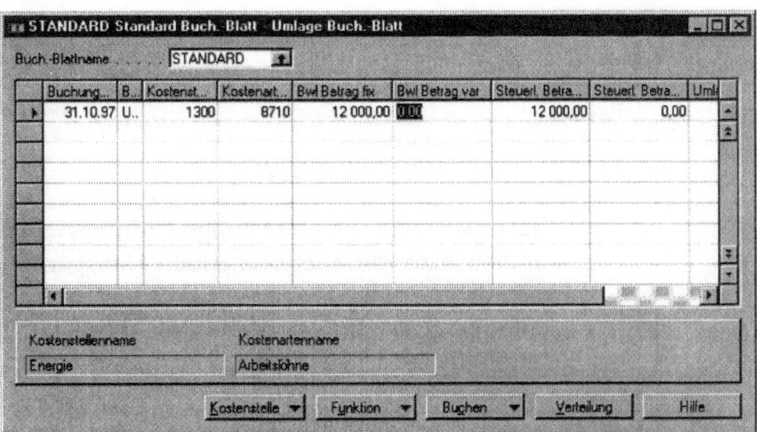

Die am weitesten verbreitete Form von einseitigen Kostenstellenumlagen ist das **Stufenleiterverfahren**. Es wird vor allem dort angewandt, wo Leistungsströme über mehrere Stufen hinweg einseitig fließen. Die innerbetriebliche Leistungen erstellenden und abgebenden Kostenstellen lassen sich abrechnungstechnisch in eine eindeutige Reihenfolge bringen. Damit soll bei sukzessiver Umlage der Kosten der Vorkostenstellen auf die nachfolgenden Stellen der Umfang der nicht erfaßten gegenläufigen Leistungsströme der nachgeordneten Stellen an vorgelagerte Stellen so gering wie möglich gehalten werden. Bildlich sieht diese Beziehung wie folgt aus:

Abb. 3.15
Stufenleiterverfahren

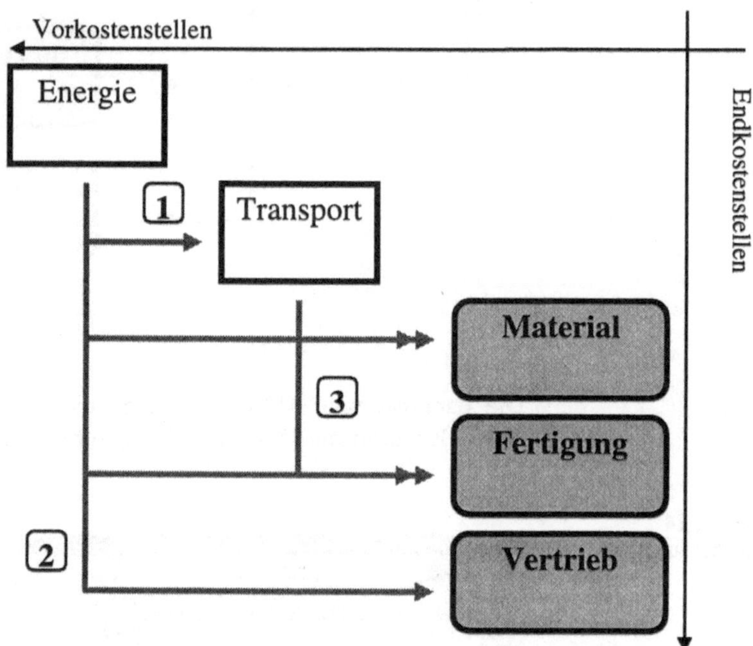

Realisiert wird die mehrstufige Leistungsverrechnung in Navision, indem man die entsprechenden Umlagen einzeln definiert (vgl. die Zahlenreihenfolge 1-3 in Abb. 3.15) und diese in der Stapelverarbeitung auslöst, wobei die Verantwortung über die Reihenfolge der Umlagen beim Anwender liegt.

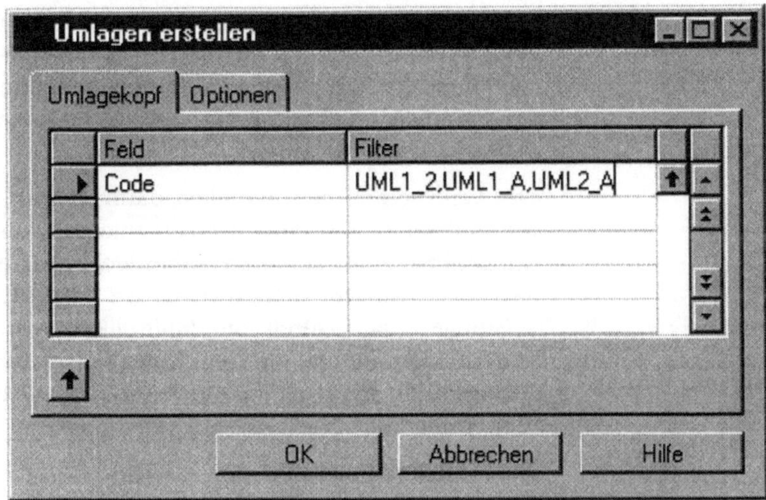

Das Stufenleiterverfahren unter Navision bietet für die Umlagen nach Schlüssel folgende drei Arten an:

Stufenleiter nach Verhältniszahl

Beim Stufenleiterverfahren nach Verhältniszahl wird angegeben, von welcher Kostenstelle aus Werte in welchem Verhältnis an andere Kostenstellen abgegeben werden.

Stufenleiter nach Leistung

Im Gegensatz zum Stufenleiterverfahren nach Verhältniszahl erfolgt die Aufteilung der Kosten nicht über eine fixe Größe Verhältniszahl, sondern es wird Bezug genommen auf die tatsächlich abgenommene Leistung der empfangenden Kostenstellen.

Stufenleiter nach Kostenart

Im Kern entspricht dieses Verfahren einer Stufenleiterumlage nach Verhältniszahl, wobei die Verhältniszahlen jedoch nicht fest vorgegeben werden, sondern entsprechend der bereits gebuchten Kosten einer Bezugskostenart errechnet werden. Das bedeutet, daß die empfangenden Kostenstellen mit den höchsten Kosten der Bezugskostenart auch die höchsten anteiligen Kosten aus der Umlage empfangen.

Verteilungsart

Bei den genannten Formen des Stufenleiterverfahrens können zwei Optionen, also Kostenart oder Festbetrag, des Verteilungsbetrages vorkommen. Eine Umlage mit dem Verteilungsbetrag Kostenart verrechnet den Gesamtbetrag der abgebenden Kostenart, während eine Umlage mit einem Verteilungsbetrag Festbetrag einen fest vorzugebenden konstanten Betrag verrechnet.

Kosten ● Menge

Neben der Verrechnungsart „Stufenleiter" gibt es unter Navision noch die Möglichkeit der *Kosten ● Menge-Zurechnung*. Auch hier werden, analog dem „Stufenleiterverfahren nach Leistung", die Kosten im Verhältnis der bereits verbuchten Leistung auf eine Kostenstelle umgelegt.

Der Unterschied liegt lediglich darin, daß es bei diesem Verfahren, aufgrund von Unwirtschaftlichkeiten oder falscher Verrechnungssätze, zu Unter- bzw. Überdeckungen kommen kann. Die Verrechnungssätze stellen eine Art Preis für innerbetriebliche Leistungen dar. Durch die Multiplikation der geleisteten bzw. verbrauchten Menge mit dem Preis (= dem Verrechnungssatz der Bezugsgröße der abgebenden Kostenstelle) wird der Buchungswert ermittelt.

Diese Methode erlaubt eine bessere Übersicht der Kosten der jeweiligen Kostenstelle und ist in diesem Zusammenhang sehr nützlich bei der innerbetrieblichen Leistungsverrechnung.

3.4.3   Verrechnung über Prozesse

Grundlegend für diesen Ansatz ist eine andere Sichtweise über die betrieblichen Abläufe und den Kostenstrom. Die prozeßorientierte ersetzt hier die übliche, an die Aufbauorganisation angelehnte, funktionale Sichtweise.

Der Ablauf der prozeßorientierten Kostenverrechnung kann grob in folgenden Schritten dargestellt werden:

- Anlegen von Prozessen;
- Zuordnung des Kostenvolumens zu einer Kostenstelle und Kostenart zu jedem Prozeß sowie der Prozeßmenge;
- Ermittlung von Prozeßkostensätzen;
- laufende Buchung von Prozeßdaten;
- Verrechnung der Prozesse an den / die Kostenträger.

Die folgenden Ausführungen beschäftigen sich insbesondere mit den letzten drei Punkten.

Um die Prozeßkostensätze zu ermitteln, wird eine Stapelverarbeitung aufgerufen.

Abb. 3.17
Prozeßkostensätze

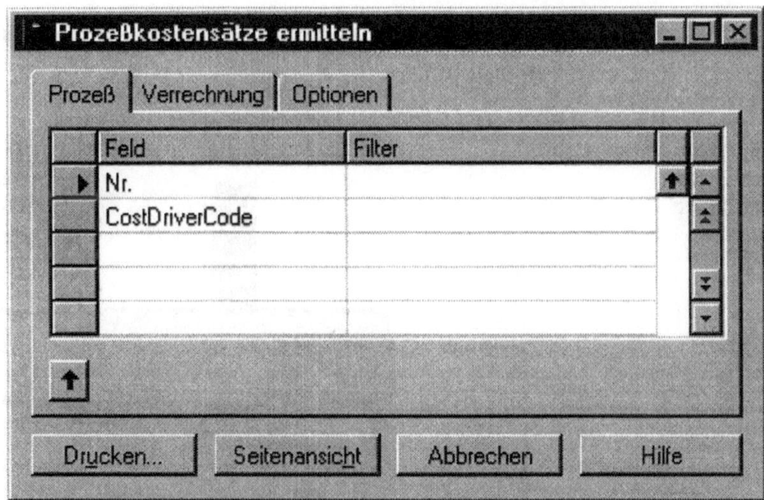

Dieser Stapellauf errechnet die Verrechnungssätze pro Prozeß und Cost Driver aufgrund von budgetierten Beträgen, der mit dem Prozeß verknüpften Kostenstelle und den budgetierten Prozeßmengen beim erstmaligen Lauf, um eine Buchungsgrundlage zu erhalten. Wenn eine Vielzahl von Prozeßdaten gebucht worden ist, können die Prozeßsätze ohne weiteres an die Ist-Daten angepaßt werden.

Im Laufe der weiteren Geschäftstätigkeit erfolgt die Buchung der Ist-Daten zum jeweiligen Prozeß. Im Prozeßplan sieht man jederzeit den aktuellen Stand der verbuchten Prozeßkosten auf jeder Hierarchiestufe (Prozeß - Teilprozeß), unterteilt nach ihrem Lmi- und Lmn-Anteil[1]. Dabei wird eine Vielzahl von Plausibilitätsprüfungen durchlaufen, die für eine gewisse Sicherheit Sorge tragen. Doch letztendlich ist der Process-Owner für seinen Datenbestand verantwortlich.

Als letzter Schritt in diesem Zyklus wird die Verrechnung der Prozeßkosten auf den Kostenträger vorgenommen. Dazu erhält jeder Prozeß beim Buchen eine Kennzeichnung, ob dieser dem Kostenträger berechnet worden ist oder ob eine Gutschrift der dem Prozeß zugehörigen Kostenstelle gutgeschrieben werden soll. Die Verrechnung erfolgt ebenfalls mittels Stapelläufen.

---

[1]   leistungsmengen-induzierte   und   leistungsmengen-neutrale Kosten

Die Abbildung soll den Ablauf der Prozeßsatzverrechnung schematisieren:

Abb. 3.18
Prozeßsatz-
verrechnung

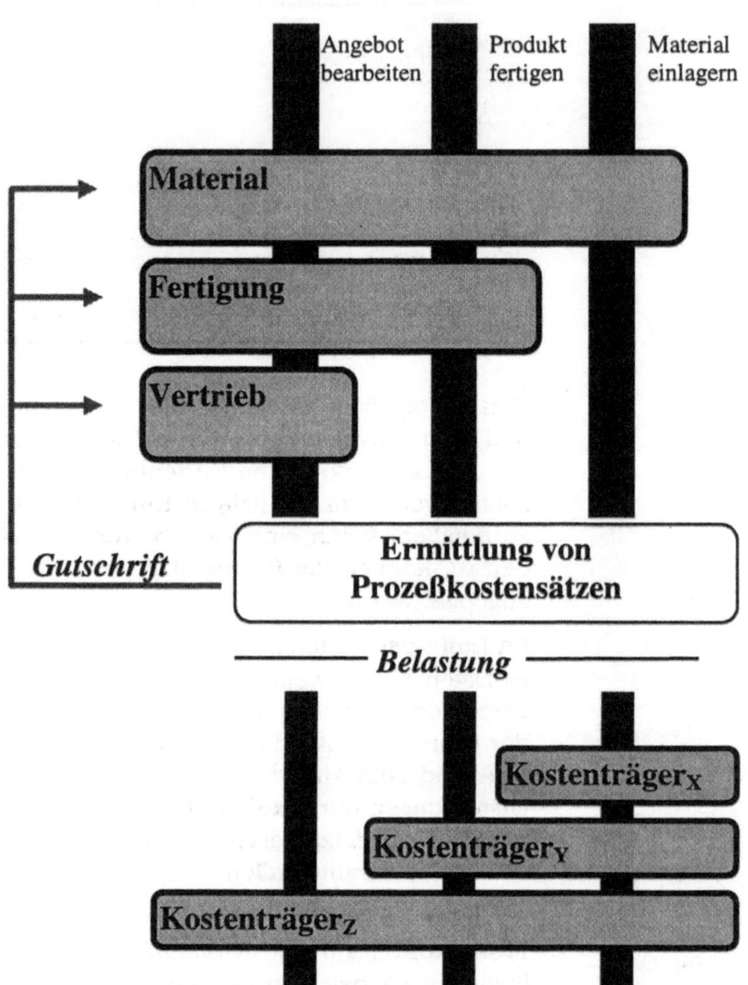

4   Fazit

In den vorhergehenden Kapiteln wurde aufgezeigt, welche Möglichkeiten der modernen Kostenrechnung einem Unternehmen in dem integrierten Softwaresysteme, wie Navision Financials CKL, zur Verfügung stehen. Die gebotenen Strukturen können sehr flexibel gestaltet und auf spezifischen Bedürfnisse angepaßt werden, um dabei einen hohen Grad an Kostentransparenz zu erreichen.

Wird die Genauigkeit des Kostenrechnungssystems im Unternehmensmodell nicht erreicht, so sollte über die Einführung der Prozeßkostenrechnung nachgedacht werden.

In diesem Zusammenhang soll nochmals darauf hingewiesen werden, daß der Aufwand für die erforderliche Tätigkeitsanalyse und Pflege der Prozesse je nach Branche sehr hoch sein kann. Es bleibt deshalb fraglich, ob die Prozeßkostenrechnung diesen Aufwand stets wettmachen kann. Jedoch die Einführung und der permanente Einsatz einer Prozeßkostenrechnung schaffen eine bessere und genauere Kostenverrechnung und somit eine fundiertere Entscheidungsgrundlage für die strategischen Unternehmensplanungen.

Literaturverzeichnis

Ahlert, D./Franz, K.-P.: Industrielle Kostenrechnung, 5. Aufl., Düsseldorf 1992

Burger: Kostenmanagement, Oldenburg Verlag, München 1994

Campi, J.P.: Total Cost Management at Parker Hannifin. In: Management Accounting, Vol 70 (1989), 1, S. 51 - 53.

Cooper,R./Kaplan, R.S.: How cost accounting systematically distorts product costs. In: Bruns/Kaplan [Hrsg.] 1987

Schoenfeld, H.-M./ Möller, H.-P.: Kostenrechnung, 8. Aufl., Verlag Schäffer-Peschel, Stuttgart

Horvath.,P/Mayer,R.: Prozeßkostenrechnung - Der neue Weg zu mehr Kostentransparenz und wirkungssvolleren Unternehmensstrategien. In: Controlling, 1.Jg. (1989)

Miller, J.G./Vollmann, T.E.: The hidden factory, in: Harvard Business Review, 1985/5, S.142-150

Navision Financials, C/SIDE, Applications Designer's Guide

Navision Financials, Graphical User Interface Styleguide

Olfert, K. [Hrsg.]: Kompendium der praktischen Betriebswirtschaft, 8. Aufl., Kiehl Verlag, Ludwigshafen 1991

Ostrenga, M.R.: Activities: The Focal Point of Total Cost Management. In: Management Accounting, Vol.71 (1990)

Kapitel 6

PPSlight – leicht, schnell, individuell

Dipl.-Ing.(FH) Hendrik Schröder
Fachgruppenleiter Industrielösungen

Fa. GOB Software & Systeme, Ratingen

1 Überblick

Navision Financials bietet hervorragende Möglichkeiten, um die vom Hersteller gelieferten Basismodule mit zielgruppenorientierten Modulen und Funktionen zu erweitern. Diese Module sind voll integriert und bieten die gleiche moderne Softwaretechnologie und die identische Windows-kompatible Benutzerführung wie die Basismodule.

PPSlight ist ein als Navision Financials AddOn entwickeltes Set von Objekten für den Fertigungsbereich. Dieses zielt auf mittelständische Fertiger mit geringer Komplexität der Produktstruktur und reduzierten Anforderungen an Planungs- und Steuerungsfunktionen.

Schneller sein als der Wettbewerber, individuelle Vorteile in der Ablauforganisation optimal ausbauen, Informationsbereitstellung statt Automatisierung der Abläufe sind die Hauptziele.

Der Artikel beschreibt Zielstellung, Aufbau und Anwendungserfahrungen dieses Moduls, das auf Unternehmen mit einem Funktionsbedarf unterhalb des Navision-Standard-PPS ausgerichtet ist.

2 UNITOP Navision Technology

Die Business Software Navision Financials des dänischen Softwarehauses Navision a/s ist mit dem Ziel entwickelt worden, die unternehmensindividuellen Geschäftsprozesse der Kunden zu unterstützen und den Kunden optimale entscheidungsunterstützende Informationen zur Verfügung zu stellen.

Die Basis Applikation besteht aus voll integrierten Modulen, durch deren kundenindividuelle Zusammensetzung die Anforderungen verschiedener Branchen und Organisationsformen erfüllt werden können.

Die Firma Navision hat eine grundsätzliche Entscheidung zur Gewährleistung einer kundennahen Produktentwicklung getroffen.

Durch Navision erfolgt die laufende Entwicklung:

- der Client/Server Technologie des Programmsystems,

- des Relationalen Datenbank Management Systems,

- der objektorientierten und ereignisgesteuerten Programmiersprache,

- des integrierten graphischen Entwicklungssystems,

- des Softwarekerns und

- der vollintegrierten Basismodule.

Durch selbständige Partner, Navision Solution Center, erfolgt:

- die Weiterentwicklung des Funktionsumfangs gemäß den Anforderungen der Kunden in unterschiedlichen Branchen,

- die Abbildung firmenindividueller Organisationsformen in der Software und

- die Organisationsberatung und Einführung der Software.

Um den Navision Solution Center die zur Entwicklung völlig neuer Module und Funktionsbereiche sowie kundenspezifischer Lösungen notwendige Unterstützung zu geben, steht ein mächtiges Werkzeug - C/SIDE - zur Verfügung.

Das integrierte Entwicklungssystem **Client/Server Integrated Development Environment** (C/SIDE sprich: seaside) wurde eigens für die heute im Mittelstand angestrebten Client/Server Strukturen entwickelt. Das graphische Entwicklungssystem zeichnet sich durch eine hohe Performance, ein anpassungsfähiges Relationales Datenbank Management System (RDBMS) sowie durch die objektorientierte und ereignisgesteuerte Programmiersprache C/AL (C/SIDE Application Language) aus. C/SIDE ermöglicht dem Anwender Objekte graphisch zu gestalten und zu organisieren. „Look and feel" sowie die Funktionalität entsprechen immer den Microsoft Standards und sind dafür zertifiziert. Durch C/SIDE können die erstellten Objekte ganz einfach integriert, modifiziert, erweitert und weiterverwendet werden, es werden Tools zur Gewährleistung der Updatefähigkeit des Systems bereitgestellt.

Im Rahmen ihres Konzeptes UNITOP Navision Technology und auf Anforderung mittelständischer Industriekunden hat die Firma GOB Software & Systeme in Ratingen Navision Financials um

Objekte aus dem Bereich Fertigung erweitert. Die Fertigungsfunktionen sind voll in das Navision Basissystem integriert.

UNITOP Navision Technology ist das auf der Navision-Financials Technologie basierende Konzept der Firma GOB Software & Systeme in Ratingen zur Realisierung von modernen Business-Lösungen für mittelständische Industrie- und Handelsunternehmen. Im Rahmen des Konzeptes UNITOP Navision Technology wird Navision Financials zielgruppen-orientiert erweitert und optimiert. Dadurch können die speziellen Anforderungen mittelständischer Unternehmen erfüllt werden:

- effizienter Auftragsdurchlauf,

- Abbildung individueller Organisationsformen zur Sicherung von Wettbewerbsvorteilen,

- Möglichkeit der Modifikation der Applikation mit graphischen Designer, ohne in klassische Programmier-kapazität investieren zu müssen,

- kurze Einführungszeit,

- minimaler Administrationsaufwand.

Zur Unterstützung mittelständischer Fertigungsunternehmen mit dieser Zielstellung wurde das Zusatzmodul PPSlight entwickelt.

3   Integration in Navision Financials

Navision bietet seit 1998 ein eigenes PPS Modul an. Dieses Modul kombiniert klassische PPS Funktionen mit der modernen Softwaretechnologie, den für Windows typischen Programm-strukturen, der einfachen Handhabung und Individualisierbarkeit von Navision Financials.

Damit wird mittelständischen Fertigern der Weg von einem PPS-Altsystem, mit einer oft nur an der Oberfläche modernisierten Technologie und einer vom einzelnen Anwender kaum noch zu überblickenden Funktionsanhäufung, zu einem von der Basistechnologie bis zur Anwendungsfunktion hochmodernen Softwaresystem ermöglicht.

Für einige Anwendergruppen unter den mittelständischen Industrieunternehmen werden aber auch hier noch zu viele Funktionen, die der Kunde gar nicht einsetzen will, angeboten. Auf diese Kunden ist PPSlight ausgerichtet. Die Zielgruppe kann charakterisiert werden als kleine bis mittlere Unternehmen mit:

Zielgruppe

- diskreter Fertigung,

- geringer Komplexität der Produktstruktur und

- reduzierten Anforderungen an Planungs- und Steuerungsfunktionen.

Das PPSlight unterstützt Unternehmen, für die

- Schnelligkeit mehr als detaillierte Planung,

- Prozeßintegration mehr als komplexe Funktionen,

- einfache Handhabung mehr als Funktionsvielfalt und

- individuelle Ablauforganisation mehr als übermächtige Standardmodule zählen.

Noch vor den klassischen PPS-Augaben ist die Unterstützung solcher Anforderungen wie:

- hohe Liefer- und Servicebereitschaft,

- hohe Transparenz und Auskunftsbereitschaft,

- hohe Flexibilität in Bezug auf Änderungen unabhängig vom Auftragsstatus,

- schnelle interne Abwicklung und Effizienz der Auftragsorganisation

erstes Ziel des PPSlight.

Abb. 3.1
PPSlight Menü in
Navision Financials

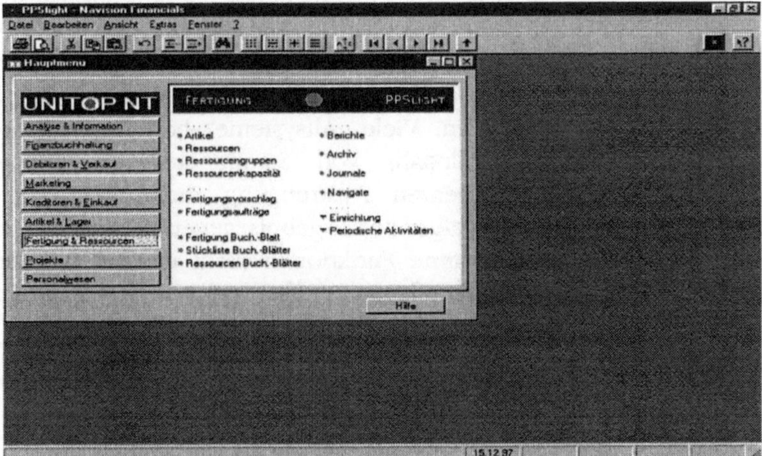

<table>
<tr><td>

Durch PPSlight
abdeckbare
Funktionsbereiche

</td><td>

Das innerhalb des Konzeptes UNITOP Navision Technology erstellte Zusatzmodul PPSlight ist voll in die Navision Financials Basismodule integriert und deckt folgende Funktionsbereiche ab:

- Produktdefinition,
- Fertigungsdisposition, Erstellung Fertigungsauftrag,
- Terminierung,
- Materialplanung,
- Ressourcenplanung,
- Fertigungsbelege,
- Rückmeldung,
- Kalkulation,
- Archivierung Fertigungsauftrag.

</td></tr>
</table>

4 Produktdefinition

4.1 Anforderungen

Die Überschrift dieses Kapitels heißt mit Vorbedacht **„Produktdefinition"** und nicht Stammdatenverwaltung, aber warum?

Die Definition und der Nachweis der Struktur des Produktes ist eine für jede Firma transparente Anforderung, für deren Realisierung entsprechende Organisationsfestlegungen existieren und Ressourcen bereitgestellt werden. Im Gegensatz dazu wird das Pflegen von „Stammdaten" oft als eine Forderung des Softwaresystems und nicht als eine betriebliche Notwendigkeit begriffen. Viele „Altsysteme" haben die Anwender gezwungen, eine Unzahl von Stammdaten zu pflegen, wobei dieser permanenten Anstrengung meist kein den hohen Aufwand rechtfertigendes Ergebnis gegenüberstand. Da viele vom System angebotene Funktionen nicht genutzt wurden, waren auch die dafür zu pflegenden Stammdaten eher Ballast als nutzbringend.

<table>
<tr><td>

Hauptanforderungen
des Konzeptes
PPSlight

</td><td>

Die Hauptanforderungen des Konzeptes PPSlight sind:

- Nur die Anforderungen des Anwenders entscheiden, welche Stammdaten für das Produkt und in welchem Umfang gepflegt werden.

</td></tr>
</table>

- Der Aufbau der Stammdaten für das Produkt ist durch den Anwender jederzeit modifizierbar.

- Alle auftragsneutralen Produktdaten können, müssen aber nicht vordefiniert werden.

- Die vordefinierten Produktdaten können in auftragsbezogene Daten umgewandelt werden.

- Die auftragsbezogenen Produktdaten sind nach der Übernahme änderbar.

- Notwendigkeit und Zeitpunkt der Änderung der auftragsbezogenen Daten bestimmen die Anforderungen des Anwenders. Systembedingte Restriktionen darf es nicht geben.

4.2   Definition des Produktes

Die Produktdefinition erfolgt durch die Definition des Artikels für das Produkt und die Definition der Stückliste mit:

- einzusetzenden Artikeln,

- zu leistenden Arbeitsgängen mit benötigten Kapazitäten (Ressourcen),

- technischen und kommentierenden Hinweistexten,

- Revisionsständen, Versionsinformationen und Lebenslaufdaten.

4.2.1   Definition des Artikels für das Produkt

Grundlage der Produktdefinition ist der **Artikelstamm**.

Abb. 4.1
Artikelkarte

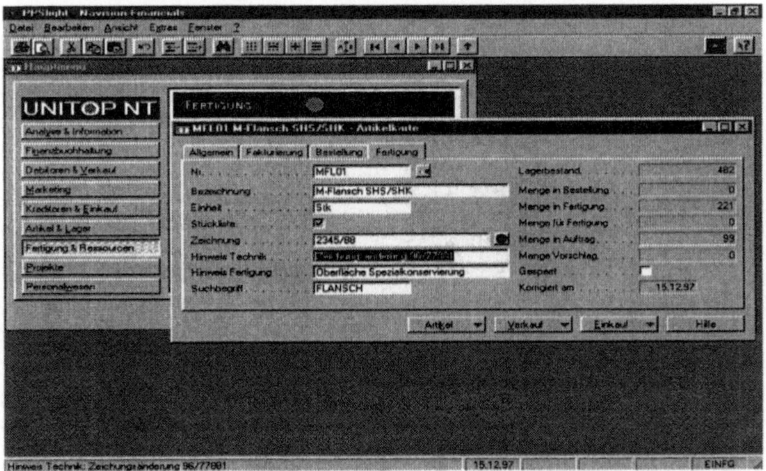

Der Artikelstamm enthält eine Karte für jeden Artikel (vgl. Abb. 4.1), auf der die Artikelstammdaten und die Stückliste mit den dazugehörenden Komponenten (Artikel, Ressourcen) eingegeben werden können.

Die Kennzeichnung, ob es sich um ein Produkt oder Rohmaterial handelt, erfolgt über das Feld „Lagerbuchungsgruppe".

Die Anlage der Artikel erfolgt mit beschreibenden, klassifizierenden, dipositiven, versionsführenden und Beschaffungsdaten sowie Preis- und Kosteninformationen.

Der Artikelstamm enthält im Register „Fertigung" eine Reihe von fertigungsrelevanten Informationen wie Zeichnungsnummer, Werkstoff u.a. Die Felder können durch den Kunden erweitert und modifiziert werden. Durch die Vorteile der Navision Basistechnologie bleibt die Updatefähigkeit erhalten.

Bereits mit einer Minimaldefinition des Artikels kann dieser im PPSlight verwendet werden. Die Angaben können später ergänzt werden. Eine Definition von Pflichteingaben ist möglich.

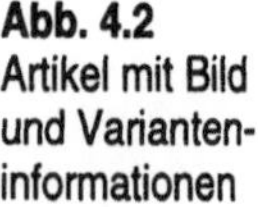

Abb. 4.2
Artikel mit Bild
und Varianten-
informationen

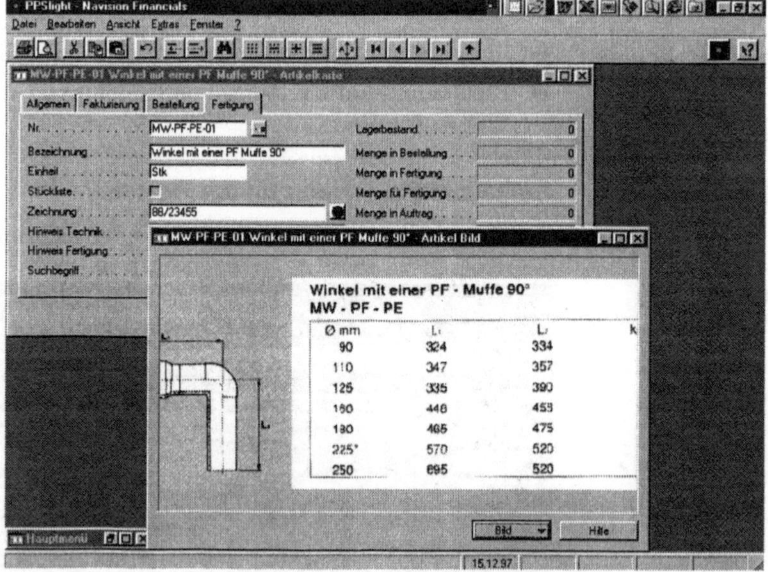

Bereits in der Standardauslieferung enthalten ist die Möglichkeit, Zeichnungen direkt in der Datenbank abzulegen oder bei hinterlegter Zeichnungsnummer aus dem Artikelstamm einen **Zeichnungsbetracher** mit der zugehörigen Zeichnung aufzurufen (vgl. Abb. 4.2).

Dieser Zeichnungsbetrachter kann dem Anwender Funktionen wie Zoom, Pan und Drucken ermöglichen, ohne für diesen Arbeitsplatz in eine Lizenz des CAD Systems und die oft recht anspruchsvolle Hardwareausstattung investieren zu müssen. Viele Anwender nutzen die Möglichkeit, mit „Redlining" Funktionen im Zeichnungsbetrachter Fertigungshinweise eingeben zu können, welche separat von der Zeichnung, aber mit Verweis auf diese, gespeichert werden. Die Integrationen anderer Windows-kompatibler Programme ist ebenfalls möglich.

Abb. 4.3
Artikel mit Zeichnung

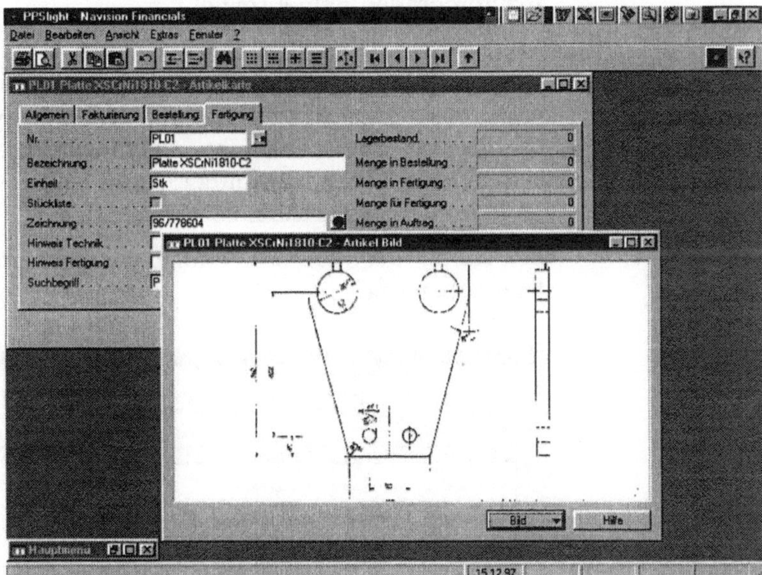

Die Navision FlowFields zeigen ständig die aktuellen Dispositionsinformationen

- zum Lagerbestand,
- Reservierungen für Kundenaufträge,
- Reservierungen für Fertigungsaufträge,
- geplante Zugänge aus Bestellungen und
- geplante Zugänge aus Fertigungsaufträgen an.

Der Anwender kann diese per Mausklick mit Detailinformationen untersetzen, d. h. bei einem Klick auf die Summe „Menge aus Fertigung" (geplante Zugänge aus Fertigungsaufträgen) werden alle aufsummierten Fertigungsaufträge angezeigt.

4.2.2   Definition der Stückliste

Nach Anlage des Artikelstammsatzes kann die dazugehörige Stückliste definiert werden. Die Minimalanforderung in Bezug auf die Artikeldaten besteht in der Festlegung der Artikelnummer. Alle anderen Artikelangaben können später definiert werden.

Die Stückliste im PPSlight enthält nicht nur die zur Fertigung des Produktes benötigten Artikel, sondern auch alle zu leistenden Arbeitsgänge, benötigten Kapazitäten (Ressourcen) und anzufordernden Betriebsmittel.

Im Navision Sprachgebrauch werden Maschinen, Personen, Werkzeuge und Betriebsmittel als Ressource bezeichnet. Damit sind alle Produktionsfaktoren gemeint, welche in einer Zeiteinheit eine bestimmte Leistungsmenge zur Verfügung stellen. Ein Fertigungsauftrag kann diese Ressource nutzen (belegen), ohne sie dabei zu verbrauchen.

Der Aufruf der Stückliste erfolgt aus der Artikelkarte oder der Artikelübersicht.

Abb. 4.4
Stückliste

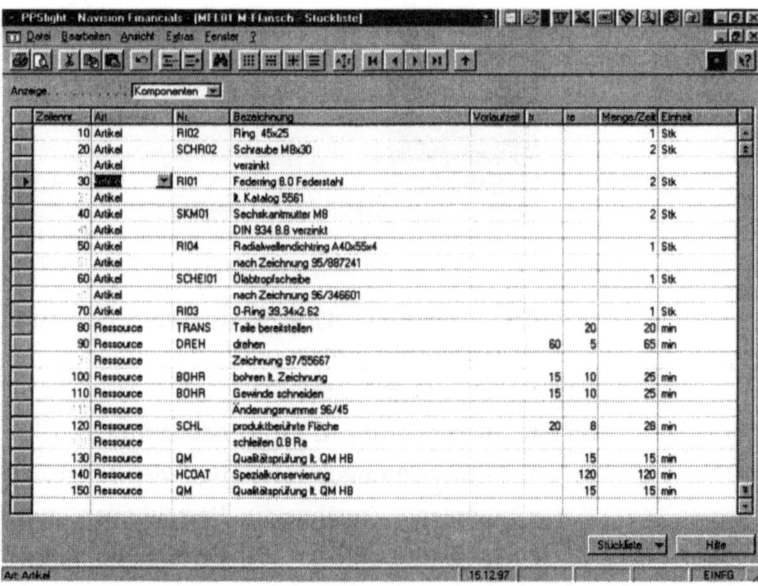

Zeilennr	Art	Nr.	Bezeichnung	Vorlaufzeit	tr	te	Menge/Zeit	Einheit
10	Artikel	RI02	Ring 45x25				1	Stk
20	Artikel	SCHR02	Schraube M8x30				2	Stk
	Artikel		verzinkt					
30	Artikel	RI01	Federring 8.0 Federstahl				2	Stk
	Artikel		lt. Katalog 5561					
40	Artikel	SKM01	Sechskantmutter M8				2	Stk
	Artikel		DIN 934 8.8 verzinkt					
50	Artikel	RI04	Radialwellendichtring A40x55x4				1	Stk
	Artikel		nach Zeichnung 95/887241					
60	Artikel	SCHEI01	Ölabtropfscheibe				1	Stk
	Artikel		nach Zeichnung 96/346601					
70	Artikel	RI03	O-Ring 39.34x2.62				1	Stk
80	Ressource	TRANS	Teile bereitstellen			20	20	min
90	Ressource	DREH	drehen	60	5		65	min
	Ressource		Zeichnung 97/55667					
100	Ressource	BOHR	bohren lt. Zeichnung	15	10		25	min
110	Ressource	BOHR	Gewinde schneiden	15	10		25	min
	Ressource		Änderungsnummer 96/45					
120	Ressource	SCHL	produktberührte Fläche	20	8		28	min
	Ressource		schleifen 0.8 Ra					
130	Ressource	QM	Qualitätsprüfung lt. QM HB			15	15	min
140	Ressource	HCOAT	Spezialkonservierung			120	120	min
150	Ressource	QM	Qualitätsprüfung lt. QM HB			15	15	min

In der Stückliste, welche alle zur Durchführung eines Fertigungsauftrages benötigten Komponenten enthält, kann der Anwender zeilenweise alle zum jeweiligen Produkt gehörenden

Artikel und Ressourcen (Arbeitsgänge) eintragen. In dieser Tabelle können auch Hinweistexte hinterlegt werden.

Die einzusetzenden Artikel und benötigten Ressourcen müssen als Stammsätze bereits vorhanden sein. Die Anlage der Ressourcen erfolgt mit beschreibenden, klassifizierenden und kapazitätsrelevanten Daten sowie Preis- und Kosteninformationen. Die Anlage der Stammsätze kann direkt aus der Stücklistenerfassung heraus erfolgen.

Die Stückliste hat den Charakter einer auftragsneutralen Stammstruktur für wiederholt benötigte Angaben zu den Komponenten (Artikel, Ressourcen) des Produktes. Das Anlegen einer Stückliste ist keine Voraussetzung für die anderen Funktionen des PPSlight. Alle Angaben können auch erst im Fertigungsauftrag eingegeben oder verändert werden.

4.3   Anwendungserfahrungen

Das Konzept des PPSlight Moduls ermöglicht eine **auftragsneutrale Vordefinition** von Produktstrukturen, erzwingt diese aber nicht. Die Nutzung dieser Funktion ist stark abhängig vom Auftragsbezug und der Wiederholfähigkeit der Fertigungsstrukturen. Serienfertiger führen im Regelfall eine Vordefinition der benötigten Komponenten (Artikel, Ressourcen) für jedes Produkt durch. Für Einmalfertiger ergibt die Vordefinition von nur einmal benötigten Strukturen keinen Sinn, hier erfolgt die Produktdefinition erst für den Fertigungsauftrag. Viele Unternehmen definieren wiederholfähige Teile der Produktstruktur in der Stückliste auftragsneutral vor. Diese werden im Fertigungsauftrag geändert und qualifiziert.

Die gemeinsame Definition von bereitzustellenden Artikeln, zu leistenden Arbeitsgängen, benötigten Kapazitäten (Ressourcen) und anzufordernden Betriebsmitteln ermöglicht eine schnelle und unkomplizierte Arbeit des Anwenders. Über Strukturdarstellungen kann der Anwender schnell einen Gesamtüberblick über die Produktdefinition erhalten.

Vielen mittelständischen Fertigungsunternehmen kommt diese, über traditionelle Aufgabenbereiche hinweggehende, Produktstruktur in ihren Anstrengungen zu einer integrativen Auftragsorganisation entgegen. Bei mehr arbeitsteiliger Organisation sind gefilterte Masken zur Darstellung und Pflege nur einer Art von Komponenten (Artikel, Ressourcen) verfügbar.

Insbesondere die Option, mit Minimaldefinitionen von Artikeln und Ressourcen starten zu können, wird von den bei Vorgängersystemen durch einen übermäßigen Pflegeaufwand für Stammdaten geplagten Anwendern, als Beitrag zur Senkung des internen Aufwandes der Auftragsabwicklung genutzt.

Die Tatsache, daß das Anlegen einer Stammstückliste keine Voraussetzung für die anderen Funktionen des PPSlight darstellt und alle Angaben auch erst im Fertigungsauftrag festgelegt werden können, wird vorwiegend von Auftragsfertigern zur Organisationsoptimierung genutzt.

Die ständige Verfügbarkeit von „Umfeldinformationen" und das „Drill-down" in Navision FlowFields führen zu einer hohen Transparenz.

Abb. 4.5
Artikelkarte
mit FlowField für
Fertigungsaufträge

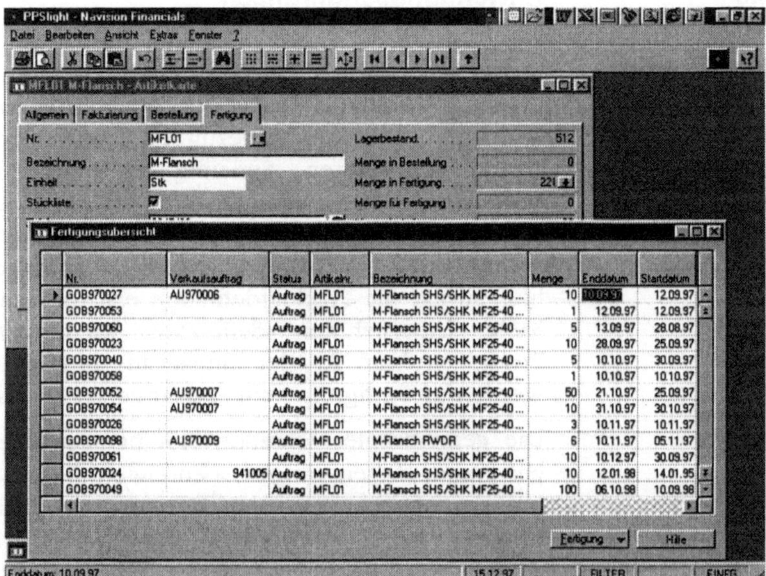

5 Fertigungsauftrag

5.1 Anforderungen

Die Erzeugung eines **Fertigungsauftrages** ist in vielen PPS Systemen nur möglich, wenn umfangreiche Vordefinitionen von Stammdaten erfolgt sind und eine festgelegte Folge von Funktionen in exakt definierter Sequenz abgearbeitet wurden.

Das Konzept des PPSlight will nicht solch umfangreiche und für viele Unternehmen unerwünschte Vorbedingungen stellen.

Hauptanforderungen des Konzeptes PPSlight

Die Hauptanforderungen des Konzeptes PPSlight sind:

- Ein Fertigungsauftrag muß sowohl kundenauftragsneutral als auch kundenauftragsbezogen ohne Vorbedingungen erzeugt werden können.

- Die Struktur des Fertigungsauftrag soll aus den Stammdaten übernommen werden können, muß aber in allen Komponenten (Artikel, Ressourcen) modifizierbar sein.

- Alle für einen Fertigungsauftrag benötigten Strukturen müssen im Fertigungsauftrag definiert werden können, ohne daß eine Vordefinition mit Stammdaten erfolgt ist.

- Das Fehlen von Daten soll durch das PPSlight toleriert werden. Alle auch ohne diese Daten durchführbaren Teilfunktionen sollen dem Anwender ermöglicht werden.

- Alle eingegebenen Daten müssen statusunabhängig modifizierbar sein.

- Die Anforderungen des Anwenders entscheiden über die Durchführung von Funktionen. Es gibt dazu keine Systemrestriktionen.

- An allen Stellen sollen umfangreiche „Umfeldinformationen" dem Anwender einen umfassenden Überblick über die augenblickliche und zu erwartende Dispositionssituation ermöglichen.

5.2 Erzeugung Fertigungsauftrag

Ein Fertigungsauftrag kann auf drei Arten erzeugt werden:

- Generierung des Fertigungsauftrags aus der Disposition;

- Generierung des Fertigungsauftrags aus dem Verkaufsauftrag;
- Manuelles Erstellen des Fertigungsauftrages.

5.2.1 Generierung des Fertigungsauftrags aus der Disposition

Ein Fertigungsauftrag kann in der Disposition aus einem Fertigungsvorschlag Disposition generiert werden. Im Menüpunkt „Fertigungsvorschläge" kann der Anwender eine einfache Deckungsrechnung oder eine Netto-Bedarfsermittlung auslösen. Die in der Bedarfsermittlung zu berücksichtigenden Artikel können beliebig selektiert werden. Selektionskriterium kann jedes Feld des Artikelstammes sein. Der Kunde kann dazu auch eigene Felder definieren.

Die generierten Fertigungsvorschläge können vom Anwender zusammengefaßt, modifiziert oder gelöscht werden. Der Anwender kann neue Vorschläge zusätzlich erfassen. Das Pflegen der Fertigungsvorschläge erfolgt in Bildschirmlisten, die sich in Navision „Bestellvorschlagsblätter" nennen.

Aus den Vorschlägen kann mit einem Funktionsaufruf ein Fertigungsauftrag erstellt werden. Auch eine „Umleitung" des Fertigungsvorschlags in den Einkauf ist möglich.

Nach Erstellung des Fertigungsauftrages kann die zu diesem Artikel gehörende Stückliste abgerufen werden, die Struktur aus einem historischen Fertigungsauftrag kopiert werden oder ein manueller Aufbau der Fertigungsauftragsstruktur erfolgen.

5.2.2 Generierung des Fertigungsauftrags aus dem Verkaufsauftrag

Ein Fertigungsauftrag kann direkt aus einer Position des Kundenauftrages, in Navision „Verkaufsauftragszeile" genannt, generiert werden. Nach dem Markieren der entsprechenden Verkaufsauftragszeile und dem Aufruf der Funktion „Fertigungsauftrag" überprüft das PPSlight, ob ein entsprechender Fertigungsauftrag schon existiert. Wird ein solcher Fertigungsauftrag gefunden, so wird er dem Anwender angezeigt. Existiert ein solcher Fertigungsauftrag noch nicht, schlägt das System eine Generierung des Fertigungsauftrages vor. Bei Bestätigung der Abfrage mit „JA", wird automatisch ein Fertigungsauftrag erstellt.

Ist der Fertigungsauftrag erzeugt, kann die zu diesem Artikel gehörende Stückliste abgerufen werden, die Struktur aus einem historischen Fertigungsauftrag kopiert werden oder ein manueller Aufbau der Fertigungsauftragsstruktur erfolgen. Der Fertigungsauftrag erhält einen Verweis auf den verursachenden Verkaufsauftrag, die Verkaufsauftragszeile und den auftraggebenden Kunden.

5.2.3   Manuelles Erstellen des Fertigungsauftrages

Ein Fertigungsauftrag kann manuell auf Entscheidung des Anwenders erzeugt werden. Einzige Vorbedingung zur manuellen Erzeugung eines Fertigungsauftrages ist die Existenz des Fertigungsteil-Artikels. Eine Minimaldefinition mit Artikelnummer und Bezeichnung ist theoretisch ausreichend. Diese kann aus dem Anlegevorgang des Fertigungsauftrages direkt erfolgen. Alle anderen Angaben können später definiert werden.

Nach Erstellung des Fertigungsauftrages kann die zu diesem Artikel gehörende Stückliste abgerufen werden, die Struktur aus einem historischen Fertigungsauftrag kopiert werden oder ein manueller Aufbau der Fertigungsauftragsstruktur erfolgen.

5.3   Struktur des Fertigungsauftrages

Ist der Fertigungsauftrag erstellt, kann die Fertigungsauftragsstruktur bearbeitet werden. Die Fertigungsauftragsstruktur besteht aus Fertigungszeilen. Diese **Fertigungszeilen** stellen die Produktstruktur für einen konkreten Fertigungsauftrag dar, ergänzt um Termin und Statusinformationen.

Die Fertigungszeilen enthalten Informationen über die zur Fertigung benötigten Artikel, alle zu leistenden Arbeitsgänge, benötigten Kapazitäten (Ressourcen) und anzufordernden Betriebsmittel. Das Erfassen von technischen und kommentierenden Texten ist möglich. Revisionsstände, Versionsinformationen und Lebenslaufdaten können gepflegt werden.

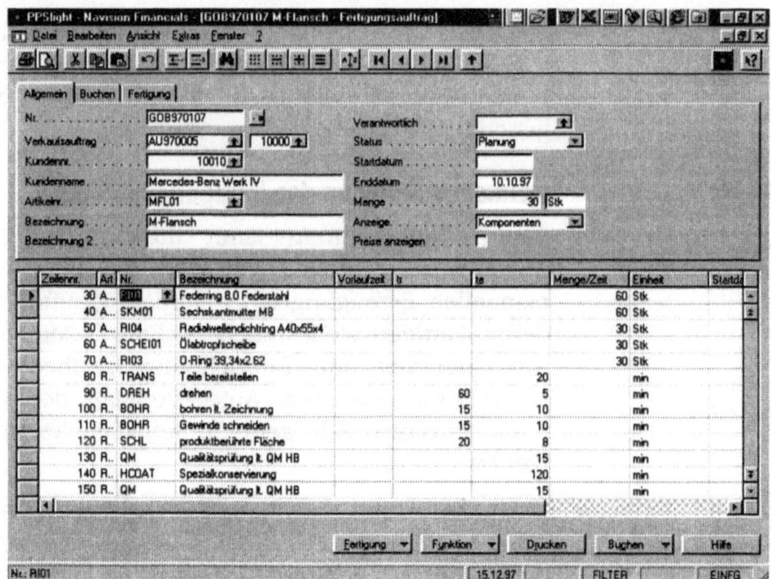

Die Fertigungszeilen können aus drei Quellen kommen:

- Quelle der Fertigungszeilen kann eine vordefinierte Produktstruktur aus der zu dem Fertigungsteil-Artikel gehörenden Stückliste sein.

- Die Fertigungszeilen können aus einem historischen Fertigungsauftrag kopiert werden.

- Das manuelle Erfassen der Fertigungszeilen durch den Anwender ist möglich.

Alle Daten der Fertigungszeilen zur Produktdefinition können im Fertigungsauftrag gelöscht, modifiziert, und erweitert werden. Eine Modifizierung ist auch nach Fertigungsbeginn möglich.

5.4   Anwendungserfahrungen

Das System läßt dem Anwender die Wahl, ob eine Vordefinition des Produktes in der Stückliste oder eine Definition erst bei Erstellung des Fertigungsauftrages erfolgen soll. Damit sind verschiedene Kundenbedürfnisse mit geringstem Aufwand zur Datenpflege erfüllbar.

Die Möglichkeit, alle Komponenten der Fertigungsstruktur (Artikel, Ressourcen, Texte) im Fertigungsauftrag und auch noch nach Start der Fertigung zu modifizieren, erhält mittelständischen Fertigungsunternehmen die als notwendig erkannte und in anderen PPS-Altsystemen oft schmerzlich vermißte Flexibilität bei Änderungswünschen des Kunden oder veränderten technischen Umfeldbedingungen.

Die Option, alle vor dem Anlegen des Fertigungsauftrages möglichen Funktionen auszulassen, und den Fertigungsauftrag direkt und ohne Vorbedingungen zu erzeugen, ermöglicht auch das oft zur Befriedigung der Kundenbedürfnisse notwendige schnelle Reagieren. Ein Fehlen der Möglichkeit PPS gestützt schnell zu reagieren, hat bei traditionellen PPS Lösungen oft zur Förderung einer „Nebenabwicklung" ohne PPS geführt und damit viele Inkonsistenzen und Doppelarbeit erzeugt. Mit dem PPSlight ist es möglich, auch diese „Schnellschüsse" im System zu erfassen und damit unerwünschte Nebenwirkungen einer Parallelabwicklung ohne PPS zu vermeiden.

Abb. 5.2
Fertigungsauftrag
nur Arbeitgänge

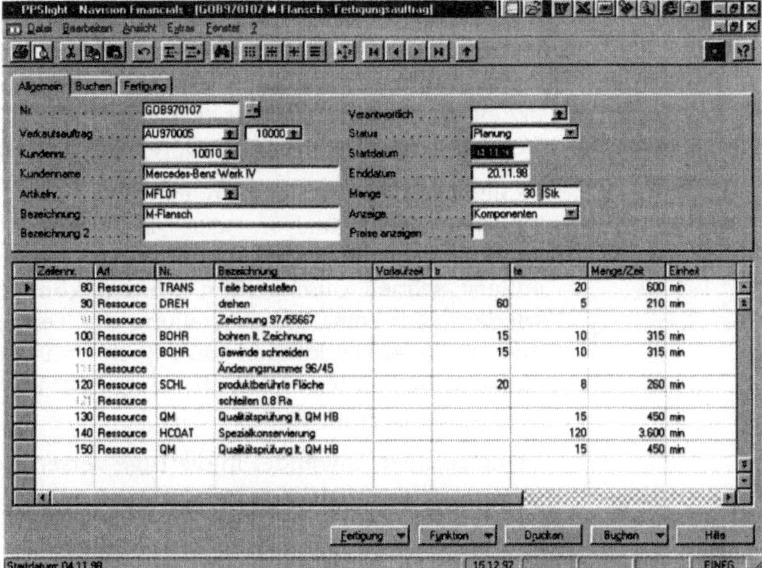

Zeilennr.	Art	Nr.	Bezeichnung	Vorlaufzeit	tr	te	Menge/Zeit	Einheit
60	Ressource	TRANS	Teile bereitstellen			20	600	min
90	Ressource	DREH	drehen		60	5	210	min
91	Ressource		Zeichnung 97/55667					
100	Ressource	BOHR	bohren lt. Zeichnung		15	10	315	min
110	Ressource	BOHR	Gewinde schneiden		15	10	315	min
111	Ressource		Änderungsnummer 96/45					
120	Ressource	SCHL	produktberührte Fläche		20	8	260	min
121	Ressource		schleifen 0.8 Ra					
130	Ressource	QM	Qualitätsprüfung lt. QM HB			15	450	min
140	Ressource	HCOAT	Spezialkonservierung			120	3.600	min
150	Ressource	QM	Qualitätsprüfung lt. QM HB			15	450	min

6 Terminierung

6.1 Anforderungen

Mit der **Terminierung** sollen Termine für die Material- und Kapazitätsplanung ermittelt werden. Das Termingerüst soll eine grobe bis mittlere Planungsgenauigkeit ermöglichen. Feinplanungsfunktionen sind nicht vorgesehen.

Viele Unternehmen haben bei der Einführung von Vorgängersystemen die Erfahrung gemacht, daß die angestrebte hohe Genauigkeit der Planung nicht realisiert werden konnte. Der Versuch, alle in der Dynamik des Tagesgeschäftes durchgeführten Änderungen und Abweichungen dem System mitzuteilen, war vom Aufwand nicht beherrschbar. Durch zentrale Feinplanung, starre Terminvorgaben und Einschränkung des Handlungsspielraumes der Mitarbeiter konnten selten Erfolge erzielt werden. Demotivierung der Mitarbeiter und Nebenabwicklung ohne PPS waren oft die Folge.

PPSlight stellt sich hier andere Ziele. Die Durchführung der Terminierung, Analyse der Ergebnisse, Modifikation der terminierungsrelevanten Daten und Neuterminierung sollen äußerst schnell durchgeführt werden können und beliebig oft wiederholbar sein. Die Darstellung der Terminierungsergebnisse und deren Auswirkungen muß hoch transparent erfolgen. Eine einfache Bedienung soll auch wenig EDV-trainierten Anwendern eine Nutzung erlauben.

Damit soll der Anwender in die Lage versetzt werden:

- Aufträge zügig zu simulieren und einzuplanen,
- auf Änderungen schnell zu reagieren,
- einen ständigen Überblick über potentielle Konfliktpunkte zu haben.

Ziel ist die Unterstützung eines fachlich kompetenten Anwenders durch optimierte Informationsbereitstellung. Dieser soll seinen Handlungsspielraum erkennen können und selbständig zweckmäßige Entscheidungen treffen. Dabei sind die Leitlinien: **Schnelligkeit vor Detaillierung** und **Information vor Automation**.

Leitlinien

Hauptanforderungen
des Konzeptes
PPSlight

Die Hauptanforderungen des Konzeptes PPSlight sind:

- Die Terminierung ist keine Pflichtfunktion. Nachfolgende Schritte sind auch ohne Terminierung zu ermöglichen.

- Die Terminierung soll sowohl genaue Termine mit detaillierten Ausgangsinformationen als auch grobe Termine mit unscharfen Ausgangsinformationen ermöglichen.

- Das System ermittelt für den Anwender sinnvolle Vorschläge, aber die endgültige Entscheidung wird durch einen fachkundigen Anwender (Fertigungsleiter, Fertigungsdisponent) getroffen.

- Ein „Spielen" mit dem Verhältnis zwischen Ausgangsdaten und Terminierungsergebnis soll dem Anwender optimale Flexibilität und Entscheidungsfreiheit geben.

  - Die Terminierung soll beliebig oft mit veränderten Ausgangsdaten wiederholt werden können.

  - Die Modifikation der Ausgangsdaten soll erfolgen, ohne daß der Anwender die Maske wechseln muß.

  - Die Berechnung der Ergebnisse erfolgt Online.

6.2   Terminierungsarten

Die Terminierung stellt die Daten für die Material- und Ressourcenplanung stets simultan und echtzeitorientiert zur Verfügung.

Die Terminierung wird im Fertigungsauftrag ausgelöst. Sie arbeitet als Vorwärts- oder Rückwärtsterminierung mit den Optionen: **Durchlaufterminierung**, **Kapazitätsterminierung** oder **Vorlaufterminierung.**

Die Auswahl der Terminierungsart erfolgt im Fertigungsauftragskopf im Register „Fertigung".

Mit der Terminierung werden sowohl die Termine für den Materialbedarf als auch die Kapazitätsbelegung ermittelt.

Erfolgt keine Terminierung, gilt der gesetzte Auftragsstarttermin als Bedarfstermin für alle Artikel und Ressourcen.

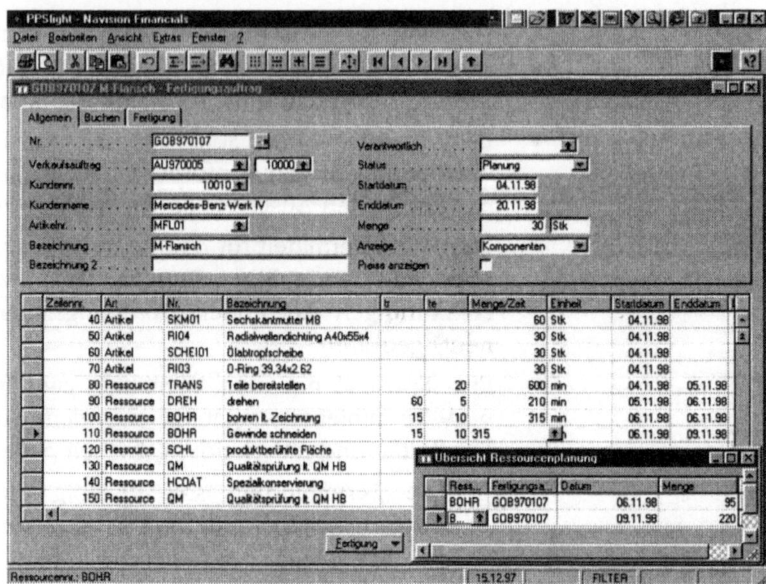

6.2.1 Durchlaufterminierung

Die Terminierung erfolgt als Vorwärts- oder Rückwärtsterminierung auf Basis:

- des vorgegebenen Start- oder Enddatums,
- der geplanten Mengen,
- von Vorlaufzeit, Rüstzeit und Einzelzeit der geplanten
  Arbeitsgänge.

Bei dieser Option erfolgt **keinerlei Berücksichtigung der
Belastung der Ressourcen durch andere Fertigungsaufträge**.
Der Fertigungsauftrag wird terminiert als ob alle Ressourcen nur
für ihn zur Verfügung stehen würden.

Das PPSlight zeigt die ermittelten Konfikte an, die Entscheidung
zur Konfliktlösung erfolgt durch den Anwender.

6.2.2 Kapazitätsterminierung

Die Terminierung erfolgt als Vorwärts- oder Rückwärtsterminierung auf Basis:

- des vorgegebenen Start- oder Enddatums,
- der geplanten Mengen,
- von Vorlaufzeit, Rüstzeit und Einzelzeit der geplanten
  Arbeitsgänge.

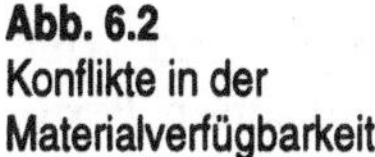

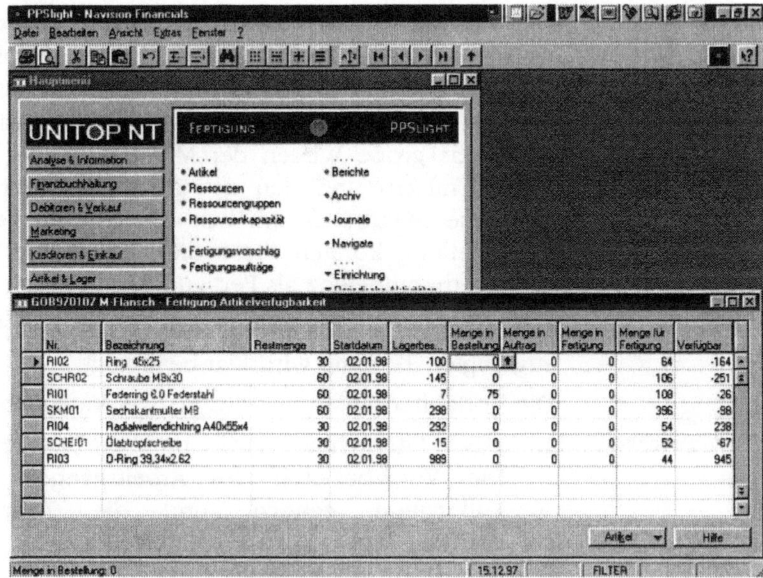

Die Kapazitätsterminierung **berücksichtigt die Auslastung der Ressourcen durch bereits eingeplante Aufträge**.

Das PPSlight zeigt die ermittelten Termine und mögliche Konfliktpunkte an, notwendige Entscheidungen zur Konfliktlösung werden durch den Anwender getroffen.

6.2.3   Vorlaufterminierung

Die Terminierung erfolgt als Vorwärts- oder Rückwärtsterminierung auf Basis:

- des vorgegebenen Start- oder Enddatums,
- der Vorlaufzeiten der geplanten Arbeitsgänge.

Die Vorlaufterminierung berücksichtigt nur die im Feld "Vorlauf" eingetragenen Werte und ermittelt aufgrund dieser einen entsprechenden Start- oder Endtermin.

6.3   Anwendungserfahrungen

Die grobe bis mittlere Planungsgenauigkeit des PPSlight hat sich für die meisten Unternehmen der Zielgruppe als ausreichend erwiesen.

Der Ansatz, das **System ermittelt Vorschläge** und der **Anwender entscheidet**, ermöglicht den mittelständischen Fertigungsunternehmen die schnelle Reaktion auf Kundenanforderungen und die Dynamik des Alltagsgeschäftes. Sie können dabei das große Wissen der Mitarbeiter über ihren Fertigungsprozeß nutzen und den gewünschten Entscheidungsspielraum für diese Mitarbeiter erhalten. Durch optimierte Informationsbereitstellung können diese die notwendige Zeit zur Nutzung ihrer Kernkompetenz als Fertigungsspezialisten erhalten.

Die Rückwärtsterminierung zur Sicherung der dem Kunden zugesagten Termine wird klar bevorzugt.

Die Vorlaufterminierung wird in zwei Varianten genutzt:

Nutzung der
Vorlaufterminierung

1. Das Unternehmen will nur **grobe Termine** ermitteln: Die Vorgabezeiten des Arbeitsganges werden nur zur Kalkulation genutzt, und die Terminierung erfolgt ausschließlich über die Vorlaufzeit.

2. Das Unternehmen will **genaue Termine** ermitteln, die dafür notwendigen Daten stehen aber erst sehr spät zur Verfügung:
    Mit den Vorlaufzeiten wird zu einem Zeitpunkt, an dem die Vorgabezeiten des Arbeitsganges noch nicht exakt definiert sind, ein grobes Zeitraster ermittelt. Das Unternehmen verfügt jetzt über einen Hauptterminplan mit Meilensteinen. Dieser wird nach Fertigstellung der Arbeitspläne durch eine genauere Terminplanung abgelöst.

7   Materialplanung

7.1   Anforderungen

Die **Materialplanung** ermittelt die Deckungssituation jedes Artikels, erkennt Unterdeckungen, berechnet Bestellmengen und generiert Bestellvorschläge.

Die Hauptanforderungen des Konzeptes PPSlight sind:

Hauptanforderungen
des Konzeptes
PPSlight

*   Berechnungsmöglichkeit auch bei einem Minimum an Stammdaten,

*   schnelle Online-Berechnung,

- wiederholfähige Durchführung,

- sofortige Berücksichtigung aller Änderungen von dispositionsrelevanten Daten und

- optimale Information des Anwenders über potentielle Konflikte.

7.2 Bedarfsermittlung

Die Bedarfsermittlung erfolgt als **Artikel-Wiederbestellung** oder **Netto-Bedarfsermittlung** in den Dialogfunktionen **Bestellvorschlag** oder **Fertigungsvorschlag**.

Bestellvorschläge und Fertigungsvorschläge werden Online ermittelt und dem Anwender sofort angezeigt.

Abb. 7.1
Bestellvorschläge

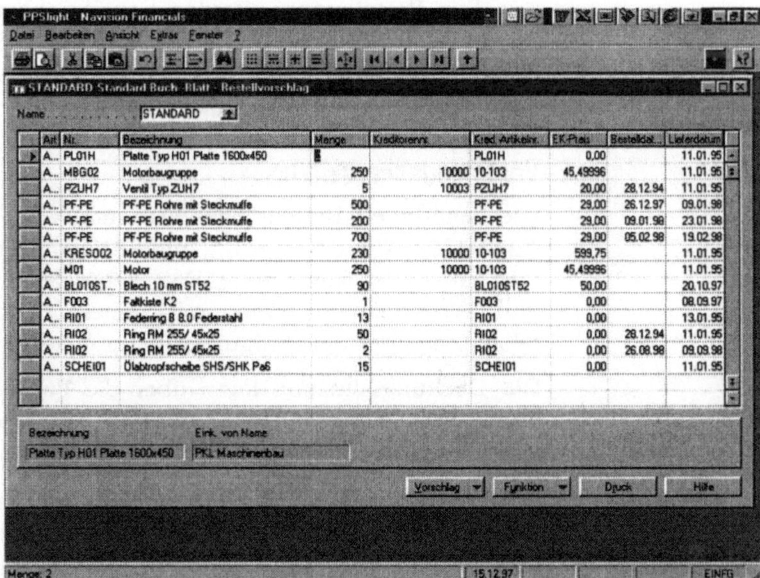

Die in der Bedarfsermittlung zu berücksichtigenden Artikel können beliebig selektiert werden. Selektionskriterium kann jedes Feld des Artikelstammes sein. Der Kunde kann zusätzliche Felder definieren.

7.2.1   Artikel-Wiederbestellung

Mit der Funktion „Artikel-Wiederbestellung" wird ermittelt, ob der Lagerbestand des selektierten Artikel so gering ist, daß ein Zugang geplant werden muß. Hierbei wird der gesamte Deckungshorizont einbezogen. Lagerbestand, geplante Zu- und Abgänge, Minimalbestand, Maximalbestand und fixe Bestellmenge werden berücksichtigt. Die Termine der geplanten Zu- und Abgänge finden keine Berücksichtigung. Im Fall einer Unterdeckung wird ein Bestellvorschlag für den Artikel erzeugt.

7.2.2   Netto-Bedarfsermittlung

Mit der Funktion „Netto-Bedarfsermittlung" wird zeitgerecht ermittelt, ab welchem Datum die prognostizierte Deckung eines selektierten Artikels negativ wird. Hierbei wird der gesamte Deckungshorizont einbezogen. Minimalbestand, Maximalbestand und fixe Bestellmenge werden berücksichtigt. Berücksichtigung finden auch die Termine bereits vorhandener Bestellungen und Fertigungsaufträge. Im Fall einer Unterdeckung wird ein Bestellvorschlag für den Artikel erzeugt.

7.2.3   Vorschlagsbearbeitung

Die generierten Bestell- oder Fertigungsvorschläge können vom Anwender zusammengefaßt, modifiziert oder gelöscht werden. Der Anwender kann neue Vorschläge zusätzlich erfassen. Aus den Vorschlägen kann mit einem Funktionsaufruf eine Bestellung oder ein Fertigungsauftrag erstellt werden.

Die Deckungssituation kann über die Funktion „Verfügbarkeit" kontrolliert werden. Der Anwender kann die Zeiträume zur Darstellung der Verfügbarkeitsübersicht selber wählen.

Aus der Vorschlagszeile kann zu allen relevanten Informationen wie Artikel, Bestellungen, Aufträge u. a. verzweigt werden. Der Lagerbestand und die Verfügbarkeit können lagerortbezogen und lagerortneutral beurteilt werden.

7.3   Anwendungserfahrungen

Die einfachen Algorithmen zur Materialplanung werden von mittelständischen Unternehmen sehr gut angenommen. Es wird eine hohe Transparenz erzeugt.

Das Grundprinzip: „Das System generiert Vorschläge, aber der Anwender entscheidet!", entspricht den Organisationsanforderungen der Zielgruppe.

Abb. 7.2
Verfügbarkeits-
übersicht Artikel

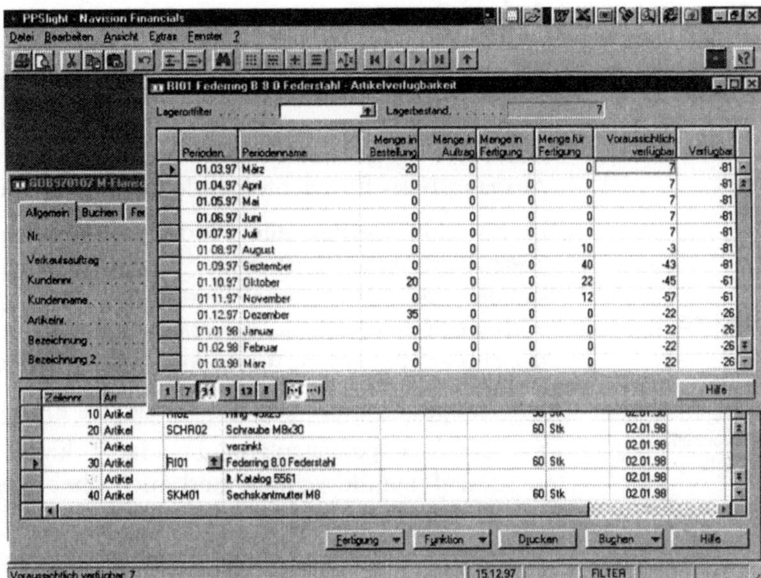

Insbesondere die sofortige Wirksamkeit von Änderungen und das kontinuierliche Anzeigen von möglichen Konfliktsituationen unterstützt die Anwender bei einer zweckmäßigen Entscheidungsfindung.

Simultane Material- und Ressourcenplanung, Online-Berechung und hohe Transparenz unterstützen das Prinzip der knappen Mengenplanung.

Werden zusätzlich zu den vorhandenen Verfahren weitere Methoden der Nettobedarfs- und Bestellmengenrechnung benötigt, so sind diese zügig integrierbar.

8 Kapazitätsplanung

8.1 Anforderungen

Die **Kapazitätsplanung** entsteht als Ergebnis einer Terminierung. Die terminierten Ressourcenbedarfe aus den Fertigungsaufträgen werden dem Kapazitätsangebot der Ressource gegenübergestellt. Ihre Resultate sind gleichzeitig Ausgangsbasis für nachfolgende Terminierungen.

Ressource

In Navision werden alle Produktionsfaktoren, welche in einer Zeiteinheit eine bestimmte Leistungsmenge zur Verfügung stellen, die durch einen Fertigungsauftrag genutzt, aber nicht verbraucht wird, als Ressource bezeichnet. Ressourcen können Maschinen, Personen, Werkzeuge oder Betriebsmittel sein.

Hauptanforderungen des Konzeptes PPSlight

Die Hauptanforderungen des Konzeptes PPSlight sind:

- Die Kapazitätsplanung ist keine Pflichtfunktion. Nachfolgende Schritte sind auch ohne Kapazitätsplanung zu ermöglichen

- Berechnungsmöglichkeit auch bei einem Minimum an Stammdaten.

- Die Kapazitätsplanung soll sowohl genaue Angaben aus detaillierten Ausgangsinformationen als auch grobe Angaben aus unscharfen Ausgangsinformationen ermöglichen.

- Sofortige Berücksichtigung aller Änderung von dispositionsrelevanten Daten.

- Optimale Information des Anwenders über potentielle Konfikte.

- Die Terminierung soll beliebig oft mit veränderten Ausgangsdaten wiederholt werden können, dabei sollen die Modifikation der Ausgangsdaten und Berechnung der Resultate erfolgen, ohne daß der Anwender die Maske wechseln muß.

- Durch die einfache Eingabe, Online-Berechnung und transparente Darstellung soll der Anwender schnell einen klaren Überblick über das Verhältnis zwischen Ausgangs-daten und Planungsergebnis erhalten. Dem Anwender soll damit optimale Flexibilität und Entscheidungsfreiheit gegeben werden.

8.2   Kapazität

Grundlage der Ressourcenplanung ist die Einrichtung der verfügbaren Kapazität der Ressource.

Die Vorgaben werden in der Funktion „Ressourcenkapazität" eingetragen. Die Eingabe kann manuell für einen gewählten Zeitraum erfolgen. Die Sollkapazität kann auch über die Funktion „Kapazität einrichten" für einen gesamten Zeitabschnitt automatisch eingerichtet werden.

Die verfügbare Kapazität einer Ressourcengruppe ergibt sich ausschließlich aus der Summe der verfügbaren Kapazitäten der ihr zuzurechnenden Einzelresssourcen.

8.3   Ressourcen und Terminierung

Die Vorgabe der Kapazitäten ist Grundlage der Terminierung. Findet die Terminierung zu einem benötigten Zeitraum keine verfügbare Kapazitäten, führt dies zu einer Umterminierung. Kann zu keinem Zeitraum eine verfügbare Kapazität gefunden werden, wird die Funktion komplett abgebrochen.

Will der Kunde keine Ressourcen mit dem PPSlight verwalten, kann auch ohne Terminierung und Ressourcenplanung ein Fertigungsauftrag im System abgewickelt werden.

Die Ressourcenbedarfe können aus Fertigungsaufträgen, der Projektplanung oder Verkaufsaufträgen durch den Verkauf von Dienstleistungen ermittelt werden.

8.4   Ressourcenverfügbarkeit

Die Ressourcen- und Materialplanung erfolgen stets simultan und echtzeitorientiert.
Die Ressourcenverfügbarkeit kann in mehreren Funktionen kontrolliert werden. Die wichtigsten sind:

- Übersicht über Einzelressourcen, Ressourcengruppen oder alle Ressourcen aus dem Fertigungsauftrag.

- Diverse Übersichten aus der Ressourcenverwaltung.

- Ressourcenübersichten aus der Projektplanung.

- Übersichten aus Verkaufsaufträgen beim Verkauf von Dienstleistungen.

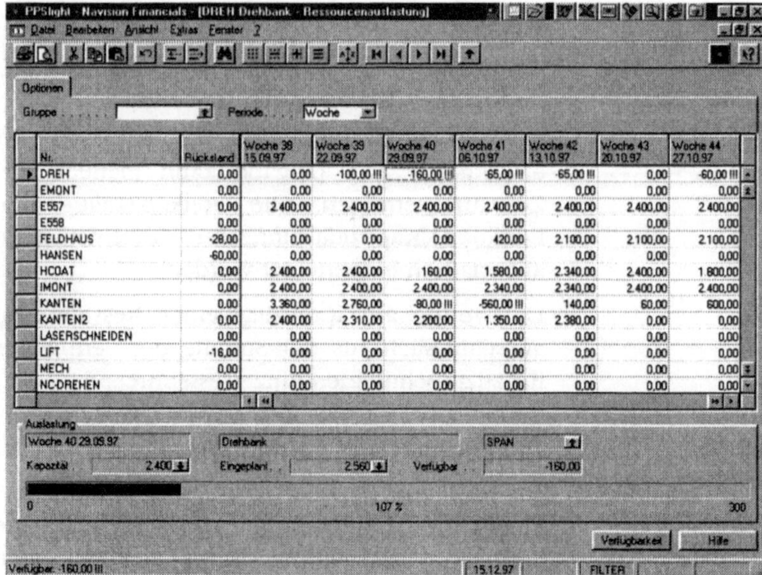

Die Ressourcenverfügbarkeit stellt die verfügbaren Kapazitäten den eingeplanten Ressourcenbedarfen gegenüber. Dabei werden die Ressourcenbedarfe nach ihrem Verursacher – Fertigungsauftrag, Projektplanung, Verkaufsauftrag – unterschieden. Der Anwender kann die Zeiträume zur Darstellung der Verfügbarkeitsübersicht selber wählen.

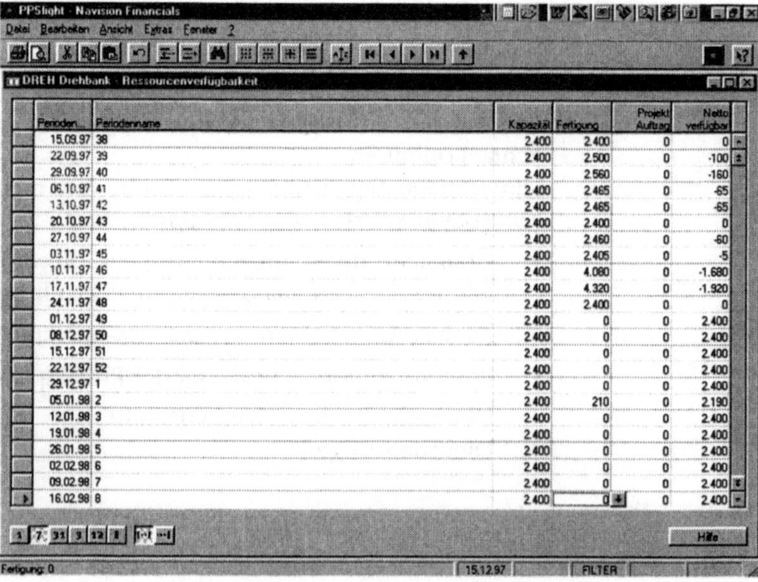

In der Übersicht der Ressourcenverfügbarkeit können weitere Detailinformationen, z. B. in welchen Fertigungsaufträgen die Ressource benötigt wird, durch Klicken auf die Summenfelder abgerufen werden (vgl. Abb. 8.2).

8.5 Anwendungserfahrungen

Die einfachen Bearbeitungsfunktionen, die schnelle Online Berechnung und sofortige Verarbeitung von veränderten Ausgangsdaten ermöglichen dem Anwender Vorgaben und Änderungen effizient in das System einzupflegen. Eine Nebenabwicklung ohne PPS wird vermieden.

Die grobe bis mittlere Planungsgenauigkeit wird als zielführend eingeschätzt. Die ständig aktuellen und einfach zu erreichenden Informationen über Ausgangssituation, Planungsergebnisse und Konflikt-potential führen zu einer hohen Nutzung durch die Anwender.

Simultane Material- und Ressourcenplanung, Online-Berechnung und hohe Transparenz unterstützen das Prinzip der knappen Terminplanung.

9 Fertigungsbelege

9.1 Anforderungen

Es sollen **Standardfertigungsbelege** erzeugt werden, die in allen inhaltlichen und gestalterischen Gesichtspunkten vom Kunden verändert werden können.

Hauptanforderungen des Konzeptes PPSlight

Die Hauptanforderungen des Konzeptes PPSlight sind:

- Anbieten von Standardbelegen,

- Modifikationsmöglichkeiten durch den Kunden,

- optionaler Barcode Druck auf allen Belegen.

9.2 Realisierung

Der Anwender kann folgende Fertigungsbelege drucken: Fertigungsbegleitkarte, Arbeitsgangkarte (Lohnschein) oder Materialentnahmeliste.

Alle Fertigungsbelege sind mit dem C/SIDE Report Designer erstellt und können - entsprechend den Erfordernissen des Kunden - modifiziert werden.

Der Ausdruck der Fertigungsbelege kann nur erfolgen, wenn der Status des Fertigungsauftrages auf „Auftrag" gesetzt ist. Die Ausgabe der Fertigungsbelege kann um einen Barcode ergänzt werden.

9.3   Anwendungserfahrungen

Die Grundstruktur der Belege entspricht den Anforderungen der Zielgruppe. Die Möglichkeit der Modifikation wird von fast allen Kunden genutzt, um firmenspezifische Änderungen des Layouts vorzunehmen. Die Anzahl der ausgegebenen Informationen wird oft auf ein Minimum begrenzt. Dadurch wird ein einfaches Verstehen der Fertigungsbelege unterstützt. Sie können um zusätzliche firmen- oder produktspezifische Informationen ergänzt werden.

10   Rückmeldung

10.1   Anforderungen

Die **Rückmeldung** gibt dem PPSlight die Informationen:

- Ein Artikel wurde in einer bestimmten Menge geplant oder ungeplant für einen Fertigungsauftrag entnommen.

- Eine Ressource (Maschine, Mitarbeiter, Werkzeug) wurde durch den Fertigungsauftrag in einer bestimmten Menge benutzt.

- Ein bestimmter Fertigungsstatus wurde erreicht.

- Eine bestimmte Menge des Produktes wurde durch einen Fertigungsauftrag produziert.

Die Hauptanforderungen des Konzeptes PPSlight sind:

Hauptanforderungen des Konzeptes PPSlight

- schnelle und unkomplizierte Rückmeldung,

- minimale Anforderungen an die Qualifikation des „Rückmelders",

134

- wahlweise gemeinsame oder getrennte Rückmeldung von Materialeinsatz, Ressourcennutzung, Fertigungsteil, Fertigungsstatus,

- geplante und ungeplante Rückmeldungen,

- gemeinsame Mengen-, Status- und Kostenbetrachtung,

- Rückmeldung per Barcode oder Betriebsdatenerfassungssystem.

10.2 Rückmeldung der Komponenten

Das Buchen des Verbrauches (Fertigungseinsatz) von Artikeln und Ressourcen kann auf zwei Arten erfolgen.

1. Durch Eintragen der zu buchenden Menge und Auslösung der Buchung direkt im Fertigungsauftrag.

2. Durch das Erfassen der zur Buchung vorgesehenen Rückmeldungen in einer Bildschirmliste, diese nennt sich in Navision „Fertigungsbuchungsblatt". Durch die Erfassung in einem Fertigungsbuchungsblatt ist noch keine Rückmeldung erfolgt. Erst nach Auslösung der Buchung für das Buchungsblatt wird die eigentliche Buchung durchgeführt. Nach dem Erfassen der Buchungsblattzeilen und vor dem Buchen sind jederzeit Änderungen möglich.

Abb. 10.1
Fertigungs-
buchungsblatt

135

Die Buchungen führen zur Abbuchung der eingesetzten Artikel, Entlastung der Ressourcen, Statusfortschreibung des Fertigungsauftrages und zur Erhöhung der IST-Kosten des Fertigungsauftrages.

Der Kunde kann entscheiden, ob die Kosten **direkt** in die Finanzbuchhaltung integriert, **periodisch** in die Finanzbuchhaltung integriert oder **manuell** verbucht werden.

Für Komponenten (Artikel, Ressourcen) können in beiden Funktionen Teilmengen gebucht werden.

10.3 Rückmeldung Fertigungsteil

Das Fertigungsteil wird im Fertigungsauftrag gebucht:

- durch Überprüfung und Korrektur des Eintrags im Feld Menge,
- Auslösung der Buchung für das Fertigungsteil.

Die Buchung für das Fertigungsteil schließt den Fertigungsauftrag ab. Der Fertigungsauftrag kann mit den echten Herstellkosten bewertet werden.

10.4 Anwendungserfahrungen

Die einfache und unkomplizierte Handhabung führt zu einer hohen Akzeptanz.

Unternehmen, die in der Vergangenheit Rückmeldedaten gern zur Auswertung benutzt hätten, aber den großen Aufwand nicht betreiben wollten, greifen das Thema unter diesem Gesichtspunkt wieder auf.

Die Rückmeldemöglichkeit per Barcode wird gern genutzt.

Die mögliche Trennung von Erfassung der Rückmeldedaten in einem Fertigungs-buchungsblatt und Verbuchung der Rückmeldedaten wird zum Einfügen von Kontrollschritten in den Ablauf genutzt und kann die Qualität der Rückmeldedaten spürbar erhöhen.

11   Kalkulation

11.1   Anforderungen

Die Kalkulation ermittelt ständig die aktuellen Werte der auftragsneutral vorkalkulierten, für den Auftrag geplanten und laufenden Kosten.

Hauptanforderungen des Konzeptes PPSlight

Die Hauptanforderungen des Konzeptes PPSlight sind:

- Einfache Handhabung und minimaler Aufwand zur Datenpflege;

- Konsistenz von Mengen- und Wertbewegung;

- sofortiges Nachvollziehen von Änderungen und Abweichungen.

11.2   Vorkalkulation

In der Artikelkarte kann mit der Funktion „Stückliste Preis berechnen" der Preis eines Produktes auf der Basis der eingesetzten Artikel und Ressourcen ermittelt werden. Der Anwender kann entscheiden, ob dabei nur der einzelne Baukasten oder alle Strukturstufen berücksichtigt werden.

Bei Erzeugung eines Fertigungsauftrages werden die Informationen **Einstandspreis** und **Einstandsbetrag** aus den Werten des Artikelstammes ermittelt und im Fertigungsauftrag mitgeführt. Diese Werte basieren auf den hinterlegten Preis- und Kosteninformationen, der in der Stückliste geplanten Komponenten (Artikel, Ressourcen).

Mit Erzeugung des Fertigungsauftrages entspricht der berechnete Einstandsbetrag für das Erzeugnis den geplanten Herstellkosten.

Abb. 11.1
Detailkalkulation

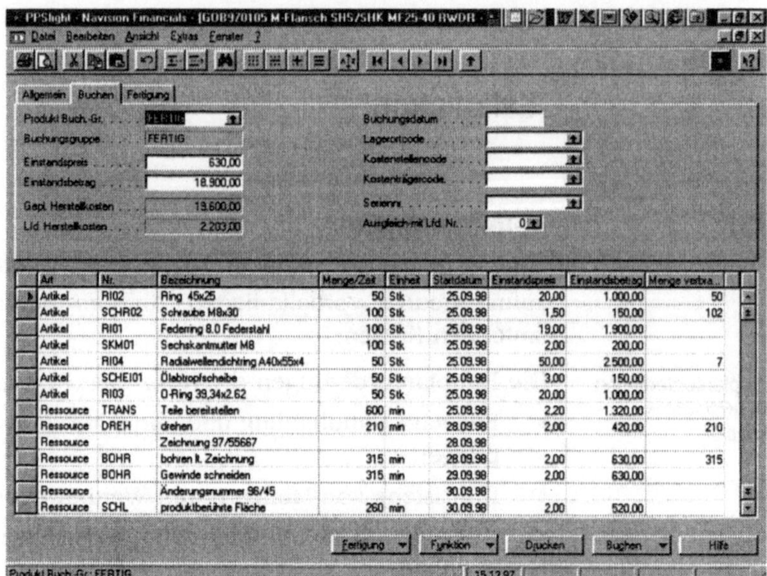

Art	Nr.	Bezeichnung	Menge/Zeit	Einheit	Startdatum	Einstandspreis	Einstandsbetrag	Menge verbr...
Artikel	RI02	Ring 45x25	50	Stk	25.09.98	20,00	1.000,00	50
Artikel	SCHR02	Schraube M8x30	100	Stk	25.09.98	1,50	150,00	102
Artikel	RI01	Federring 8.0 Federstahl	100	Stk	25.09.98	19,00	1.900,00	
Artikel	SKM01	Sechskantmutter M8	100	Stk	25.09.98	2,00	200,00	
Artikel	RI04	Radialwellendichtring A40x55x4	50	Stk	25.09.98	50,00	2.500,00	7
Artikel	SCHEI01	Ölabtropfscheibe	50	Stk	25.09.98	3,00	150,00	
Artikel	RI03	O-Ring 39,34x2.62	50	Stk	25.09.98	20,00	1.000,00	
Ressource	TRANS	Teile bereitstellen	600	min	25.09.98	2,20	1.320,00	
Ressource	DREH	drehen	210	min	28.09.98	2,00	420,00	210
Ressource		Zeichnung 97/55667			28.09.98			
Ressource	BOHR	bohren lt. Zeichnung	315	min	28.09.98	2,00	630,00	315
Ressource	BOHR	Gewinde schneiden	315	min	29.09.98	2,00	630,00	
Ressource		Änderungsnummer 96/45			30.09.98			
Ressource	SCHL	produktberührte Fläche	260	min	30.09.98	2,00	520,00	

Nach Erzeugung eines Fertigungsauftrages wird die Information **geplante Herstellkosten** bei jeder Änderung des Fertigungsauftrages aktualisiert. Wird die Produktstruktur durch den Einsatz anderer Artikel und Ressourcen oder Mengenänderungen im Auftrag modifiziert, verändern sich die geplanten Herstellkosten. Die Ermittlung erfolgt Online.

Nach Rückmeldungen von Komponenten (Artikel, Ressourcen) wird die Information **laufende Herstellkosten** bei jeder Buchung aktualisiert.

Detailinformationen über den Aufbau der geplanten und laufenden Herstellkosten sind mit einer Funktion jederzeit abrufbar.

11.3   Anwendungserfahrungen

Die Konsistenz von Mengen- und Wertbewegung führt zu einer permanenten Bewertung in allen Planungs- und Realisierungsfunktionen. Dies führt auch mit einem Minimum an Ausgangsinformationen zu aktuellen Ergebnissen.

Die Mehrzahl der Ausgangsdaten der Kalkulation entstehen als „Nebeneffekt" der operativen Arbeit. Zusatzarbeiten sind minimiert.

12 Archivierung Fertigungsauftrag

12.1 Anforderungen

Die Archivierung erhält wesentliche Informationen des Fertigungsauftrages über dessen „Lebenszeit" hinaus.

Die Hauptanforderungen des Konzeptes PPSlight sind:

- Einfachste Handhabung der Funktion;

- der Anwender bestimmt, welche Daten archiviert werden;

- der Anwender kann die zu archivierenden Daten um firmen- oder produktspezifische Angaben erweitern;

- Archivierung und Löschen des Fertigungsauftrages erfolgen nicht automatisiert, sondern auf Anweisung des Anwenders.

12.2 Realisierung

Die Archivierung wird aus dem Fertigungsauftrag ausgelöst. Fertigungsaufträge können nur dann archiviert werden, wenn sie den Status „Fertig" haben.

Es werden **archiviert**:

- technische Daten,

- Bezug zu einem Verkaufsauftrag,

- Kundendaten,

- Datumsinformationen,

- Kalkulations- und Kosteninformation,

- technische und kommentierende Hinweistexte,

- Revisionsstände, Versionsinformationen und Lebenslaufdaten.

- Bemerkungen zum Fertigungsauftrag.

12.3 Anwendungserfahrungen

Die Nutzung der Archivierung hängt stark von der Fertigungsart des Unternehmens ab. Für Serienfertiger ergibt eine Archivierung des Standardproduktes je Fertigungsauftrag kaum Nutzen, beim Einmalfertiger ist die Archivierung der genauen Struktur-, Planungs- und Ausführungsdaten unabdingbar.

Abb. 12.1
Archivierung

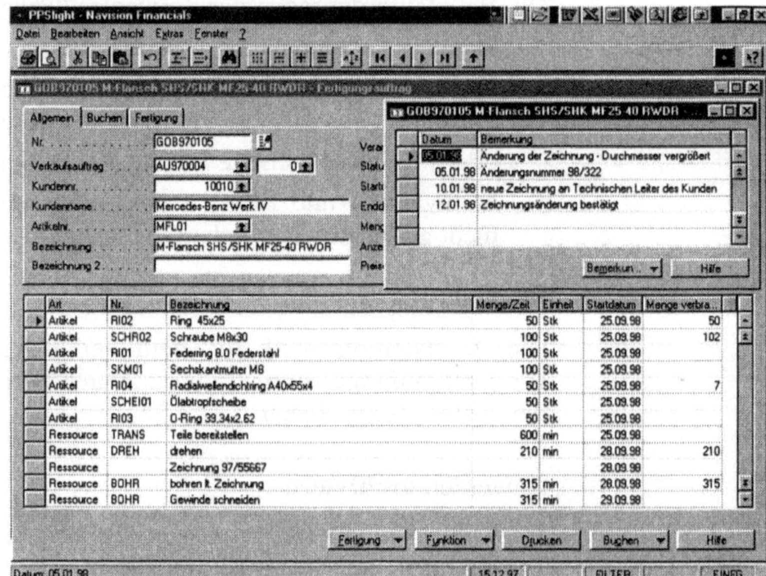

Gern werden zu einem Fertigungsauftrag „Lebenslauf"-informationen hinterlegt und diese später archiviert. Damit sind Gründe für das Verschieben von Terminen, Austausch von Artikeln oder Zeichnungsänderungen auch Jahre später nachvollziehbar.

13 Variantengenerierung

13.1 Anforderungen

In den letzten Jahren haben viele Fertigungsunternehmen große Anstrengungen zur Reduktion der Variantenvielfalt und der damit verbundenen Kosten unternommen. Mittelständische Unternehmen bewegen sich aber oft in einem Markt, der ihnen insbesondere im Bereich kundenindividueller Produkte oder für Kunden individualisierter Basisprodukte die größten Chancen bietet. Dies setzt den Bestrebungen zur Kostensenkung durch Reduktion der Variantenvielfalt enge Grenzen.

Solche Unternehmen müssen sich auf die Erfüllung individueller Kundenwünsche durch individuelle oder individualisierte Produkte einstellen und die Fähigkeit erwerben, diese Produkte kostengünstig und mit verkürzten Lieferzeiten anzubieten, zu designen, zu fertigen und zu liefern.

Sie werden dabei insbesondere mit dem Problem konfrontiert, daß die Kalkulation der Produkte, die Erstellung von Angeboten und Aufträgen mit oft umfangreichen Texten sowie die Bereitstellung der Stücklisten und Arbeitspläne für die Fertigung in der Variantenfertigung einen hohen Bearbeitungsaufwand verursachen. Diese Aufwendungen kehren in ähnlicher Form wieder.

Demgegenüber steht die Forderung ihrer Kunden nach Verkürzung der Lieferzeiten. Da die Potentiale zur Verkürzung der Fertigungsdurchlaufzeit in den letzten Jahren oft ausgeschöpft wurden, liegt die Konzentration jetzt auf einer Verkürzung der Auftragsdurchlaufzeit in den indirekten Bereichen. Angebotskalkulation und –bearbeitung, Auftragsbearbeitung, Konstruktion, Arbeitsvorbereitung und Beschaffung müssen eine größere Menge an Vorgängen in einer kürzeren Zeit bewältigen. Hier besteht oft noch ein großes Potential, daß durch PPS-Verfahren zur Variantengenerierung unterstützt werden kann.

Bestehende PPS-Systeme berücksichtigen die Anforderungen des Unternehmens als Variantenfertiger oft nur unzureichend.

Variantenkonzepte sind, wenn vorhanden, oftmals nur für die Stücklistenerstellung ausgelegt.

Nur Stücklisten generieren heißt Variantenlogik zu eng zu betrachten.

- Ist das Unternehmen nur während des Vorganges „Stücklistenerstellung" Variantenfertiger?

- Ist ein Variantenfertiger nicht auch immer Variantenanbieter?

- Kann ich Produkte mit variantenabhängigen Stücklisten mit variantenneutralen Arbeitsplänen fertigen?

Die Durchlaufzeit der indirekten Bereiche bei variantenreichen Produkten zu senken, erfordert neue Ansätze.

Nur die Unterstützung des Variantencharakters in allen Funktionen und Prozessen der Angebotserstellung und der Auftragsabwicklung kann zu entscheidenden Fortschritten führen.

<table>
<tr><td>Hauptanforderungen des Konzeptes PPSlight</td><td>Die Hauptanforderungen des Konzeptes PPSlight sind:</td></tr>
</table>

Die **Datenbasis** mit dem Expertenwissen, welches zur Generierung notwendig ist, muß folgendes gewährleisten:

- Einen transparenten Aufbau;

- eine einfach und überschaubare Pflege;

- einen geringen Aufwand zum Einpflegen von Veränderungen;

- die uneingeschränkte Möglichkeit zur Erweiterung.

Der **Vertrieb** muß unterstützt werden durch:

- Einfache Generierung von Variantenangeboten und Variantenaufträgen mit Preisen und Texten im Dialog, ohne technisches Spezialwissen der Sachbearbeiter;

- Reproduzierbarkeit der Preisfindung und Textgenerierung;

- Wiederholbarkeit der Generierung bei Änderungswünschen des Kunden.

Die Bereiche **Technik, Konstruktion** und **Arbeitsvorbereitung** müssen unterstützt werden durch:

- Erstellung der technischen Unterlagen wie Stückliste, Arbeitsgänge, Zusatzdokumente durch Variantengenerierung;

- bedeutende Reduktion der Aufträge, die eine technische Bearbeitung in der Konstruktion und/oder der Arbeitsvorbereitung erfordern;

- Wiederholfähigkeit der Generierung mit veränderten Ausgangsdaten.

Die **Materialbeschaffung** muß unterstützt werden durch sofortige Bereitstellung der Bedarfsinformationen nach der Variantengenerierung.

Die **Terminfindung** soll unterstützt werden durch:

- Sofortige Möglichkeit zur Terminierung, Material- und Kapazitätsplanung nach der Generierung, ohne weitere Zwischenschritte;

- Grobterminierung nach der Variantengenerierung im Angebotsstatus.

13.2 Realisierung

Die Realisierung der Variantengenerierung erfolgt im PPSlight nicht durch ein alle Optionen berücksichtigendes Generierungssystem.

Abb. 13.1
Auftragsparameter

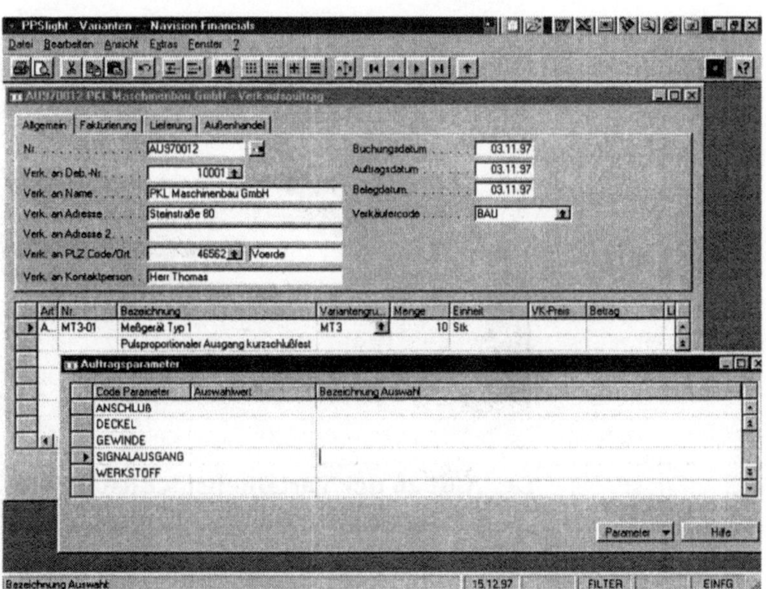

Entsprechend den konkreten Anforderungen des Kunden wird auf der Basis des PPSlight Variantenkonzeptes und unter Nutzung der vorhandenen Variantenobjekte ein individuelles Generierungskonzept für Varianten erstellt. Dieses enthält auch nur die im konkreten Anwendungsfall benötigten Funktionen und erfordert auch nur die Eingabe der dafür im Minimum notwendigen Daten.

13.3   Datenbasis

Die Datenbasis mit dem Expertenwissen, daß zur Generierung notwendig ist, wird entsprechend den Anforderungen des Kunden hinterlegt durch **Variantengruppen** mit zugeordneten **Parametern** (z. B. Werkstoffen) und **Parameterausprägungen** (z. B. Aluminium, Edelstahl).

Die Parameterausprägungen können mit den Parametern zugewiesenen Preiskomponenten für die Produktkalkulation bzw. den zugewiesenen Textelementen für die Angebots- und Auftragstexte versehen werden.

Abb. 13.2
Parameterwerte

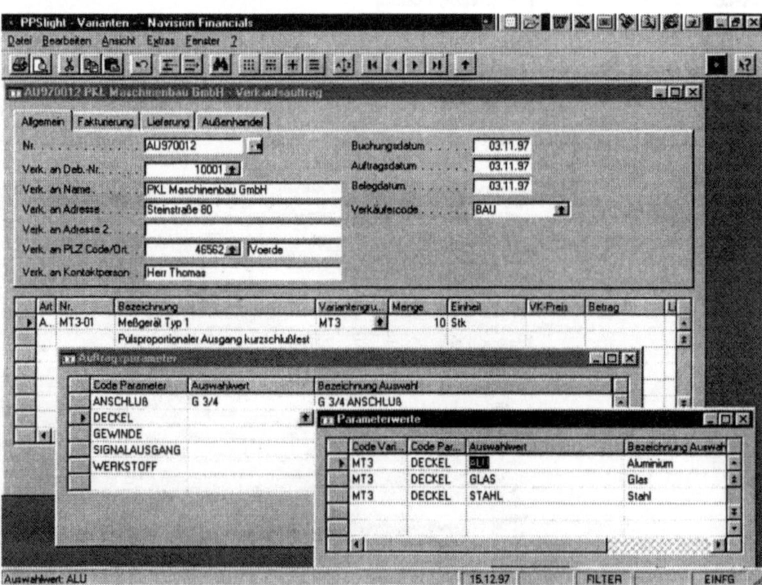

Der **Aufbau der Variantenstücklisten** erfolgt mit Definition der Basiskomponenten (Artikel, Arbeitsgänge) unter Zuordnung von:

- Parametern, welche die variantenabhängige Auswahl eines Artikels oder Arbeitsganges bestimmen,

- Parametern, welche die Ersetzung der Komponente durch andere Artikel oder Arbeitsgänge definieren,

- Parametern, welche die Berechnung eines Feldes der Komponente (Artikel, Arbeitsgang) veranlassen.

13.4 Varianten

Im Bereich Verkauf können durch Variantengenerierung folgende Bereiche unterstützt werden:

- variantenabhängige Kalkulationsmethoden,

- Generierung von variantenabhängigen Texten und Preisen für Angebote,

- Generierung von variantenabhängigen Texten und Preisen für Aufträge.

Abb. 13.3
Variantendefinition

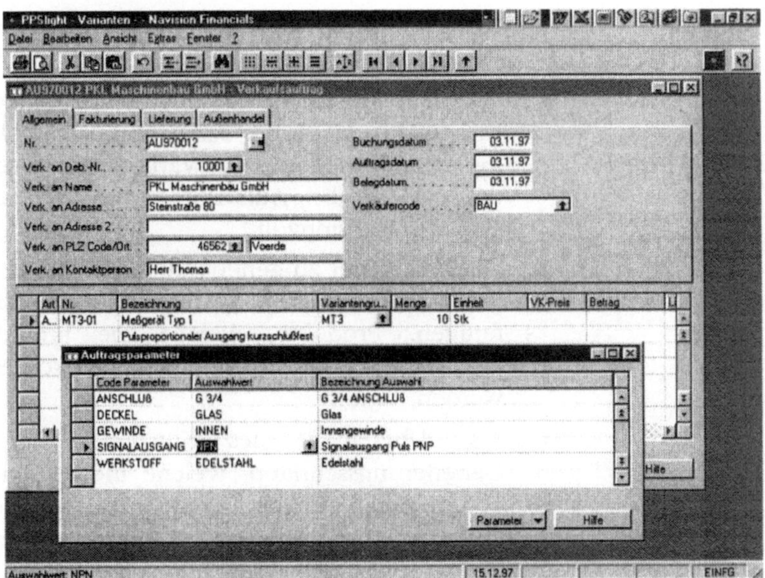

Die Bereiche Technik, Konstruktion und Arbeitsvorbereitung werden mittels Variantengenerierung unterstützt. Eine schnelle Generierung des Fertigungsauftrages mit bereitzustellenden Artikeln, zu leistenden Arbeitsgängen, benötigten Kapazitäten (Ressourcen) und anzufordernden Betriebsmitteln wird möglich.

Die Erstellung der terminierungs- und dispositions-relevanten Daten durch Variantengenerierung auf Basis der für die Stückliste hinterlegten Variantendaten kann zügig durchgeführt werden.

Außerdem ist eine Erstellung von technischen Zusatzdokumenten durch Variantengenerierung möglich.

Die Materialbeschaffung wird unterstützt durch sofortige Bereitstellung der Bedarfsinformationen nach der Variantengenerierung. Für die Kapazitätsplanung werden die Daten unmittelbar nach der Variantengenerierung zur Verfügung gestellt.

13.5 Anwendungserfahrungen

Durch eine Variantengenerierung nach dem beschriebenen Konzept können die angestrebten Effekte erzielt werden.

Die Reduktion der Variantenlogik auf das wirklich für den konkreten Anwendungsfall Notwendige, entlastet den Anwender und macht den Pflegeaufwand für die Datenbasis beherrschbar.

Zu beachten

Bei der Einführung des Variantenkonzeptes muß insbesondere auf folgende Punkte geachtet werden:

- Vor dem Aufbau des PPSlight Variantenkonzeptes muß der Kunde in der Lage sein, ohne EDV Unterstützung das logische Grundgerüst der Variantenlogik zu beschreiben. Erst danach ist die Aufstellung des Feinkonzeptes für die Generierung sinnvoll.

- Die Menge der zu generierenden Varianten muß ausreichend groß sein, um die Einführungsaufwendungen zu rechtfertigen. Produkte, welche die kritische Menge nicht erreichen, sollten aus dem Variantenkonzept ausgeklammert werden.

- Ein „Überladen" des Konzeptes mit Prüfungen und Generierungsschritten, welche theoretisch benötigt werden könnten, aber in der Praxis nur in wenigen Fällen wirklich auftreten, muß unbedingt vermieden werden.

- Der Beginn mit Variantengenerierung für Hauptmerkmale von Hauptprodukten und eine darauf folgende schrittweise Verfeinerung des Konzeptes sind empfehlenswert.

- Die Logik der Generierung muß von den Fachabteilungen nachvollzogen werden können. Eine nur für wenige Experten einsichtige Variantenlogik findet meist geringe Akzeptanz.

14 Schlußbetrachtung

Viele mittelständische Industrieunternehmen arbeiten heute mit PPS Systemen, die auf einer 10-15 Jahre alten Softwaregeneration basieren. Die Systeme wurden mit neuen Funktionen versehen und sind oft nur an der Oberfläche modernisiert.

Das mittelständische Industrieunternehmen wird durch seine Kunden zu kürzesten Reaktionszeiten und äußerster Flexibilität gezwungen. Der Anwender muß diese Aufträge aber mit einem PPS System abwickeln, welches gestützt auf ein übermächtiges Funktionsangebot, einseitig auf die Erreichung von Kostenzielen ausgerichtet ist. Marktziele, wie verkürzte Servicezeit und Flexibilität, werden bei plötzlicher Änderung der Kundenwünsche oder der Umfeldbedingungen nur bedingt unterstützt.

Navision eröffnet mit seinem eigenen PPS-Modul mittelständischen Fertigern den Weg von einem solchen PPS-Altsystem zu einer von der Basistechnologie bis zur Anwendungsfunktion hochmodernen PPS-Software.

Für eine Reihe mittelständischer Industrieunternehmen werden aber auch hier noch zu viele Funktionen angeboten. Auf diese Kunden ist das Navision Financials AddOn PPSlight ausgerichtet.

PPSlight wurde innerhalb des Konzeptes UNITOP Navision Technology erstellt und ist voll in das Navision Financials Basissystem integriert. Es deckt die Funktionsbereiche Produktdefinition, Fertigungsdisposition, Fertigungsauftrag, Terminierung, Materialplanung, Ressourcenplanung, Fertigungsbelege, Rückmeldung, Kalkulation und Archivierung des Fertigungsauftrages ab.

Die Produktstruktur kann auftragsneutral oder auftragsbezogen definiert werden. Übernommene Stammdaten sind jederzeit modifizierbar.

Für das Anlegen von Fertigungsaufträgen stehen dem Anwender je nach gewünschter Organisationsform unterschiedliche auftragsneutrale oder auftragsgebundene Verfahren zur Verfügung.

Terminierung, Material- und Kapazitätsplanung sind auch mit einem minimalen Datengerüst realisierbar. Modifikationsfähigkeit, Wiederholbarkeit und Transparenz sind oberstes Prinzip. Ein „Spielen" mit dem Verhältnis zwischen Ausgangsdaten und Dispositionsergebnis gibt dem Anwender optimale Flexibilität und Entscheidungsfreiheit.

Die Rückmeldung kann mit verschiedenen manuellen oder automatisierten Verfahren durchgeführt werden.

Kalkulationen können sowohl auftragsneutral, als auch mit Bezug zu Verkaufs- und Fertigungsaufträgen durchgeführt werden. Bei jeder Modifikation der Ausgangsdaten oder erfolgter Rückmeldung werden die berechneten Ergebnisse aktualisiert.

Fertigungsaufträge können nach Auftragsabschluß mit allen relevanten Informationen archiviert werden.

Das PPSlight ist ausschließlich mit Navision Werkzeugen realisiert und vollständig in Navision Financials integriert, dadurch wird auf unkomplizierte Weise die Zusammenarbeit aller an der Auftragsabwicklung beteiligten Bereiche des Unternehmens gewährleistet.

Durch die Einbettung von PPSlight in das Konzept UNITOP Navision Technology, wird die optimale Kombination standardisierter Module und flexibler, individualisierbarer Lösung erreicht. Die integrierte Entwicklungsumgebung C/SIDE ermöglicht die einfache Modifikation und Weiterentwicklung des PPSlight Moduls für die speziellen Anforderungen des Kunden. Auf diese Weise werden organisatorische Wettbewerbsvorteile gesichert.

Kapitel 7

IT-Umstellung mit PPS-Integration beim mittelständischen Werkzeughersteller Wiha auf der Basis von NILS (NAVISION®-Informations-Logistik-System)

Dipl.-Wirtsch.-Ing. Axel Thode

Dipl.-Kfm. Roland Abele

Fa. ABACON Beratungsgesellschaft für Organisation und Informationslogistik mbH, Rimpar

1 Problemstellung

Schnelligkeit, Service und Qualität zu niedrigen Kosten als Eckpfeiler einer ernstgenommenen Kundenorientierung erfordern die konsequente Nutzung einer individuell gestalteten und zugleich flexiblen EDV-gestützten Informationslogistik. ABACON, Beratungsgesellschaft für Organisation und Informationslogistik, arbeitet prozeßorientiert auf der Basis von NAVISION® und realisiert EDV-Reorganisationsprojekte in den Zielbranchen Werkzeug- und Maschinenbau, technischer Großhandel, Lebensmittel- und Pharmaindustrie sowie Kfz-Teilehandel. Der vorliegende Anwenderbericht beschreibt die Einführung beim Unternehmen Wiha Werkzeuge in Schonach.

Eine jüngst erschienene Marktuntersuchung über PPS-Systeme kommt zu dem Schluß, daß die Abbildung dezentraler und unternehmensinterner Organisationsstrukturen zu erheblichem Implementierungsaufwand führt [1] bzw. ein hoher Anteil an Individualentwicklung als zu aufwendig erachtet wird. Vor dieser Frage stand auch das Unternehmen Willi Hahn in Schonach im Schwarzwald.

Im durchgeführten Auswahlprozeß mußte die endgültige Entscheidung zwischen den marktführenden Systemanbietern und einer individuell ausbaufähigen Standard-Lösung getroffen werden. Laut Wiha war für die Entscheidung die Fachkompetenz von ABACON sowie die Flexibilität des Produktes NAVISION letztendlich ausschlaggebend.

Das Unternehmen

Das mittelständische Familienunternehmen **Wiha** fertigt Schraubwerkzeuge von höchster Qualität und distribuiert diese an Industrieunternehmen, Fach- und Großmärkte und Endkunden. Höchste Lieferbereitschaft, umfassender Lieferservice und Kundenorientierung, Produktinnovation und weltweite Präsenz zählen neben dem Qualitätsanspruch zu den Leitlinien des Unternehmens. Das stetige Wachstum führt die Geschäftsleitung auch auf die ziel- und leistungsorientierte Mitarbeiterführung zurück.

Unternehmen Wiha

Umsatz 1997:   ca. 45 Mio. DM
Exportanteil: 40 % (Tend. steig.)
MA-Zahl: ca. 270
Gründung: 1939
Gesch.-Form: GmbH & Co. KG

Standorte in Schonach, Mönchweiler, Breitungen und Györ (Ungarn)

Vertriebstöchter in England, Frankreich, Spanien und USA

Tätigkeit:
Entwicklung, Herstellung und Vermarktung von hochwertigen Schraubwerkzeugen (Kunststofffertigung, Klingenfertigung, Schraub-Bits-Fertigung)
Fertigungstiefe: ca. 95 %

Fertigungsstruktur:
segmentierte Fertigungsinseln mit gruppen- und team-orientierten Mitarbeitern

Serienfertigung

Vertriebs-Vertretungen in über 50 Ländern

Ausgangssituation

Im Zuge der Internationalisierung der Märkte und der geforderten schnellen Reaktionsfähigkeit auf die sich ständig ändernde Marktsituation, sah sich das Unternehmen gezwungen, die internen Strukturen zu reorganisieren. Ziel war eine generelle Umstrukturierung, die den wechselnden externen Rahmenbedingungen auch in Zukunft besser gerecht wird.

Wiha beauftragte eine externe Unternehmensberatung, die nach Festlegung der Unternehmensstrategie, ein **Geschäftsprozeß-SOLL-Konzept** mit dem Unternehmen erarbeitete. Aus der Kernaufgabe, die **Leistungsfähigkeit** und **Flexibilitiät** von Wiha zu erhöhen, resultierten neben der geänderten Aufbau- und Ablauforganisation auch Anforderungen an die Informationstechnologie.

Im Einzelnen ergaben sich die folgenden Kernanforderungen an das Anwendungssystem:

- Aufgrund der internen Funktions- und Aufgabenbereiche, mußte das IT-System eine starke **Handels-** und **Produktionsorientierung** aufweisen.

- Integration der bereits existierende **Controlling/MIS-Lösung** in den Informationsverbund.

- Mit dem Ziel, ein **belegloses Unternehmen** aufzubauen bestand die Notwendigkeit, das **Archivsystem NEXUS** online anzubinden und entsprechend dem Workflow mit den notwendigen Dokumenten zu versorgen, um so auf einen Blick alle zu einem Vorgang gehörigen Dokumente, auch außerhalb des WWS entstandene Belege, verfügbar zu haben.

- **EDI-Integration** kundenauftrags- sowie zahlungsseitig.

- **Internet-Integration** für späteres Online-Shopping.

- Realisierung einer neuen Lagerlogistik und Integration des LVS mit z. B. **dynamischer Lagerplatzverwaltung**.

- Unterstützung einer **durchgängigen Ablauforganisation** von der Vertriebsabwicklung über die Materialwirtschaft und Produktionsplanung bis hin zur Produktionssteuerung.

- **Flexible, einfache und kostengünstige Anpassung** der IT-Abläufe an die unternehmensinternen und -externen Entwicklungen aufgrund der hohen Marktdynamik.

Zusätzlich galt es weiterhin, die bevorstehende Jahrtausendwende und die EURO-Problemtik systemseitig abzudecken. Dem Unternehmen wurde schnell klar, daß die umfangreichen Anforderungen nicht mit der bisher eingesetzten **SNI Software COMET** abzubilden waren, obwohl dieses System funktional bisher eine sehr gute Basis lieferte.

Es sollte ein neues, integriertes Warenwirtschafts- und PPS-System mit Finanzbuchhaltungs-Kern implementiert werden.

Es folgte ein Software-Auswahlprozeß, der an den Unternehmenszielen „**Flexibilität**" und „**Qualität**" ausgerichtet wurde.

2   Auswahlprozeß

Auf Basis des Geschäftsprozeß-SOLL-Konzepts wurde ein Pflichtenheft erstellt, an dem die verschiedenen Systeme gemessen wurden.

Die auszuwählende Business-Software mußte es ermöglichen, die definierten Ziele der überarbeiteten Unternehmensstrategie und -organisation und der daraus abgeleiteten Wettbewerbsfähigkeit in der Zukunft, abzubilden.

Zur Auswahl standen die klassisch orientierten Standardanwendungssysteme sowie das offene Basissystem **NAVISION**, das in vielen Teilbereichen noch auf die kundenindividuellen Bedürfnisse ausgerichtet werden mußte.

Ein im wesentlichen nur parametrierbares System erschien dem Projektteam als zu unflexibel, die künftigen Ablauf- und Geschäftsprozeßmodifikationen flexibel abzubilden, zumal bei Projektlaufzeiten von durchschnittlich mehr als 2 Jahren[1] bei einer geforderten Projektlaufzeit von deutlich unter einem Jahr.

Allerdings stellt der Einsatz einer offenen und funktional schmaleren Software-Lösung erhöhte Anforderdungen an das betriebswirtschaftliche Know-How und setzt eine tiefgreifende Systemkenntnis seitens des Software-Partners voraus. Auf dem Prüfstand standen damit auch das Releasekonzept des Systempartners sowie dessen Projektvorgehensweise.

---

[1] vgl. Stein, T.: Probleme und Lösungen der PPS-Reorganisation, PPS-Management, Gito-Verlag 1997

Abb. 2.1
Objektstruktur
NAVISION / NILS

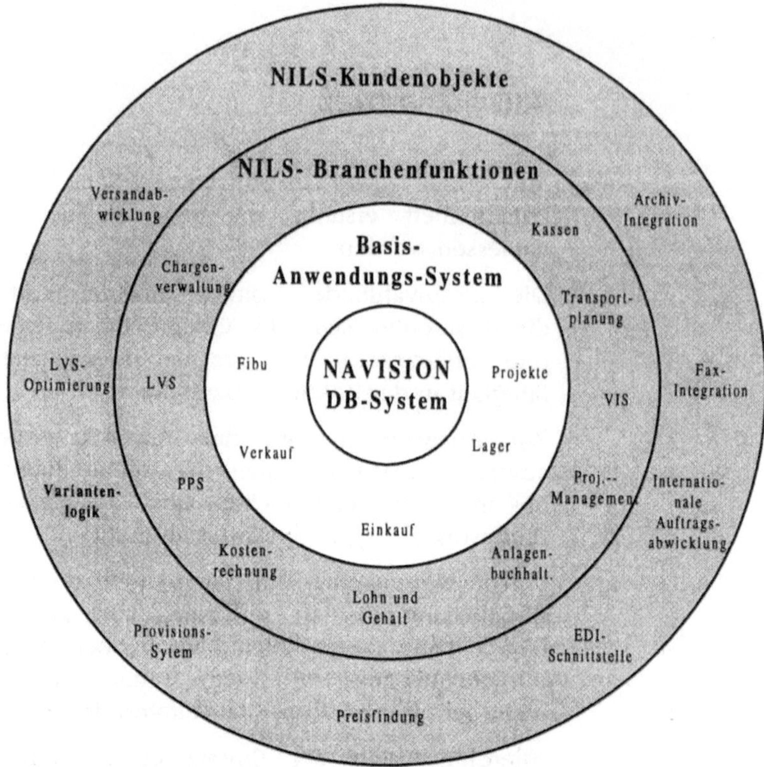

3   IT-Lösung

Ein wesentliches, unternehmensübergreifendes Entscheidungs-
kriterium war dabei der geforderte Investitionsschutz hinsichtlich
Systemstabilität, -kontinuität und -bestand am Markt. Neben den
betriebswirtschaftlichen Gesichtspunkten waren folgende tech-
nologische Anforderungen entscheidend:

- Client-Server Architektur
- graphische Benutzeroberfläche
- Microsoft® Back-Office® und Windows® Integration
- Schnittstellen, wie OCX, ODBC, MAPI etc.
- integrierte, objektorientierte 4GL Entwicklungsumgebung
- Transaktionsgesteuerte, relationale Datenbank
- Online Verarbeitung.

Last but not least wollte man auch weiterhin EDV-technisch möglichst autonom bleiben. Mit dem kleinen aber breit ausgebildeten und sehr kompetenten EDV-Bereich konnten bisher umfassend Hard- und Software integriert und angepaßt werden. Dies bedingte die Forderung nach hoher Flexibilität und einfacher sowie weitreichender Adaptierbarkeit des neuen Anwendungssystems.

Gesucht wurde also ein Systempartner, mit dem kooperativ und branchengerecht das IT-Reorganisationsprojekt abgewickelt werden konnte und eine IT-Lösung, die weder unter- noch überdimensioniert und ganz speziell auf die Unternehmensstruktur eines mittelständischen Unternehmens zugeschnitten ist.

Systempartner

Als Beratungsgesellschaft für Organisation und Informationslogistik hat sich **ABACON** auf die Reorganisation und Realisierung von individuell ausgerichteten, DV-gestützten Geschäftsprozessen spezialisiert. Mittlerweile hat ABACON über 60 EDV-Reorganisationsprojekte in Industrie und Handel auf der Basis von **NILS** (NAVISION-Informations-Logistik-System) abgewickelt. Diese Projekte zeichnen sich dadurch aus, daß sich die jeweiligen Unternehmen in innovativen Marktsegmenten positionieren und daher eine besonders flexible und zukunftsoffene IT-Lösung benötigen.

Die weltweite Installationszahl von **NAVISION** liegt mittlerweile bei 30.000 Installationen in über 80 Ländern. Dies und die Beratungs- und Projekterfahrung von ABACON gab Wiha die Sicherheit, mit **NILS** den gewünschten Erfolg zu erzielen und gleichzeitig die gewünschte Systemflexibilität zu erhalten.

IT-Lösung NAVISION

Die Business Software **NAVISION** enthält im Standard das eigene Datenbanksystem und die Basisanwendungsfunktionen (siehe Abb. 1). **NILS** stellt die um wesentliche Branchenfunktionen und Funktionsbereiche erweiterte NAVISION-Basis dar.

Bezogen auf die o. g. technologischen und wirtschaftlichen Anforderungen, stellt **NAVISION Financials** eine Basisanwendung mit den in Abb. 2.1 gezeigten Grundfunktionen dar. Diese und eine Vielzahl weiterer Module anderer NSCs (NAVISION-Solution-Center) bilden die Grundlage für eine umfassende Lösungsvielfalt für die unterschiedlichsten IT-Anforderungen. Basierend auf dieser Gesamtfunktionalität erfolgt mittels der graphischen 4GL-Entwicklungsumgebung die maßgeschneiderte Integration der davon abweichenden Kundenanforderungen.

Aufbauend auf den restrukturierten Geschäftsprozessen wurde entsprechend der Projektvorgehensweise (siehe Abb. 3.1) eine Feinkonzeption der betrieblichen Funktionen vorgenommen. Dabei stellte der Bereich Produktion neben der komplexen Vertriebslogik/Preisfindung die höchsten Anforderungen an das Projektteam.

PPS-Anforderungen

Auch die PPS-Anforderungen spiegeln die Systemphilosophie der Firma Wiha wider: „Flexible Unterstützung der Geschäftsprozesse und Konzentration auf Kernfunktionen".

Es entstanden folgende PPS-Funktionen, die ABACON u. a. für das Unternehmen Wiha entwickelte bzw. individuell anpaßte:

- deterministische Bedarfsermittlung analytisch und synthetisch, bedarfs- oder verbrauchsorientiert inkl. Prognose;

- Reservierungslogik;

- Kapazitäts- und Materialsimulation zur Lieferterminbestimmung;

- Kapazitäts- und Materialsituation bzgl. Produktmerkmalen;

- informationslogistische Unterstützung von Fertigungsinseln und Profitcentern;

- Terminierung beigeordneter Ressourcen/Werkzeuge;

- Fremdfertigung, verlängerte Werkbank;

- individuelle Kalkulation von Erzeugnissen über alle Fertigungsstufen;

- mehrstufiger Verkaufs-/Produktionsplan inkl. Ressourcenprofil;

- Chargenverwaltung für den Rohwaren-Bereich (Stahl).

Abb. 3.1
Projektstruktur

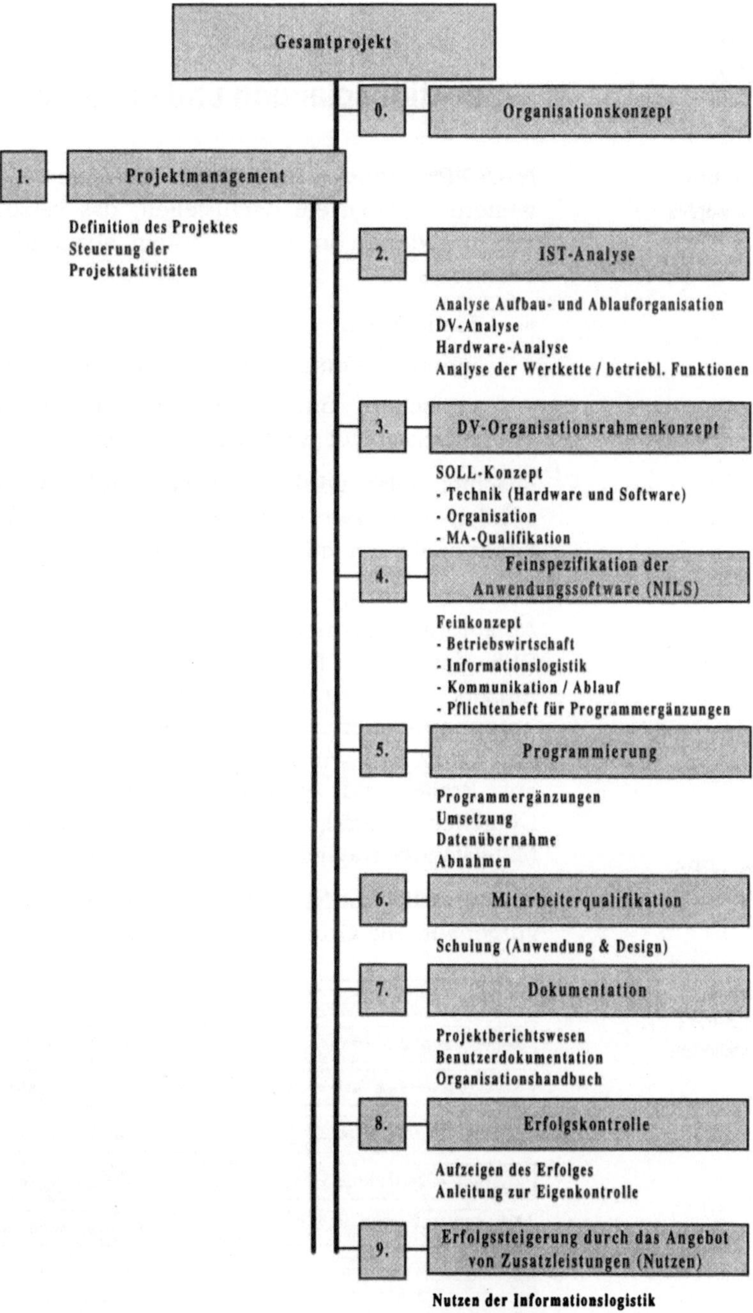

4 Produktionsplanung und -steuerung (PPS)

NILS-PPS wurde unter der Prämisse entwickelt, nicht ein weiteres PPS-System darzustellen, das versucht, alle denkbaren PPS-Funktionen in einem System abzubilden. Vielmehr wurde besonders auf:

* Modularität,

* intuitives Verständnis der Systemzusammenhänge und

* einfachen und schnellen Zugriff auf die für den Arbeitsablauf notwendigen Informationen

geachtet. Dies wird durch eine hohe Windows-Anwendungs-affinität und die systeminternen Look-Up- und Drill-Down-Funktionalitäten jedes Maskenfeldes erleichtert.

Darüber hinaus wurden die Funktionsketten auf die Ablauforganisation mittelständischer Firmen ausgerichtet. **NILS-PPS** deckt die Probleme unterschiedlichster Branchen vom Einzel- bis zum Serienfertiger mit funktionaler oder gruppenorientierter Fertigungsorganisation bzw. Fertigungsinseln ab. Wertgelegt wurde bei der Entwicklung von **NILS-PPS** eher auf Breite und Funktionsvielfalt, als auf einen zu hohen Detaillierungsgrad, dessen Nutzen gerade im Bereich des Mittelstandes fraglich erscheint.

Grundsätzlich ist NILS-PPS entsprechend der MRP-II Philosophie aufgebaut. Die Grundfunktionen sind in Abb. 4.1 dargestellt:

NILS-PPS-
Funktionen

Abb. 4.1
NILS-PPS
Funktionen

Produktkonfigurator	Sachmerkmalsleiste
Angebots- und Auftragskalkulation	QS-System / Prod.-Auftragsverwaltung
Stücklisten / Stücklisten-Varianten	Brutto-Nettobedarfsrechnung
Rezepturen / Varianten	vor- / nach- und mitlaufende Kalkulation
Chargen- / Seriennummernverwaltung	Ein- / Auslaufsteuerung
Arbeitsgangkonserven	Fertigungspapiere
Arbeitsplanverwaltung	Materiallisten
Firmen- und sep. Ressourcenkalender	Kostenumlage (Chargen)
Fertigungsaufträge	Kapazitätsrechnung

Nachfolgend wird anhand einiger Beipiele die Funktionalität im Zusammenspiel mit den Anforderungen des konkreten Kundenprojektes aufgezeigt werden.

Die Einstiegsmaske (Abb. 4.2) vermittelt einen Überblick über die PPS-Struktur. In den Menüpunkten Ressource, Artikel, Erzeugnis, Kalkulation, Arbeitsgangkatalog, Arbeitsplan und Produktions-stückliste befindet sich jeweils eine Kopf- und Positionslogik, die individuell gestaltet werden kann.

Abb. 4.2
Einstiegsmaske des
Funktionsbereichs
„Produktion"

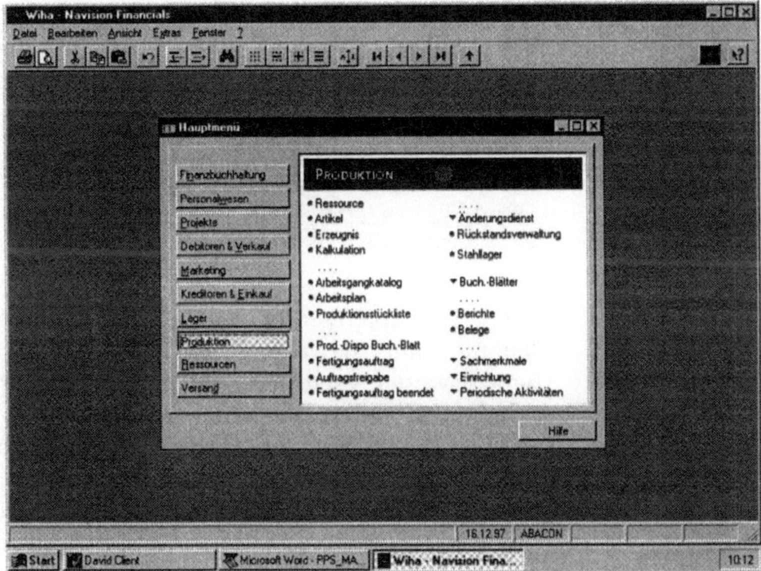

In jedem Untermenü (Bsp.: „Erzeugnis") kann wiederum ein mehrschichtiges Kartensystem angelegt werden, in dem die Kopfdaten strukturiert angelegt werden können (siehe auch Abb. 4.3).

Abb. 4.3
Erzeugniskarte PPS

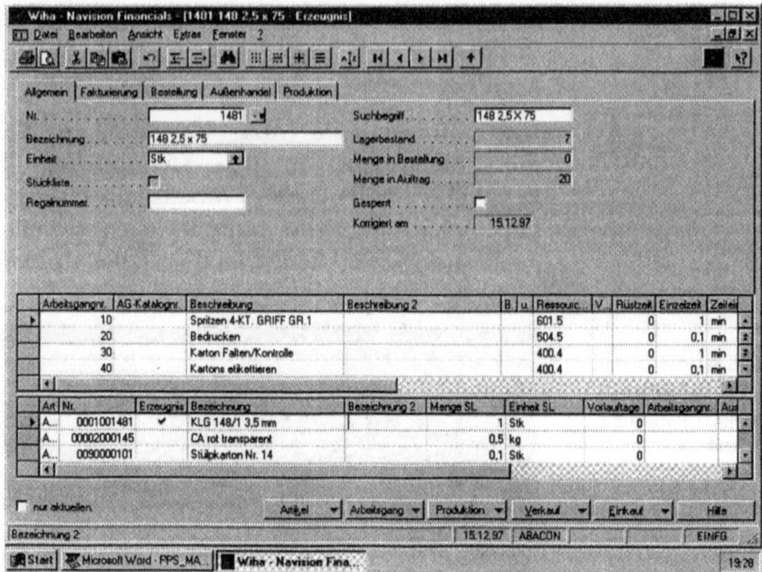

Wie gut zu erkennen ist, wurde bewußt auf eine Unterteilung in Stamm- und Bewegungsdaten sowie Änderungsdienst und Berichtswesen verzichtet, da aufgrund der geringeren Arbeitsteiligkeit in vielen Bereichen, wie z. B der AV, funktionsübergreifend gearbeitet wird bzw. so einfach auf die Ergebnisse anderer Bereiche zurückgegriffen werden kann. Da grundsätzlich in jedem Menüpunkt u.a. Neuanlage, Veränderung und Löschen von Datensätzen möglich ist, natürlich nur in Abhängigkeit der entsprechenden Benutzerrechte, wird dieser Aufbau noch begünstigt. Dadurch entfällt die umständliche Eingabe von z. B. Transaktionscodes oder Aufruf von Stammdatenfunktionen über den Wechsel in einen Programmbaum.

Der flexible Programmaufbau erlaubt es darüber hinaus, in der Artikel-/Erzeugniskartei Bewegungs- oder Dispositionsdaten abzurufen und die gleiche Auskunftsfunktion - z. B. die Dispositionsübersicht inkl. der Verfügbarkeitssituation der Komponenten (siehe Abb. 4.4) - als gleiches Objekt in der Dispositionskladde wiederzuverwenden. Dieses Fenster entspricht exakt der vom Disponenten bei Wiha gewünschten Funktionalität.

Aus dem gleichen Fenster heraus können über einen Tastendruck (Drill-Down) auf dem entsprechenden Feld die zur Berechnung herangezogenen Bewegungsdaten für eine detailliertere Beauskunftung angezeigt werden (siehe Abb. 4.4).

Von dort könnte z. B. direkt zum zugehörigen Verkaufsbeleg weiterverzweigt werden ohne die explizierte Programmierung oder das Fenster verlassen zu müssen. Dies ist unter **integrierter Online-Beauskunftung** zu verstehen.

Abb. 4.4
Dispositionsdaten
PPS

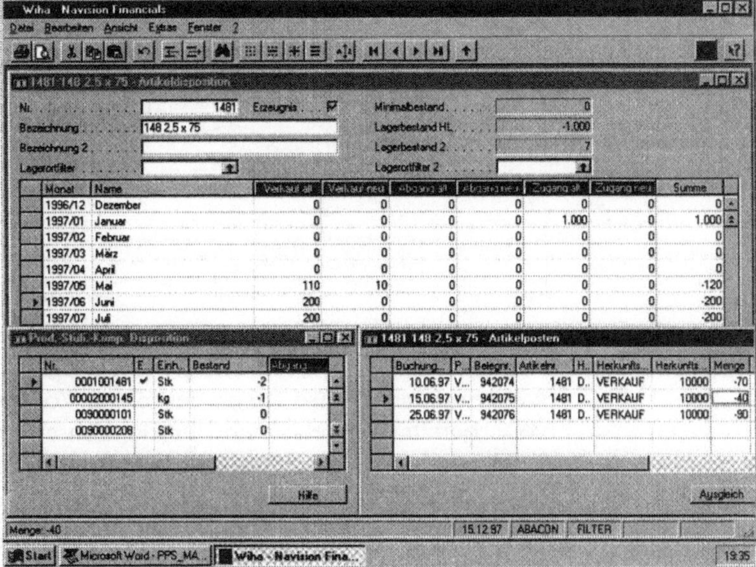

Auch der in Abb. 4.5 dargestellte Bereich „Disposition" soll dem Planer einfach verschiedene Möglichkeiten zur Beeinflussung und Bewertung der Bedarfsrechnung - optional bedarfs- oder verbrauchsorientiert (über Mittelwert oder exponentiale Glättung 2. Ord.) - zur Verfügung stellen. Die unterschiedlichen Bedarfsverursacher lassen sich über frei definierbare Filter gewichten. Es können parallel unterschiedliche Bedarfsprofile inkl. Start- und Liefertermine für z. B. verschiedene Alternativstücklisten- oder –arbeitspläne erzeugt und gegeneinander abgewogen werden.

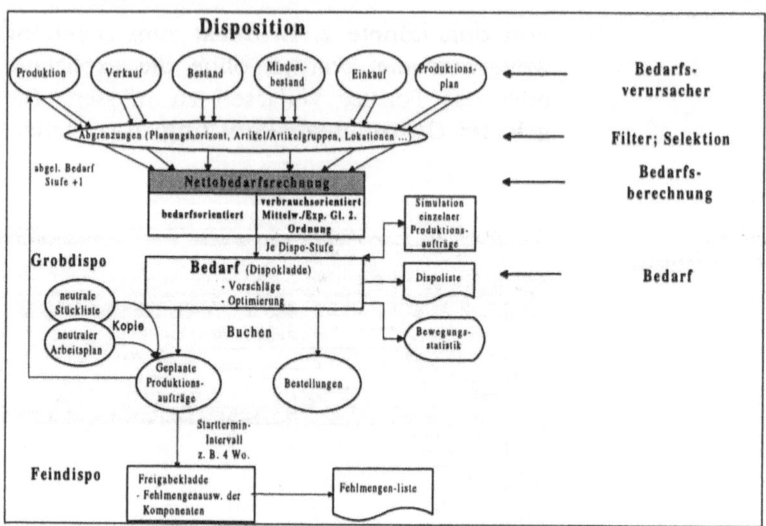

Überschreitung von verbrauchsabhängigen Maximalbeständen werden dabei ebenso ausgewiesen wie Vor- oder Nachverlegung von bereits eingelasteten Produktionsaufträgen/Bestellungen. Möglichkeiten der Berücksichtigung von Standardlosgrößen, wie die Simulation einzelner Bestellvorschläge mengen- und kapazitätsseitig, stehen ebenso zur Verfügung.

Im Bereich der Zeit- und Kapazitätswirtschaft kann neben Firmenkalender und beliebigen Schichtmodellen außerdem je Ressource ein eigenes Kapazitätsprofil angelegt werden. Aber auch ohne Arbeitspsläne können Starttermine über einstufige Wiederbeschaffungszeiten ermittelt werden. Dabei können je Materialzeile abweichende und den Bereitstellungstermin beeinflussende Vorlaufzeiten berücksichtigt werden. Dies ist, wie sich aus verschiedenen Projekten gezeigt hat, eine durchaus verwendete Terminierungshilfe, da die Arbeitspläne oft nicht die tatsächlichen Durchlaufzeiten widerspiegeln, sondern lediglich zur Vorkalkulation dienen.

Aufgrund der geplanten Fertigungsstruktur im Hause Wiha wurde hier bewußt auf Leitstandsfunktionen verzichtet, da sich das Personal der einzelnen Fertigungsinseln auf Wochenebene selbst aussteuern soll. Aufgrund der minutengenauen Ressourceneinlastungen der einzelnen Arbeitsgänge - darstellbar in beliebigen Verdichtungen für frei wählbare Zeiträume als Zahlen oder Balkendiagramm - sowie der Vorwärts-, Mittelpunkts- und Rückwärtsterminierung, stehen Daten und Grundfunktionen dafür durchaus zur Verfügung.

Dafür wurde für die Firma Wiha die Möglichkeit geschaffen, im Sinne der Reihenfolge- bzw. Engpaßplanung noch anstehende Fertigungsaufträge hinsichtlich beliebiger Produktmerkmalskombinationen auszuweisen, z. B. alle Schraubendreher einer Griffgröße, um so frühzeitig auf Material- und Kapazitätsengpässe bzw. unnötige Werkzeugwechsel reagieren zu können.

Systemlayout Akzeptanzprobleme bei der Neueinführung kompletter DV-Systeme liegen u.a. darin begründet, daß das neue System keinen **Überblick** über den **Gesamtzusammenhang** zuläßt und somit für den Anwender die Auswirkungen für die nachfolgenden Aufgabenbereiche nicht erkennbar sind [2]. Dies gilt ebenso für eine unsystematische und komplizierte Systemhandhabbarkeit.

Deshalb wurde die Handhabung aller Systemfunktionen **bewußt einfach** gehalten, was die Akzeptanz seitens der Mitarbeiter in starkem Maße gefördert hat.

Zur bewußten Ausrichtung auf eine **schlanke Organisation** wurde in vielen Teilfunktionen gezielt die Informationen für die standardisierten Abläufe auf ein Minimum eingeschränkt.

Die Mitarbeiter wurden nach der Einweisung in die Grundfunktionen des Systems für die Systemphilosophie sensibilisiert. Ziel der Mitarbeiterqualifikation war nicht das Erlernen von reinen Funktionsabläufen, sondern die Förderung des globalen Verständnisses für die Funktionszusammenhänge und die Aufforderung zu kritischen Würdigung der implementierten Arbeitsabläufe. Durch diese Art der **kooperativen Mitarbeiterqualifikation** wird dem permanenten Prozeß der Organisationsoptimierung in einem sehr starken Maße entsprochen.

Philosophie Folgender Philosophie wurde Rechnung getragen: Eine **anhaltende positive Veränderung** sowie die Schaffung der erforderlichen Möglichkeiten und deren optimaler Nutzen kann nur dann gelingen, wenn alle Bausteine des Systems „Unternehmen" (Struktur, Stil, System und Mitarbeiter) berücksichtigt und unter Beachtung des gesamtunternehmerischen Aspektes aufeinander abgestimmt werden. Dabei sind die Ausprägungen des Möglichkeiten-Nutzen-Verhältnisses in jedem Unternehmen unterschiedlich.

5 Projektabwicklung

Entsprechend der in Abb. 3.1 dargestellten Projektvorgehensweise wurde im Januar 1997 mit dem DV-Organisationskonzept und der **Feinspezifikation** begonnen.

Basierend auf den SOLL-Abläufen der Geschäftsprozesse und den je Teilprozeß vorliegenden Grobanforderungen, wurden zuerst die geschäftsprozeßübergreifenden Abläufe spezifiziert. Danach wurden funktionsbereichsweise die einzelnen Geschäftsprozesse hinsichtlich ihrer DV-technischen Anforderungen sowie der Schnittstellen zu anderen Abläufen definiert. Dies geschah jeweils unter der Mitwirkung des Projektverantwortlichen von Wiha sowie 1 bis 2 Mitarbeitern aus den jeweiligen Bereichen.

Abb. 5.1
Stärken-/Schwächen-
Analyse

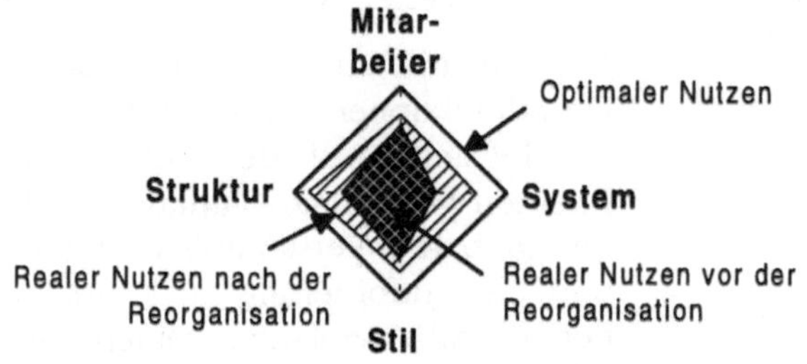

Soweit möglich, wurden schon während der Feinspezifikation Teilbereiche im sogenannten **Prototyping** realisiert. Es hat sich in den Projekten gezeigt, daß die ausschließliche Abstraktion in Konzepten nur bedingt zum Erfolg führt. Durch die Veranschaulichung des Prototypings kann der Mitarbeiter eine Korrektur von Inhalt und Funktionalität frühzeitig beeinflussen, um so bereits im Stadium des Prototypings eine weitere Ablaufoptimierung zu erreichen.

Diese **bereichsweise Vorgehensweise** hat darüber hinaus den Vorteil, daß zwischen Feinspezifikation und Realisation nur eine kurze Zeitspanne liegt. So vermindert sich die Gefahr, daß die anfangs spezifizierten Funktionsbedürfnisse nicht mehr den derzeitigen Anforderungen genügen.

Einen aufwandsmäßig großen und oft zeitlich unterschätzten Block stellte die **Datenübernahme** dar. Dies trifft, wie auch hier, immer dann zu, wenn teilabgeschlossene Kundenaufträge, Bestellungen oder Produktionsaufträge übernommen werden müssen. Auch die Übernahme **von Statistik-/Bewegungsdaten** ist als kritischer Bereich anzusehen, da sich die neuen Datenstrukturen beim Wechsel von einem dateiorientierten System zu einer relationalen Datenbank vom Aufbau her zumeist sehr unterscheiden. Außerdem müssen teilweise Informationen bei der Übernahme generiert werden, um die gewünschten zusätzlichen Auskunftsfunktionen zu gewährleisten.

Abb. 5.2
PPS-Einführung

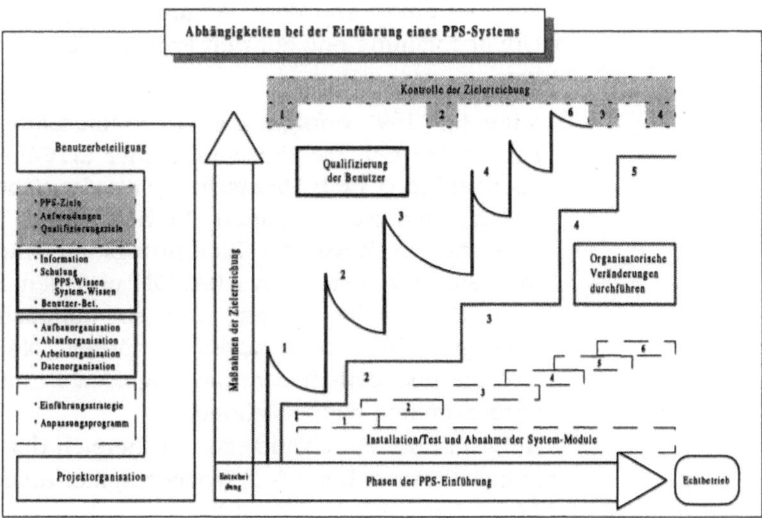

Die starre Datenstruktur des abzulösenden Systems führt im Falle des Customizings durch den Anwender dazu, daß Datenfelder mehrdeutig genutzt wurden. Diese mußten dann während der Übernahme durch entsprechende Umsetzungstabellen interpretiert und in unterschiedliche Zieldatenbereiche eingestellt werden.

Ein weiterer zeitkritischer Bereich ist die nach der Übernahme notwendige **Stammdatenpflege** und **-prüfung**. Gerade für die neuen Funktionalitäten müssen Stammdaten oft manuell nachgepflegt werden oder logische Inkonsistenzen der Altdaten werden erst bei der Datenübernahme ersichtlich. Dies trifft auch für den PPS-Bereich zu, da die abgelösten Systeme i.d.R. weniger Funktionalität bieten bzw. nicht genutzt wurden. Diese Erfahrung haben wir besonders im **Bereich Arbeitsplan-, Kapazitäts- und Kostenrechnungsstammdaten** gemacht.

Unternehmensseitig war der Projektverlauf durch zwei wichtige Rahmenbedingungen geprägt.

Zum einen stand ein strategisch wichtiger Produktwechsel nach den Sommerferien an. Entsprechende Liefer- und Konditionenzusagen an die Kunden waren auf diesen Zeitpunkt abgestimmt. Die dafür notwendigen informationslogistischen wie vertriebsseitigen Abläufe waren jedoch nur im neuen System abbildbar.

Zum anderen mußte die Hauptphase der Systemeinführung, Mitarbeiterqualifikation und Einführungsbetreuung vor den Sommerferien ab Mitte August erfolgt sein, da die interne Urlaubsplanung eng auf den Projektrealisierungsplan abgestimmt war.

Mitte Juli 1997 erfolgte die Systemumstellung. Auch in diesem Fall erwies sich die Umstellung aller EDV-Funktionen auf einen Stichtag hin (**Crash-Umstellung**) als der richtige Weg, um lange Anlaufzeiten zu vermeiden. In den ersten Tagen wurden alle Bereiche im Zuge der Einführungsunterstützung direkt durch mehrere Mitarbeiter von ABACON und den Know-How-Trägern der Firma Wiha betreut, um so auftauchende Fragen des Tagesgeschäftes sofort klären zu können. NAVISION ermöglicht, daß die erforderlichen Anpassungen auch im laufenden Betrieb vorgenommen werden können.

Aufgrund der Durchlaufzeiten im Bereich der Produktion wurde lediglich dieser Bereich 2 Wochen später umgestellt.

Die **nächsten** Projektziele sind vor allem die volle Integration der Kapazitätswirtschaft sowie die Implementierung eines beleglos gesteuerten LVS mit vollständiger Integration der MDE-Dialoge in die NAVISION-Anwendungssoftware.

Literaturhinweise

PPS-Management: Systeme in die industrielle Informations-
architektur, Gito-Verlag 1997

Stein, T.: Probleme und Lösungen der PPS-Reorganisation.
In: PPS-Management, Gito-Verlag 1997

Geiger/Glaser/Rhode: PPS Produktionsplanung- und steuerung,
Grundlagen - Konzepte - Anwendungen, 2. Aufl.,
Wiesbaden 1992

Kernler, H.: PPS der 3. Generation, 3. Aufl., Heidelberg 1995

Kapitel 8

**Wettbewerbsvorteile am Bau
durch integriertes Softwaresystem**

Manfred Bethge

Fa. Henke & Partner GmbH,
EDV-Lösungen für die Bauwirtschaft, Achim

1

EDV als Steuerungsinstrument im Unternehmen

Während der Lehre und Studienzeit der meisten langjährig erfahrenen am Bau Tätigen war EDV noch kein Thema. Doch ohne solche Unterstützung kann auch in der Bauwirtschaft nur noch ein Kleinbetrieb überleben (vgl. Abb. 1.1).
Mit Computerhilfe läßt sich das Unternehmensergebnis planen, rechtzeitig kontrollieren, nötigenfalls gegensteuern und dadurch verbessern. Das haben fast alle Unternehmer erkannt.

Aber von dieser Erkenntnis bis zur richtigen Wahl der Software und geeigneten Hardwarebasis liegt ein steiniger Weg.

Es geht außerdem um kräftige Investitionen. Das ist besonders hart bei dünner Eigenkapitaldecke. Eine falsche Entscheidung kann fatale Folgen haben. In dieser Sitation ist Wissen für eine zielgerichtete Herangehensweise gefragt.

Abb. 1.1
Wohnungsbau in Berlin

1.1 Welche Technik und welche Software soll man wählen?

Die Schar der Anbieter ist groß. Kaum überschaubar die Zahl von Programmen, die mit fast gleichen Schlagworten, dennoch sehr unterschiedlichen Preisen, ähnliche Ergebnisse und Vorzüge versprechen.

Wer sich allein am Preis orientiert, liegt selten richtig. Wichtig ist nicht ein bestimmter Computer, nicht die Wahl zwischen UNIX, DOS, einer Windows-Variante, OS/400 oder einem anderen Betriebssystem vergleichbarer Generation.

Wichtig ist allein, ob die ausgewählte Gesamtlösung - also Hardware, Betriebssystem und Anwendungssoftware - bei vertretbarem Preis die Aufgaben der Bauunternehmung wirklich rationalisieren kann.

Suche nach der „optimalen Lösung"

Die Suche nach der „optimalen Lösung" kann beginnen, wenn klar ist, was gebraucht wird. Das klingt einfacher, als es ist.

- **Eigene EDV-Anlage oder fremde Dienstleistung?**

  Ein Mengengerüst (u. a. Zahl der Buchungen, der Mitarbeiter, Elementpreise, Arbeitszeitrichtwerte, Stammleistungstexte und anfallende Angebote) klärt z. B. in den Bereichen Finanz-, Betriebsbuchhaltung, Lohnabrechnung, Kalkulation, ob das Kosten/Nutzen-Verhältnis für die Anschaffung spricht.

- **Analyse der Betriebsorganisation**

  Bedingt durch die Größe, die Art der Bauleistung sowie die spezifischen Tätigkeitsfelder hat jede Bauunternehmung einen eigenen, ganz speziellen Bedarf an EDV-Unterstützung.

  Die Technik soll entlasten, keinesfalls aber den Betrieb aufwendig umstrukturieren. Deshalb müssen zwingend der gegenwärtige Stand und das künftige Ziel analysiert werden. Es gilt auch zu prüfen, ob vorhandene Struktur und Organisation den absehbaren Zukunftserfordernissen entsprechen (Stichwort: „Alte Zöpfe", Lean-Management, Veränderung der Kernkompetenzen oder des Aktionsradius).

- **Pflichtenheft**

  Basis dafür ist ein Gefüge: Wer braucht von wem, wann und zu welchem Zweck welche Informationen? Daraus ergeben sich die Forderungen an Organisation und EDV-Lösung. Größere Unternehmen starten damit eine EDV-Ausschreibung.

Aber auch, wer nur bei selbst ausgewählten Anbietern Informationen einholen will, muß definieren können, was er sucht. Nicht jeder formulierte Wunsch wird sich mit vertretbarem Aufwand realisieren lassen. Doch oft lohnt der Versuch.

Bei Branchen-Software sind bauspezifische Besonderheiten bereits vorhanden, die für branchenneutrale Lösungen erst mit Zeit-, Geld- und Personalaufwand geschaffen werden müssen.

Meist gibt es beim Softwareanbieter Lösungsvarianten zum Standardangebot. Sie könnten durch individuelle Anpassung bereits geschaffen worden sein, denn andere Unternehmen arbeiten ja zumindest ähnlich.

Abb. 1.2
Ohne EDV geht
nichts mehr am Bau

Je detaillierter die Analyse der Betriebsorganisation und das erarbeitete Datengefüge, desto besser lassen sich Anpassungsaufwand, Vorzüge und Nachteile der verschiedenen Angebote werten (vgl. Abb. 1.2).

Wo findet sich Rat
zur Tat?

Wer sich nicht allein an die Analyse herantraut, scheut besser die Kosten für professionelle Hilfe nicht. Sie wird von einigen Systemhäusern und unabhängigen Unternehmensberatern ohne daraus resultierende Kaufverpflichtung angeboten.

Beim Bau-Softwarehaus Henke & Partner beispielsweise ist eine Publikation in Arbeit, die das „H&P-Unternehmens-Modell der Informationsverarbeitung in der Bauunternehmung" beschreibt. Mittelständlern soll es Orientierung zur Analyse und eventuellen Optimierung der eigenen Organisation geben.

Professionelle Anleitung zum Selbermachen

Der Zentralverband des deutschen Baugewerbes gibt in seinem Handbuch "BAUORG - vom Belegfluß bis zur Bilanz" gute Anregungen für die Betriebsorganisation [3].

Zur Prüfung der Funktionalität baubetrieblicher Software bietet er Interessenten eine Checkliste an.

Einige Baulösungen, die in den vergangenen Jahren - vom damaligen Boom der Branche gelockt - auf den Markt kamen, entstanden „im Eilverfahren", häufig ohne spezielles Branchenwissen der Hersteller, vielfach nicht alle Funktionsbereiche abdeckend, selten integriert. In Katalogen und Marktübersichten kann sie der Einzelne von fachlich fundierten Angeboten oft nicht unterscheiden.

Dazu haben die großen Hardwareproduzenten ganz andere Möglichkeiten. Für bessere Marktchancen in den unterschiedlichen Wirtschaftsbranchen haben sich fast alle von ihnen gestandene Softwarehäuser als Partner gesucht. Von diesen Partnerschaften kann der Anwender profitieren, denn sie garantieren geballtes Know-how, langjährige Erfahrung mit Branchenbesonderheiten, guten Service, oft Preisvorteile und vor allem Investitionsschutz.

Als Anbieter von Komplettpaketen für die Bauwirtschaft wirbt IBM Deutschland mit Henke & Partner. Siemens-Nixdorf und Hewlett Packard kooperieren ebenfalls mit dem niedersächsischen Bausoftware-Spezialisten.

Warum alles aus einer Hand?

Gute Branchen-Software entsteht nicht „über Nacht". Sie wächst aus Praxis-Erfordernissen, basiert auf dem Fachwissen der Berater und Programmierer, entwickelt sich mit den technischen Realisierungsmöglichkeiten immer weiter. Sie ist um so höher zu bewerten, je besser sie sich individuellem Anwenderbedarf anpassen läßt. Modulare Konzepte bieten dafür die Gewähr. Aus ca. 50 Programmkomponenten besteht heute eine komplette Bau-EDV-Lösung. Optimal sind integrierte modulare Systeme.

Die Module sollten eigenständige Programme für jeweils ein spezifisches Aufgabengebiet sein (z. B. Finanzbuchhaltung, Lohn oder Kalkulation). So müssen nicht alle Bereiche zugleich auf EDV umgestellt werden. Die Unterstützung kann stufenweise zu einer ganzheitlichen Lösung „wachsen".

Das ist auch für die Unternehmensfinanzen leichter erträglich, denn hierbei geht es - je nach Unternehmensgröße - meist um 5- bis 7-stellige DM-Beträge.

**Insellösungen sind
nicht ratsam**

Die Module für unterschiedliche Funktionsbereiche im Unternehmen arbeiten oft mit den gleichen Datenmengen. Für den Austausch sind Schnittstellen nötig. Das wird zum Problem, wenn die Programme von unterschiedlichen Herstellern stammen.

Wer nicht ausgesprochen „computererfahren" ist, läßt die Finger besser von „preiswerten" Start-Insellösungen für Teilgebiete aus verschiedener Hand. Die nötigen Anpassungen bergen meist unvertretbar hohen Aufwand und zusätzlich organisatorische Probleme. Selten ist Regreß möglich, denn jeder findet „Ursachen" beim anderen, nie bei seinem Programm.

**Tips vor dem Kauf-
vertrag**

Gespräche mit Referenz-Kunden der Anbieter sind sehr aufschlußreich, helfen bei der Entscheidung.

Beachtung verdienen Serviceleistungen bei Installation, Schulung/Einarbeitung, die Bereitschaft zur späteren Wartung/Hilfestellung und Aktualisierung bei gegebenem Anlaß. Das gibt es nicht kostenlos. Wartungsverträge liegen pro Jahr bei 10-20% des Softwarepreises. Updates ohne Wartungsvertrag sind oft nicht billiger.

Ein Support-Line-Vertrag ist günstiger auszuhandeln als nach Stunden abgerechnete Hilfestellung.

Über Modem/ISDN kann der Softwarepartner durch direkten Zugriff auf den Rechner am schnellsten reagieren.

1.2   Integration - ein sicheres "Plus" für das Betriebsergebnis

Der volle EDV-Nutzen stellt sich ein, wenn eine ganzheitliche Lösung erreicht wird: Alle funktionalen Bereiche (kaufmännische, technische) und auch alle geographischen Einheiten (Zentrale, Niederlassung, Baustelle) müssen dazu integriert sein.

Bei größeren Unternehmen müssen oft mehrere Leute gleichzeitig ähnliche Aufgaben mit großen Datenmengen bewältigen. Deren Arbeitsergebnisse sind Datenbasis von Folgeprogrammen usw. Eine von allen gemeinsam genutzte Datenbank ist Voraussetzung für Datenaktualität und geringe Redundanz.

Daten sollten grundsätzlich dort erfaßt werden, wo sie entstehen und damit nur einmalig (vgl. Abb. 1.3). Aktuelle Daten ermöglichen Übersicht, Kontrolle und rechtzeitige Beeinflussung der Abläufe.

Abb. 1.3
Mit dem Laptop
auf der Baustelle

Deshalb sind miteinander vernetzte Computer und eine „integrierte" Software zu bevorzugen, die möglichst viele Aufgaben und Arbeitsabläufe der Bauunternehmung einschließen kann.

Praxis-erprobt -
Integrierte EDV-
Lösungen für die
Bauwirtschaft von
Henke & Partner

Mit integrierten Branchenlösungen für die Bauwirtschaft (BAU/400), für Transportbetonhersteller und Mischwerke (TRAB/400) und für Technische Gebäudeausrüster/Anlagenbau (TGA/400) ist Henke & Partner seit 1981 zu einem der größten rein deutschen AS/400-Softwarehäuser gewachsen (Statistik DV-Dialog 7/8 97). Über 700 Kunden aus Mittelstand und Industrie zählt das Softwarehaus schon jetzt im gesamten deutschsprachigen Raum.

Mit diesen AS/400 basierten Komplettlösungen konnte das niedersächsische Systemhaus in den vergangenen Jahren gemeinsam mit seinen Kunden wertvolle Erfahrungen sammeln. Allein in Bau/400 stecken rund 100 Mannjahre Entwicklung. Von dieser Wissensbasis profitierte das 40köpfige Programmiererteam ganz wesentlich beim Generieren eines neuen modularen Programmsystems: 'BAU *financials*'.

2

BAU *financials* - die Software der neuen Generation

Technische Basis

Dieses effiziente Instrument zur Unternehmenssteuerung ist für Client/Server-Umgebungen konzipiert. Es nutzt konsequent die Vorzüge der 32-bit-Betriebssysteme. Für die Clients ist Windows 95 oder Windows NT (Intel) die geeignete Basis. Der Server arbeitet gleichermaßen mit den 32-bit Betriebssystemen Windows 95, Windows NT (Intel und Alpha), IBM OS/2, IBM AIX, HP-UX und SINIX. Fast jede gängige Hardware ist möglich.

Für dieses Projekt sind die Niedersachsen eine Partnerschaft mit der NAVISION Software Deutschland GmbH eingegangen - als Solution Center für die Bauwirtschaft (vgl. Abb. 2.1).

Abb. 2.1
Eröffnungsscreen
BAU *financials*

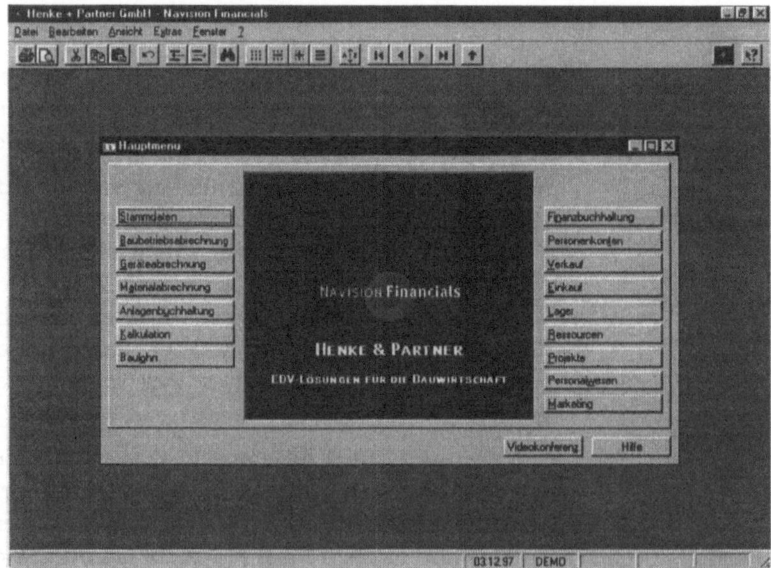

So will Henke & Partner nun auch all jene Bauunternehmen für seine Produkte interessieren, die sich aus unterschiedlichsten Gründen für eine andere Hardware als die AS/400 entscheiden.

Die Navision-Basis erlaubt ein ganzes Stück mehr Variabilität und Flexibilität. Dazu kommt die einfachere Kompatibilität zu anderen Anwendungen, besonders aus der Microsoft-Welt.

Der Großteil jeder Branchen-Software-Lösung ist universeller Standard für administrative Aufgaben - wie Finanz- und Anlagenbuchhaltung, Einkauf, Lagerverwaltung sowie Personal-, Projekt- und Ressourcenmanagement. Das bietet 'NAVISION Financials' als komplette branchenneutrale Business Software.

Als NAVISION Solution Center hat Henke & Partner (vgl. Abb. 2.2) diese Programm-Basis überarbeitet und mit eigenen Programmteilen für die bauspezifischen Belange optimiert. Völlig in Eigenregie entstanden alle für den bautechnischen Bereich erforderlichen Module.

Abb. 2.2
Henke & Partner,
Achim

Das Ergebnis ist eine integrierte Gesamtlösung für die Baubranche mit der vollen Funktionalität, die bisher ausschließlich das integrierte Paket BAU/400 garantierte.

Passende Bausteine für alle Tätigkeiten am Bau; stufenweiser Ausbau möglich

Für alle unterschiedlichen Tätigkeitsfelder und betrieblichen Erfordernisse genau passende Pakete lassen sich daraus ganz individuell für jedes Unternehmen zusammenstellen.

Bei Bedarf können weitere Bausteine problemlos hinzugefügt werden, bis das integrierte System komplettiert ist.

Die nachfolgende Grafik (vgl. Abb. 2.3) versucht, das Zusammenspiel der einzelnen Programmteile zu verdeutlichen.

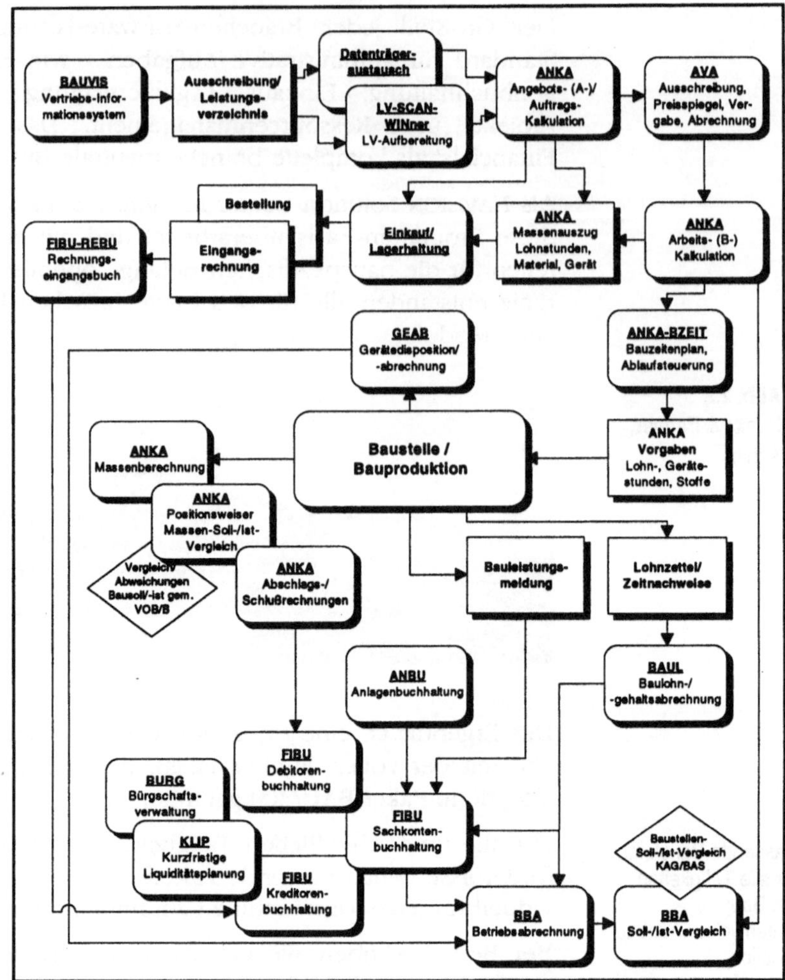

Einige kleinere PC-Zusatzprogramme sind so flexibel gestaltet, daß sie vom BAU/400-System unverändert weitergeführt werden konnten: So das Scannen und automatisierte Auswerten der Leistungsverzeichnisse für die Kalkulation mit dem LV-Scan-WINner oder die Datenkonvertierung mit dem GAEB-Champ.

Die meisten dieser „Bausteine" aber sind nach modernster Logik völlig neu programmiert worden. Damit werden vom Marketing, über die Angebots-/Auftragskalkulation, das Erkennen der Zeit-, Material- und Gerätebedarfe bis zur Arbeits- und Ausführungskalkulation alle Arbeiten unterstützt. Anfragen und Bestellungen können ausgelöst und kontrolliert, Massen berechnet und fakturiert werden.

Keine Frage, daß auch die Baulöhne und Gehälter nach den aktuellen Tarifen und gesetzlichen Gegebenheiten abgerechnet, Finanz- und Geschäftsvorfälle gebucht und Anlagegüter verwaltet, Geräte disponiert und deren Kosten verrechnet werden können.

Kurzfristige Liquiditätsplanung erlaubt Prognosen, um in kritischen Situationen evtl. zeitweilig der Mittel-Verfügbarkeit Vorrang vor der Rentabilität einzuräumen.

Baubegleitendes Controlling kann Verluste auf den Baustellen verhindern. Die Baubetriebsabrechnung arbeitet deshalb sowohl mit den schon vorläufig bewerteten, als auch mit den endgültig bereitgestellten Daten aus allen Abrechnungskreisen.

3   BAU *financials* - der praktische Nutzen

An dieser Stelle wird bewußt nur der bautechnische Teil der Gesamtanwendung betrachtet, weil Handhabung, Vorzüge und Nutzen der Business-Software Navision ausführlich in anderen Kapiteln dargestellt sind.

3.1   Auftragsbeschaffung mit System

Die Märkte für Bauunternehmen werden enger, sind im Umbruch begriffen. Es gibt veränderte Strukturen. Das zwingt zum Nachzudenken, wie mit dem Unternehmen auf diese Marktveränderungen reagiert werden kann.

Jeder kennt die Auftragsquote für sein spezifisches Tätigkeitsfeld zu Genüge: Im Mittel resultiert nur ein Auftrag aus etwa 15-20 kalkulierten Angeboten.

Einen Auftrag zu verlieren, das ist normal. Doch werden alle potentiellen Auftragschancen auch wirklich erkannt und wahrgenommen? Muß man sich mit der geringen Erfolgsquote zufrieden geben?

Marketing, Vertrieb und Außendienst am Bau

Fast 90 % aller Aktivitäten, die den Bereichen Außendienst, Vertrieb und Kalkulation zuzuordnen sind, beginnen erst, wenn eine Ausschreibung im Unternehmen vorliegt. Eine wissenschaftliche Arbeit belegte das erst kürzlich [1].

Das ist zu spät und mindert deshalb die Erfolgsaussichten. Aber es geht auch am Bau anders.

Beim Baustoffhersteller ist es die Regel, schon vor der Ausschreibung für die Produkte zu akquirieren, aktive Außendiensttätigkeit zu betreiben.

Noch haben nur wenige größere Unternehmen in der Bauwirtschaft Mitarbeiter, die ausschließlich als „Verkäufer, Vertriebsbeauftragte oder Außendienstler" tätig sind.

Abb. 3.1
Marketing am Bau:
das Modul *BAUVIS*

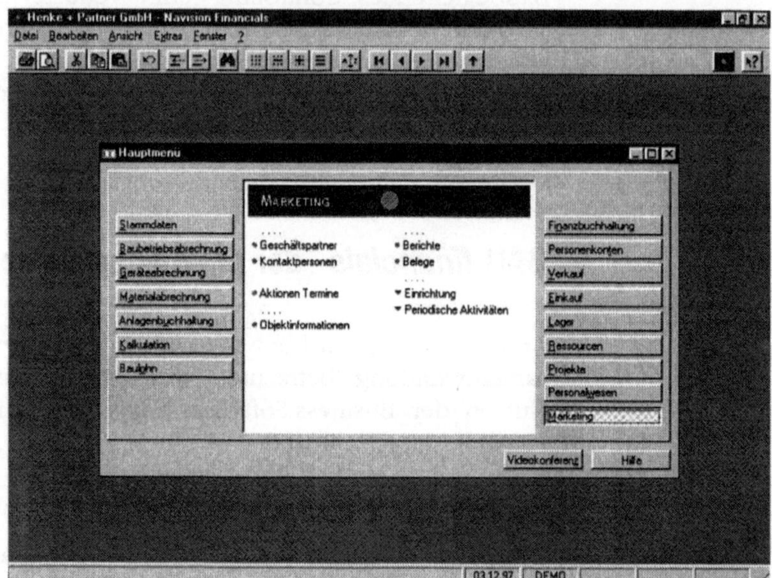

Doch Marketing ist heute überall am Bau erforderlich. Es beinhaltet organisierte und zugleich differenzierte Kommunikation. Baumarketing hat zum Ziel, die eigene spezielle Bauleistung - das Produkt des Unternehmens - auf dem gewünschten Markt den potentiellen Ausschreibern bekannt zu machen und als verläßlicher Partner auf diesem Markt bekannt zu bleiben.

Wer verkaufen will, muß den Käufer kennen und der Käufer ihn!

Henke & Partner bietet mit seinem Bau-Vertriebs-Informations-System - kurz „BAUVIS" - die nötige EDV-Hilfe für das Verkaufen der eigenen Leistung - also für aktives Marketing am Bau. Abbildung 3.1 zeigt das Startbild des Moduls.

Diese Software verschafft dem Anwender die erforderliche fundierte Wissensbasis, die ihn mit potentiellen Auftraggebern besser ins Geschäft kommen läßt.

Eine wichtige Voraussetzung für den Aufbau des richtigen Images ist, die eigenen „Kernkompetenzen" festzustellen und stärker darauf zu setzen.

Wenn der Wettbewerb im bisherigen Einzugsgebiet als zu groß erkannt wird, muß eventuell der Aktionsradius erweitert werden, auch durch Niederlassungen in anderen Regionen. Deshalb unterstützt die Software den Anwender mit den gespeicherten Informationen bei Beantwortung der Fragen,

- was (leistungsorientiert) und wo (geographisch/regional) sein spezifischer Markt ist,

- wie und wo potentielle Anbieter zu finden sind,

- was diese über seine Kompetenzen, Fähigkeiten und Eigenschaften wissen müssen, damit sie ihn einbeziehen,

- wie er ihnen das überzeugend näher bringen und dabei noch das Gefühl bester Organisation vermitteln kann und

- wie er von einer globalen Betrachtung seiner Mitbewerber zu detailliertem Wissen kommt, in welchen Situationen er welches Objekt an sie verloren hat - vielleicht auch, warum?

Der Frage, was man von seinen Kunden wissen sollte, widmen die Autoren von Publikationen zum Thema Marketing stets besonderes Augenmerk (vgl. hierzu [2]).

BAUVIS kann diese und noch viele andere Informationen mehr speichern, rationell verwalten, in unterschiedlichste Beziehungen setzen und so jedem jederzeit die gewünschten Auskünfte geben. Die nachfolgende Grafik (Abb. 3.2) versucht andeutungsweise zu zeigen, wer von den Informationen profitiert.

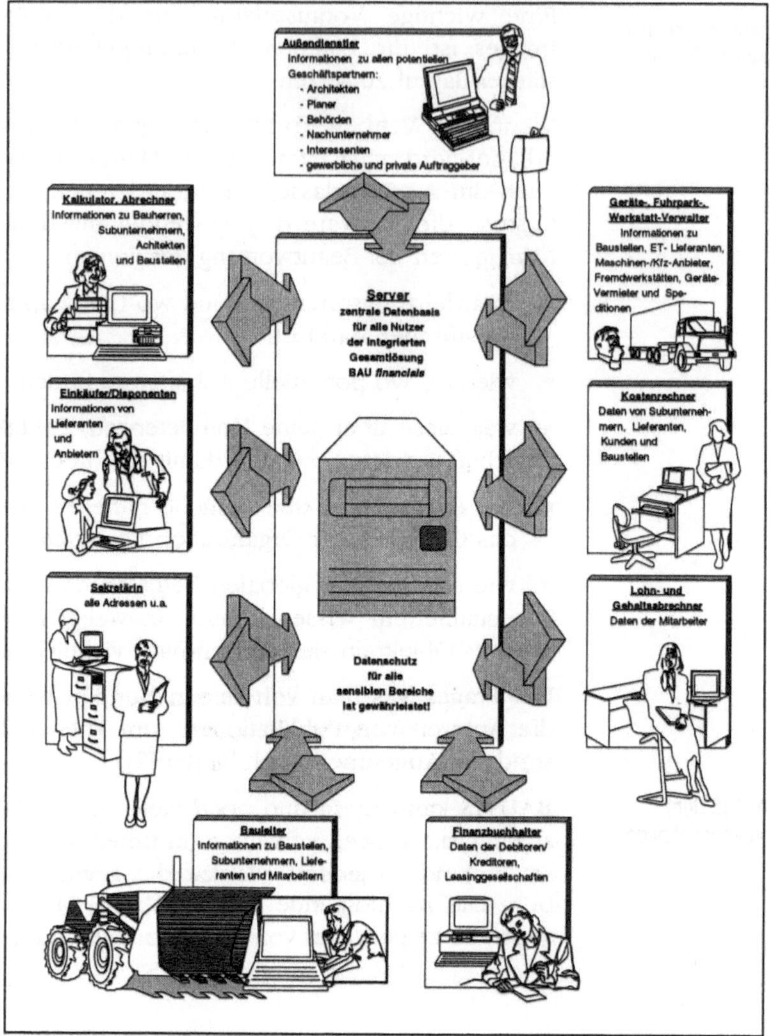

Die Informationen selbst müssen erst einmal zusammengetragen werden. Und dafür gibt es die vielfältigsten Quellen. Alle Mitarbeiter im Unternehmen können und müssen hier ihr Scherflein beitragen, z. B. öffentliche Bekanntmachungen auswerten, Informationen aus redaktionellen Veröffentlichungen, auch politische Diskussionen aus Tageszeitungen/Zeitschriften, aus eigenem Erleben oder bisher auf Karteikarten gesammeltes Wissen in das System bringen, Gesprächsinhalte dokumentieren, Termine fixieren.

Bei den individuelleren Daten, z. B. zur Unternehmensentwick-
lung der Geschäftspartner wird es sicher eine Weile dauern, bis
genügend Daten für nutzbringende Auswertungen eingespeist
sind.

Nicht zu verkennen ist, daß bis zu einer völligen Akzeptanz
durch alle beteiligten Mitarbeiter sicher auch einiges an Über-
zeugungsarbeit zu leisten ist, weil der Nutzen für sie nicht sofort
spürbar wird.

Abb. 3.3
Adressenverwaltung
mit BAUVIS

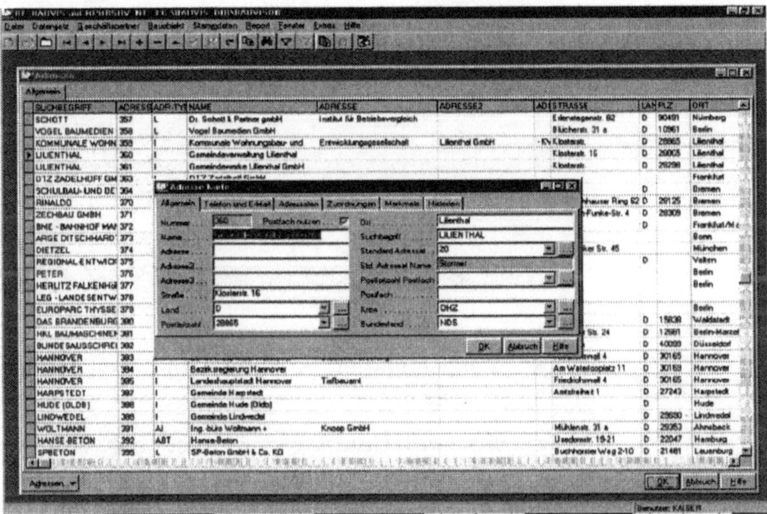

Die für ein Bauunternehmen wichtigen Informationen lassen sich
in zwei „Blöcke" gruppieren: Einmal alles, was die potentiellen
Anbieter, die Nachfrager von Bauleistungen, betrifft. Der andere
Bereich beinhaltet alle das „Bauobjekt" betreffenden Fakten.

In beiden Blöcken gibt es Daten-Untermengen, die man artgleich
beschreiben kann: Namen/Bezeichnungen, postalische Informationen, Zuordnungen, Merkmale und anderes mehr (vgl. Abb.
3.3 und 3.4). Das sind „Stammdaten". Ganz wichtig ist die „Historie", in der sich mit beliebig langem Text z. B. festhalten läßt,
wer wann mit wem worüber gesprochen hat.

Zwischen den Datenmengen werden mit dem Programm Beziehungen hergestellt, die beispielsweise verdeutlichen:

- Welche Bauvorhaben sind im öffentlichen Bereich in politi-
  scher Diskussion? Wer sind die Meinungsmacher? Welche
  Objekte sind im gewerblichen Bereich in Vorbereitung
  und/oder Planung?

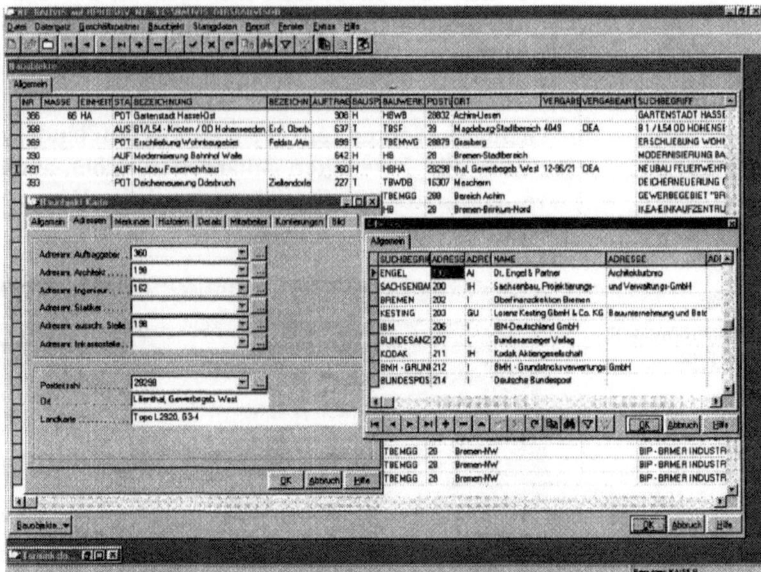

- Wer ist Planer, Architekt und wer Auftraggeber des Bauobjektes?

- Wo sind Unterlagen einzusehen? Von wann bis wann sind die Auslegefristen?

- Wer wird ausschreiben bzw. wer wird den Auftrag vergeben?

- Wo und wann sind die Ausschreibungsunterlagen zu bekommen?

- Welche Ingenieur- und Statik-Büros arbeiten daran mit?

- Wer ist der jeweils betreuende Sachbearbeiter, was ist von ihm bekannt? Gab es Kontakte durch eigene Mitarbeiter - mit welchen Ergebnissen? Gibt es Anknüpfungspunkte z. B. über sportliche, kulturelle oder politische Aktivitäten?

Daß sich solche Informationen für unterschiedlichste Zwecke gezielt einsetzen lassen, leuchtet ein [6 - 12].

Neben diesen eher individuell zu erfassenden Daten bieten EU-Einrichtungen, Verlage und andere privatwirtschaftliche Institutionen Baudaten an [4 und5].

Um solche Objekt-Informationsquellen zu nutzen, gibt es zwei Wege - althergebracht über gedruckte Dokumente und die zeitgemäßere elektronische Variante.

Der Datenträger-Versand ist eine Möglichkeit. Das Internet ist schneller. Das Angebot nutzbarer externer Datenbanken wächst ständig.

Beispiele sind die

- Europäische Baudatenbank „TED“,

- Datenbank des Bundes-Ausschreibungsblattes,

- bi-online (vgl. Abb. 3.5 und 3.6),

- subreport,

- I-Bau Projektinformationen,

- ADI, der Auftragsdienst der Deutschen Industrie,

- der Deutsche Baustellen-Informationsdienst

- Submissionsanzeiger und

- BDB, die Österreichische Baudatenbank (vgl. Abb. 3.7 und 3.8).

Welche Fakten beispielsweise bi-online oder die BDB bietet, sind in Abb. 3.5 bis 3.8 dargestellt:

Abb. 3.5
bi-online – einer der
interessanten Aus-
schreibungsdienste

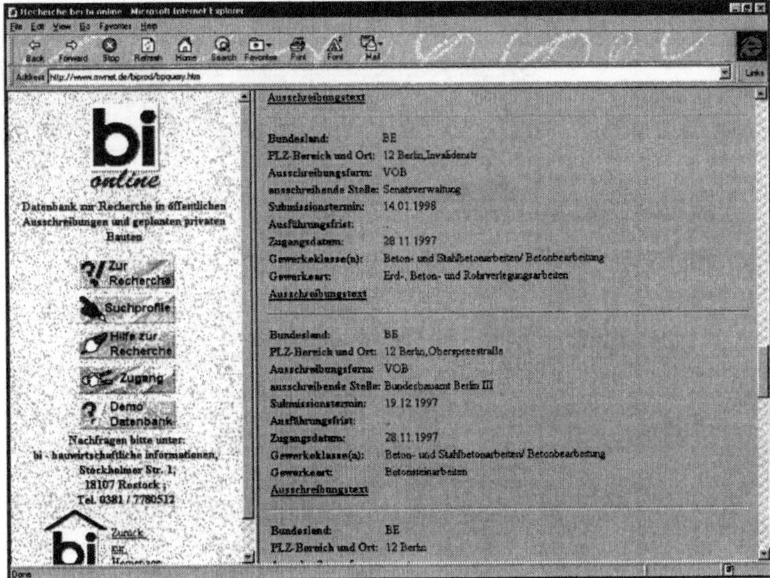

Abb. 3.6
Beispiel einer
Ausschreibung
in bi-online

Senatsverwaltung

Ausschreibung von Bauleistungen - VOB -. 1. Vergabestelle: Senatsverwaltung für Stadtentwicklung, Umweltschutz und Technologie, Außenstelle Köpenick - IV D -, Salvador-Allende-Str. 80a, 12559 Berlin, Tel.: 030/65881-202, Telefax: 65881-160. 2. Verfahrensart: Öffentliche Ausschreibung - VOB/A -. 3. a) Ausführungsort: Stadtbezirk Mitte - Südplanke im Bereich Invalidenstr. (zukünftiges BMV). b) Art der Leistungen: Erd-, Beton- und Rohrverlegungsarbeiten. c) Wesentlicher Leistungsumfang: 2 St. Umlaufschächte aus Stahlbeton herstellen; ca. 100 m Stahlbetonrohre NW-1200 liefern und einbauen; ca. 50 cbm Boden ausbauen und abfahren; ca. 150 cbm Boden liefern und einbauen; ca. 500 cbm Boden ausbauen und wieder einbauen. 4. Ausführungszeit: 3 1/2 Monate. 5. a) Entschädigung für die Verdingungsunterlagen: 55,- DM. Einzahlung auf Berliner Bank, Konto-Nr. 9919260800, BLZ 100.200.00 der Landeshauptkasse Berlin mit dem Vermerk "Verdingungsunterlagen Kapitel 1400, Titel 11901, Unterkonto 104. Der Betrag wird nicht erstattet. b) Ende der Bewerbungsfrist: 17.12.1997. Der Bewerbung ist der Nachweis der Einzahlung beizufügen und mitzuteilen, ob die Verdingungsunterlagen abgeholt oder mit der Post zugesandt werden sollen. 6. Ausgabe der Verdingungsunterlagen erfolgt durch Postversand. 7. Eröffnungstermin: 14.01.1998, 10.00 Uhr. Ort: Salvador-Allende-Str. 80a, 12559 Berlin-Köpenick, Raum 209. Es sind nur Bieter und ihre Bevollmächtigten zugelassen. 8. Ablauf der Zuschlags- und Bindefrist 06.03.1998. 9. Zahlungen und Sicherheitsleistungen nach VOB/B. 10. Nachweise gemäß Paragr. 8 Nr. 3 VOB/A können gefordert werden. 11. Sonstige Angaben: Auskünfte zum Verfahren erteilt: Anschrift siehe Nr. 1 bzw. Telefon 030/65881-202, Telefax: 030/65881-160. Auskünfte zum technischen Inhalt erteilt: Anschrift siehe Nr. 1 bzw. Telefon: 030/65881-409, Telefax: 030/65881-160. Vergabeprüfstelle: gem. VOB/A ist die VOB Stelle SenBWV VI a.

Hier die für ein Unternehmen interessanten herauszusuchen, ist ein riesiges Arbeitsvolumen. Aber dafür bieten schon die Ausschreibungsdienste einige eingrenzende Recherchemöglichkeiten an.

Stehen dem Interessenten die Daten zusätzlich auf Datenträger oder per ISDN zur Verfügung, können sie über eine Schnittstelle in BAUVIS übernommen werden.

Abb. 3.7
Auch in Österreich
schreibt man online
aus.

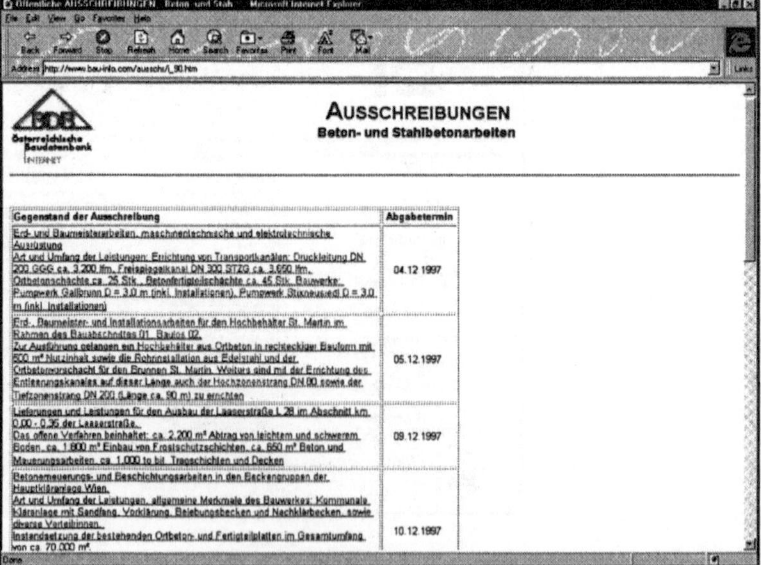

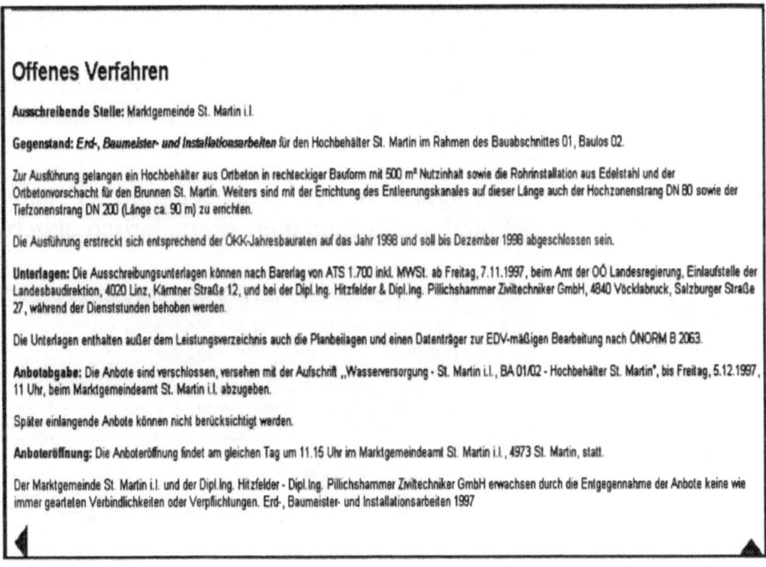

Offenes Verfahren

Ausschreibende Stelle: Marktgemeinde St. Martin i.I.

Gegenstand: *Erd-, Baumeister- und Installationsarbeiten* für den Hochbehälter St. Martin im Rahmen des Bauabschnittes 01, Baulos 02.

Zur Ausführung gelangen ein Hochbehälter aus Ortbeton in rechteckiger Bauform mit 500 m³ Nutzinhalt sowie die Rohrinstallation aus Edelstahl und der Ortbetonvorschacht für den Brunnen St. Martin. Weiters sind mit der Errichtung des Entleerungskanales auf dieser Länge auch der Hochzonenstrang DN 80 sowie der Tiefzonenstrang DN 200 (Länge ca. 90 m) zu errichten.

Die Ausführung erstreckt sich entsprechend der ÖKK-Jahresbauraten auf das Jahr 1998 und soll bis Dezember 1998 abgeschlossen sein.

Unterlagen: Die Ausschreibungsunterlagen können nach Barerlag von ATS 1.700 inkl. MWSt. ab Freitag, 7.11.1997, beim Amt der OÖ Landesregierung, Einlaufstelle der Landesbaudirektion, 4020 Linz, Kärntner Straße 12, und bei der Dipl.Ing. Hitzfelder & Dipl.Ing. Pillichshammer Ziviltechniker GmbH, 4840 Vöcklabruck, Salzburger Straße 27, während der Dienststunden behoben werden.

Die Unterlagen enthalten außer dem Leistungsverzeichnis auch die Planbeilagen und einen Datenträger zur EDV-mäßigen Bearbeitung nach ÖNORM B 2063.

Anbotabgabe: Die Anbote sind verschlossen, versehen mit der Aufschrift „Wasserversorgung - St. Martin i.I., BA 01/02 - Hochbehälter St. Martin", bis Freitag, 5.12.1997, 11 Uhr, beim Marktgemeindeamt St. Martin i.I. abzugeben.

Später einlangende Anbote können nicht berücksichtigt werden.

Anboteröffnung: Die Anboteröffnung findet am gleichen Tag um 11.15 Uhr im Marktgemeindeamt St. Martin i.I., 4973 St. Martin, statt.

Der Marktgemeinde St. Martin i.I. und der Dipl.Ing. Hitzfelder - Dipl.Ing. Pillichshammer Ziviltechniker GmbH erwachsen durch die Entgegennahme der Anbote keine wie immer gearteten Verbindlichkeiten oder Verpflichtungen. Erd-, Baumeister- und Installationsarbeiten 1997

BAUVIS beinhaltet weitere Bauobjekt-Rechercheprogramme, die über variable Filter „passende Ausschreibungen" selektieren.

Wonach gesucht wird, bestimmt der Anwender mit Variablen: z. B. Beton, Stahlbeton, Steine, Pflaster usw. (Abb. 3.9). Zusätzlich kann der Anwender auch Untergrenzen für das jeweils interessante Bauvolumen frei festlegen, die Art der Ausschreibung, des Auftraggebers definieren oder geographische Angaben wie die PLZ, den Kreis oder das Bundesland als Kriterien festlegen.

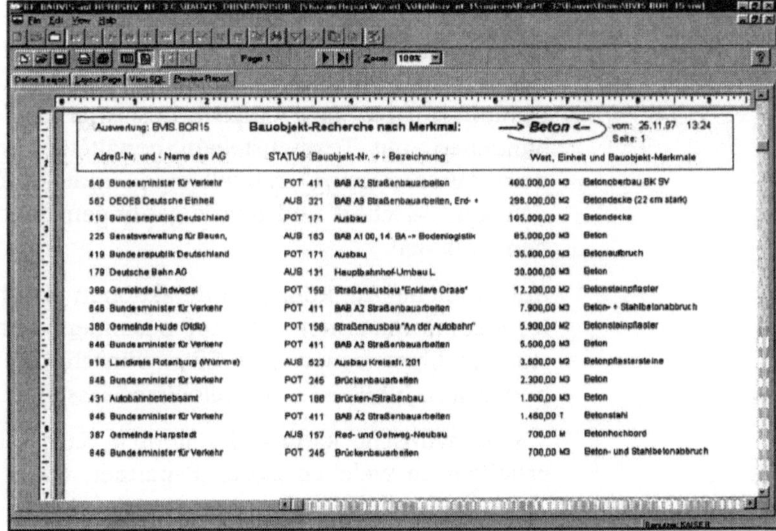

Auswertung: BMS.BOR15	Bauobjekt-Recherche nach Merkmal:	→ Beton ←	vom: 25.11.97 13:24 Seite: 1
Adreß-Nr. und - Name des AG	STATUS Bauobjekt-Nr. + - Bezeichnung		Wert, Einheit und Bauobjekt-Merkmale
846 Bundesminister für Verkehr	POT 411 BAB A2 Straßenbauarbeiten		400.000,00 M3 Betonoberbau BK SV
562 OEOES Deutsche Einheit	AUS 321 BAB A9 Straßenbauarbeiten, Erd- •		298.000,00 M2 Betondecke (22 cm stark)
419 Bundesrepublik Deutschland	POT 171 Ausbau		105.000,00 M2 Betondecke
225 Senatsverwaltung für Bauen,	AUS 163 BAB A100, 14. BA -» Bodenlogistik		85.000,00 M3 Beton
419 Bundesrepublik Deutschland	POT 171 Ausbau		35.900,00 M3 Betonaufbruch
179 Deutsche Bahn AG	AUS 131 Hauptbahnhof-Umbau L		30.000,00 M3 Beton
369 Gemeinde Lindwedel	POT 159 Straßenausbau "Enklave Oraas"		12.200,00 M2 Betonsteinpflaster
846 Bundesminister für Verkehr	POT 411 BAB A2 Straßenbauarbeiten		7.900,00 M3 Beton- + Stahlbetonabbruch
388 Gemeinde Hude (Oldb)	POT 156 Straßenausbau "An der Autobahn"		5.900,00 M2 Betonsteinpflaster
846 Bundesminister für Verkehr	POT 411 BAB A2 Straßenbauarbeiten		5.500,00 M3 Beton
819 Landkreis Rotenburg (Wümme)	AUS 623 Ausbau Kreisstr. 201		3.600,00 M2 Betonpflastersteine
846 Bundesminister für Verkehr	POT 246 Brückenbauarbeiten		2.300,00 M3 Beton
431 Autobahnbetriebsamt	POT 188 Brücken-/Straßenbau		1.800,00 M3 Beton
846 Bundesminister für Verkehr	POT 411 BAB A2 Straßenbauarbeiten		1.460,00 T Betonstahl
387 Gemeinde Harpstedt	AUS 157 Rad- und Gehweg-Neubau		700,00 M Betonhochbord
846 Bundesminister für Verkehr	POT 246 Brückenbauarbeiten		700,00 M3 Beton- und Stahlbetonabbruch

Nach jedem Computerstart und der Identifizierung durch das persönliche Kennwort erhält der Nutzer unaufgefordert eine Zusammenstellung aller im System erfaßten und ihn betreffenden Plan-, Fix-, Nachfaß- oder z. B. Submissionstermine (vgl. Abb. 3.10).

BAUVIS in der täglichen Routine

Nachfolgend ist ein ganz persönlicher Terminkalender für frei definierbare Zeitspannen exemplarisch abgebildet:

Abb. 3.10
Der persönliche Terminkalender

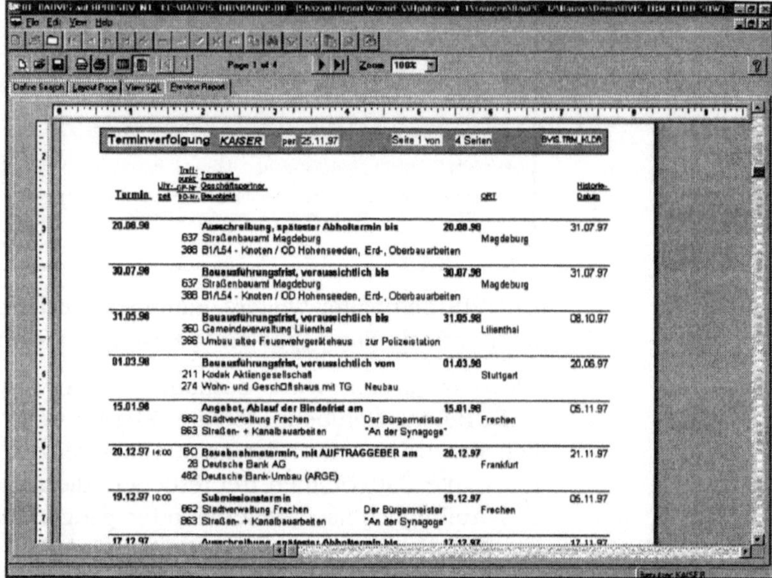

Es wird darin bspw. informiert, wo die Ausschreibung zu einem bestimmten „Objekt xy" ab heute und bis wann abrufbar ist. Daraufhin ist es ganz einfach, aus einer bereits im System vorhandenen, mit Textbausteinen gestalteten Briefvorlage „Anfordern Ausschreibung" schnell einen individuellen Brief mit der richtigen Anschrift und den zugehörigen Bauobjektdaten entstehen zu lassen.

Auf ähnliche Art können Briefaktionen durchgeführt werden - Kundeninformationen, die auf besondere und spezielle Bauleistungen hinweisen. Selbst Glückwünsche zu Weihnachten, Geburtstagen, Jubiläen u. a. Ereignissen lassen sich so versenden.

Wer es wünscht, kann - als internen Nachweis - eine Übersicht erstellen, an welchen Geschäftspartner, wann und aus welchem

Anlaß welches Präsent vergeben wurde. Das ist einfach zu realisieren, wie Abb. 3.11 zeigt:

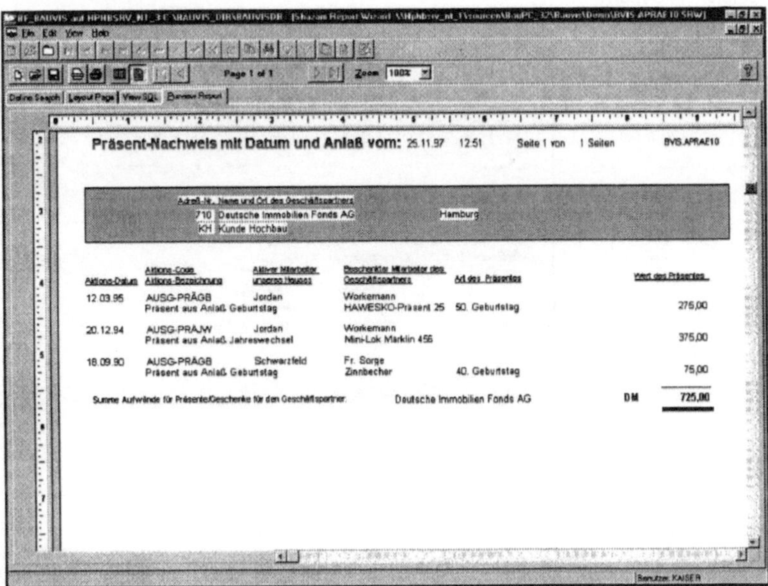

Abb. 3.11
Ein Beispiel spezieller Auswertemöglichkeiten in BAUVIS

Es ist kein besonderer Aufwand erforderlich, wenn die Geschäftsführung noch kurz vor Feierabend z. B. einen Soll-/Ist-Vergleich aller für das Geschäftsjahr geplanten/realisierten Umsätze haben will.

Wird eine Analyse der Angebote und Aufträge gewünscht, ermittelt sie der Reportgenerator mit allen Details und der gesamten Texthistorie in Sekundenschnelle. Die Abbildung 3.12 veranschaulicht ein Beispiel. Ebensowenig Mühe bereitet es, wenn der Chef beispielsweise eine Analyse der Baubedürfnisse aufgrund von Potentialen bzw. Budgets der Kommunen anfordert.

Und fast auf Knopfdruck liegt schließlich auch noch eine Submissionsanalyse des vergangenen Monats mit der erwarteten Genauigkeit vor.

Das alles ist mit BAUVIS schnell zu erledigen. Aber mehr noch: Zur Vorbereitung auf Gespräche mit potentiellen Auftraggebern kann ein „Datenprofil" des Geschäftspartners (Abb. 3.13) sehr hilfreich sein.

Abb. 3.12
Übersicht in Sekun-
denschnelle durch
den integrierten
Reportgenerator

25.11.97 14:27:12

Angebots-/Auftragsanalyse

Adreß-Nr. des Auftraggebers 360 Gemeindeverwaltung Lilienthal   Lilienthal

AUFTRAG

				Summe
Nr. des Bauprojektes	391 Neubau Feuerwehrhaus		Umsatz	5.200.000,00
			Erzielter Deckungsbeitrag	470.000,00
Adreß-Nr. des Architekten	198	Dr. Engel & Partner		
Adreß-Nr. der Ausschreibenden Stelle	198	Dr. Engel & Partner		
Adreß-Nr. des Planers	162	Terraplan Ingenieur GmbH		
Vergabeart	OEA	ÖFFENTLICHE AUSSCHREIBUNG		
Bausparte	H	HOCHBAU		
Ausführungsfristen	vom	01.06.97 bis 30.07.98		

Mitarbeiterinformationen

Umsatz-vorgabe	Mitarbeiter Nr.	Name	Umsatzanteil %	DM
4.300.000,00	15	Jordan	60,00 %	3.120.000,00
450.000,00	4	Schwarzfeld	40,00 %	2.080.000,00

Angebots-/Auftragsdaten

Ordnungskriterium		Titel/Gewerk/Leistung	Prozent und Betrag je Ordnungskriterium	
LB000	TITEL 01	Baustelleneinrichtung	0,36 %	18.600,00
LB002	TITEL 02	Erdarbeiten	0,63 %	32.560,00
LB013	TITEL 03	Beton- und Stahlbetonarbeiten	14,43 %	750.460,00
LB012	TITEL 04	Maurerarbeiten	35,82 %	1.862.514,00
LB023	TITEL 05	Putz- und Stuckarbeiten	3,38 %	175.640,00
LB024	TITEL 06	Fliesen- und Plattenarbeiten	2,40 %	125.023,00
LB025	TITEL 07	Estricharbeiten	5,50 %	286.045,00
LB022	TITEL 08	Klempnerarbeiten	1,84 %	95.640,00
LB030	TITEL 09	Rolladenarbeiten	3,90 %	202.955,00
LB020	TITEL 10	Dachdeckungsarbeiten	6,07 %	315.600,00
LB034	TITEL 11	Maler- und Lackierarbeiten	2,35 %	122.050,00
LB052	TITEL 12	Mittelspannungsanlagen	5,52 %	287.023,00
LB071	TITEL 13	Gebäudeautomation	14,54 %	756.200,00
LB063	TITEL 14	Meldeanlagen	3,26 %	169.690,00
Summe AUFTRAG		für das Objekt: Neubau Feuerwehrhaus	100,00 %	5.200.000,00

Bauobjektmerkmale

Periode	Merkmal	Bezeichnung	Menge	Einheit
1996	INV.VO10	Invest.-volumen	5.000.000,00	DM
1996	M.V30UBR	Umbauter Raum	15.000,00	M3

Bauobjekthistorie

Aktions-Datum	Aktions Code	Aktiver Gesprächspartner	Reaktiver Gesprächspartner	Vertr. Stufe	Kommunikationssubstanz	Bemerkung
02.02.96	INFO	Jordan			Ratsdiskussion	Investition 97

Vorschlag der CDU-Fraktion zum Neubau Feuerwehrhaus
wird von allen Fraktionen unterstützt.
SPD fordert, daß dann das alte Feuerwehrdomizil von der
Polizei genutzt wird.

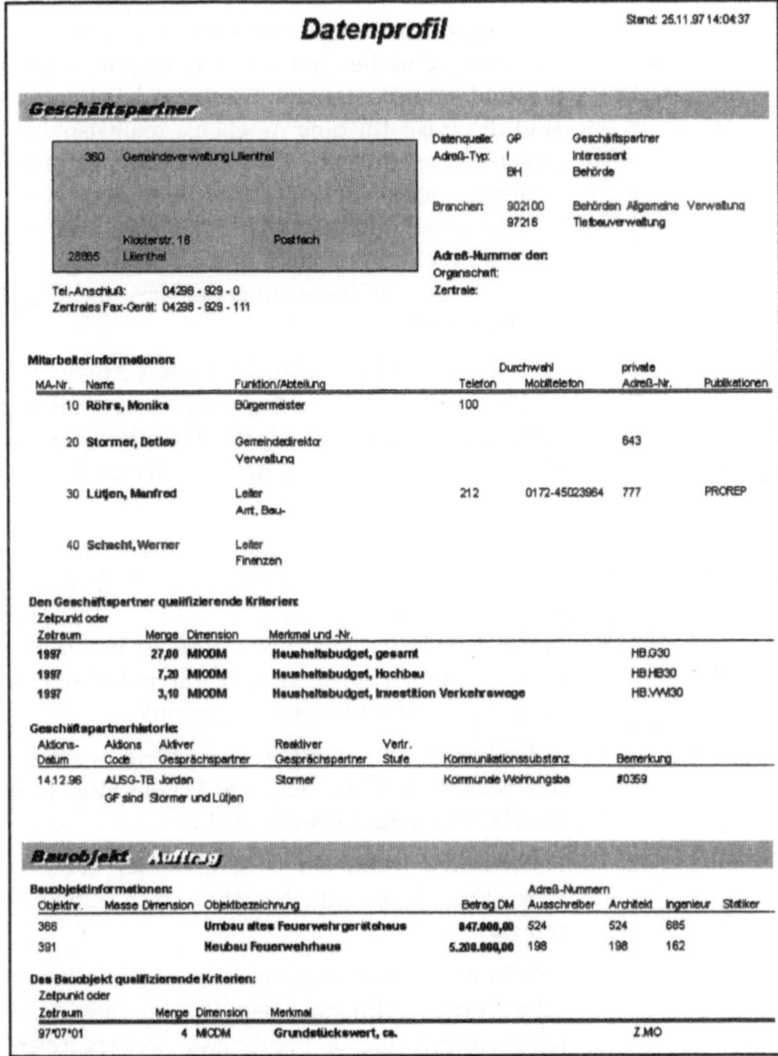

Relevante Informationen, alle mit diesem Partner verknüpften Bauobjekte, inklusive Potentiale, Ausschreibungen, Angebote und Aufträge können ausgedruckt werden. Die Texte der Historie geben zusätzlich Sicherheit für die Verhandlungen.

Und das sind nur einige Beispiele der umfassenden Informationsgewinnung durch und zugleich für die im Außendienst und im Marketingbereich tätigen Mitarbeiter. So bekommt der Markt Gestalt - der Bedarf zeigt Kontur.

3.2 Angebotskalkulationen von Spekulation befreien

Die Henke & Partner Software macht Schluß mit alten Zöpfen am Bau. Aktuelle und auf die Region abgestimmte detaillierte Stammdaten zu Material, Gerät und Subunternehmer-Leistungen sind die Basis für eine möglichst realitätsnahe Kalkulation. Doch nur selten bleibt dem Kalkulator die Zeit, solche Daten auf den neuesten Stand zu bringen. Viele Angebote müssen möglichst schnell erstellt werden. Der Aufwand darf nicht zu hoch sein. Deshalb rechnen manche Bauunternehmen mit Jahre alten Daten oder zumindest beim Angebot frei nach „spekulativen Erfahrungswerten".

Oft geht das aber „ins Auge": Ist das Angebot zu hoch, erhält der Wettbewerb den Zuschlag. Liegt es zu niedrig, sind nach dem Auftrag ausgleichende Nachkalkulationen schwer zu begründen und durchzusetzen. Das negative Baustellenergebnis ist so schon vorprogrammiert.

Stammdaten für jeden Nutzungsbereich einzeln?

Kalkulator, Einkauf/Materialwirtschaft, Gerätedisponent, Finanz-, Anlagen-, Lohnbuchhaltung und Baubetriebsabrechnung - sie alle arbeiten mit Stammdaten. Solche Informationen werden in einer Datenbank gespeichert. Das ist heute überall die Regel, wo EDV eingesetzt wird. Es gibt für jeden der Arbeitsbereiche am Markt viele verschiedene Programme.

Jedes bringt - für sich gesehen - viele positive Ergebnisse. So hat der Techniker seinen eigenen Datenfonds, jeder Anwender einer kaufmännischen Software auch.

Doch selbst wenn der Austausch der Ergebnisse zwischen den Bereichen klappt, arbeitet schon nach kurzer Zeit jeder mit anderen Basiswerten.

Den gravierenden Unterschied bringt die Integration aller technischen und kaufmännischen Programmteile. Hier werden Daten nicht einfach nur als Ergebnisse „weitergereicht". Es gibt für alle Anwender eine **gemeinsame Stammdatenbank**.

Jede aktuelle Korrektur z. B. von Material-Stammdaten, die durch den Einkauf praktisch „nebenbei" entsteht, hat sofort auch der Kalkulator für seine Berechnung verfügbar.

Die Gerätedisposition geht mit dem Gerätebedarf der Kalkulation auf, weil die Anlagenbuchhaltung die Gerätedaten auf dem neuesten Stand hält.

Mitlaufendes Controlling, zeitnahe und damit reale Soll-/Ist-Vergleiche sind mit den stets aktuellen Daten von jedem zu realisieren (vgl. Kap. 3.3).

Grundvoraussetzung ist eine gute Betriebs- und Ablauforganisation im Unternehmen, die sich bis in die Datenbank fortsetzt. Daten werden grundsätzlich nur einmalig - ohne Redundanz gespeichert, wobei eine wohlüberlegte Struktur zur Stammdaten-Organisation dazu gehört.

Bei Henke & Partner geht man davon aus, daß mit der Angebotskalkulation die Datenbasis für alle anderen Arbeitsbereiche des Unternehmens geschaffen wird. Also beginnt auch die Stammdaten-Organisation hier. Man kreierte einen „Suchbaum mit der klaren Logik der Praxis":

Abb. 3.14
Zugriff per Mausklick
– wie im Explorer

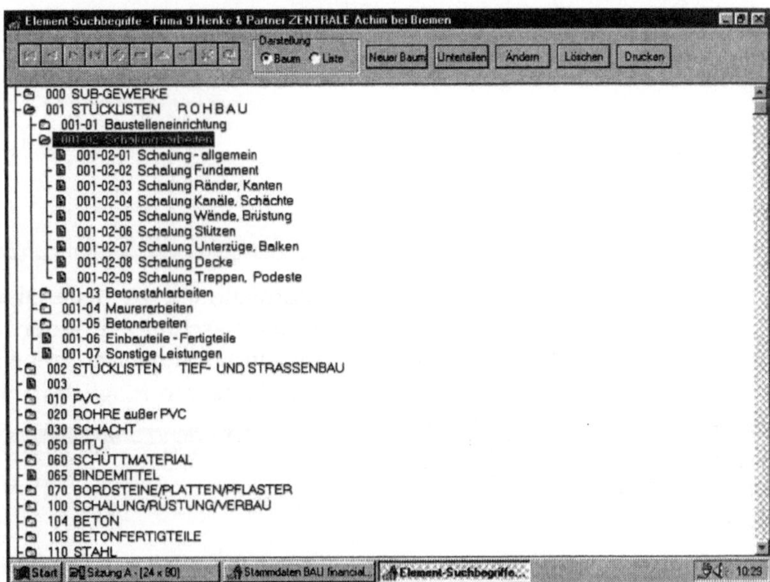

Wie im Datei-Manager/Explorer die gewünschte Datei, findet der Nutzer mit wenigen Mausklicks auch hier schnell die gewünschten Informationen. In den Schlüsselnummern ist der „Baum" abgebildet. Die Ziffernfolge entspricht den „Verästelungen". Sie ist frei definierbar, Begrenzungen durch Feldgröße o.ä. gibt es nicht. So kommt man über integrierte Suchfunktionen auch mit ihnen oder dem außerdem noch vorhandenen „Matchcode" ans Ziel.

Jedes Unternehmen legt selbst fest, wie tief gegliedert, in wievielen Ebenen und wie qualifiziert die Strukturen für seine Bedürfnisse sein müssen. In maximal 10 Hauptgruppen lassen sich die Kostenarten verwalten. Jeder Gruppe - wie Lohnarbeiten, Material, Subunternehmer, Gerät BGL, Gerät pauschal, Transport u. a. - könnten theoretisch bis zu 999 Kostenarten zugeordnet werden:

Abb. 3.15
Jeder Hauptgruppe können 999 Kostenarten zugeordnet werden.

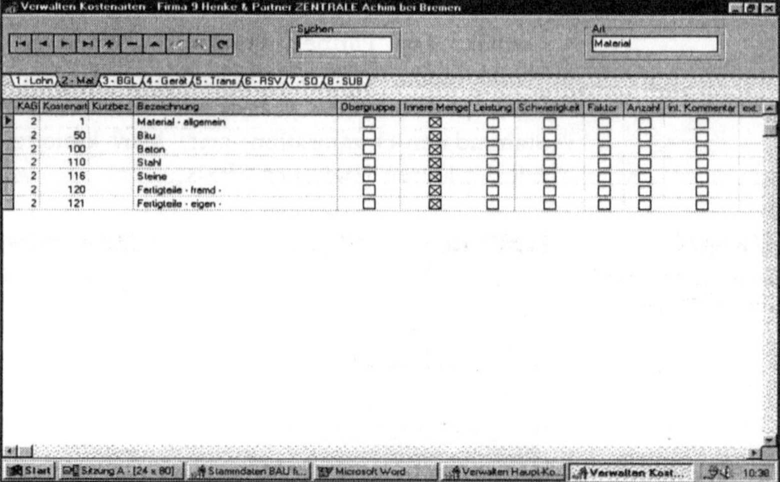

Die erforderlichen Informationen zu Material und Gerät lassen sich bis ins kleinste Detail beschreiben. Jeder Nutzer kann seine Variante wählen: Liste und Karteikarte stehen zur Wahl. Alle Einträge sind in beiden Elementen möglich (Abb. 3.16).

Abb. 3.16
Elementverwaltung – bis ins kleinste Detail beschrieben

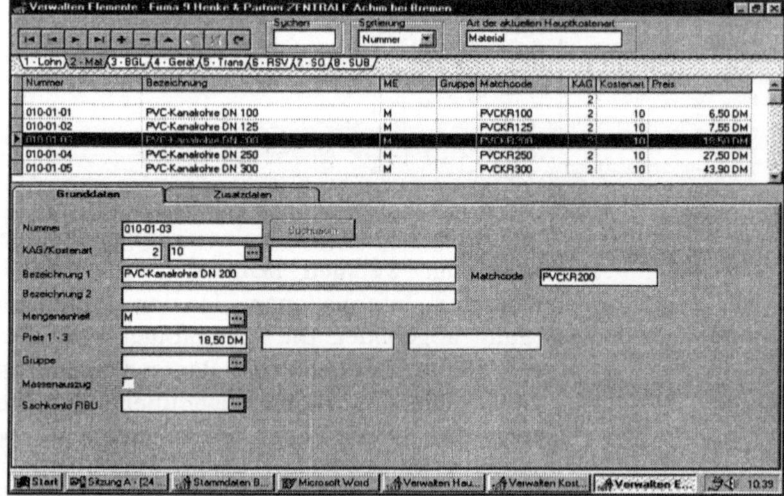

Bei der Datenaufnahme, z. B. für ein neues Gerät, genügt ein Klick, damit eine Datenmaske mit voreingestellten Initialwerten auf dem Bildschirm erscheint. Die Werte können nach Bedarf verändert werden. Z. B. die BGL-Leistung - sie ist mit 170 Stunden pro Monat voreingestellt. Automatisch berechnet die Software BGL-Vorhaltung, ermittelt AfA, Betriebsstoffe, Lohnanteil und summiert (Abb. 3.17).

Abb. 3.17
Voreingestellte Werte können überschrieben werden.

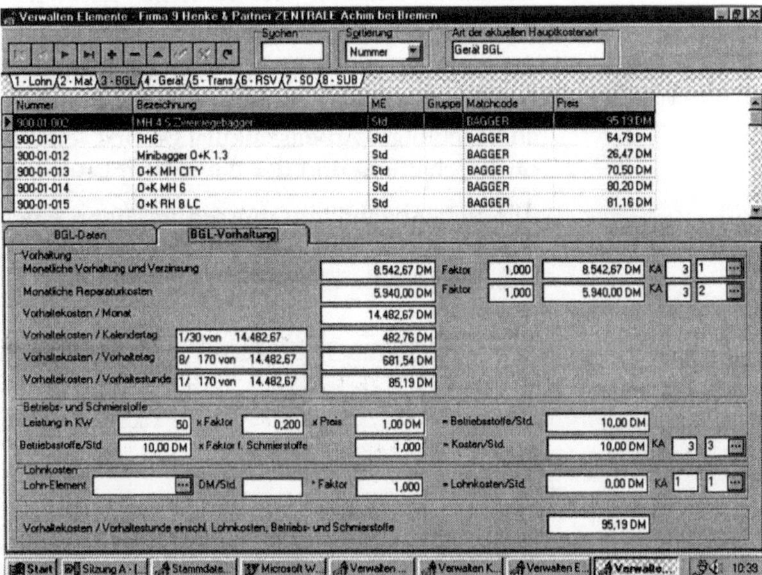

Abb. 3.19
Aktuelle Daten erlauben exakte Kalkulationen.

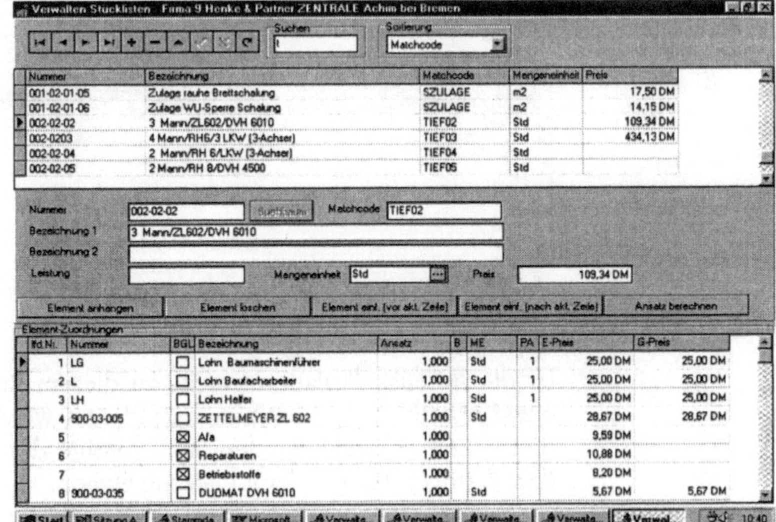

Bei solcherart überschaubarer Datenverwaltung (vgl. Abb. 3.19 bis 3.22) ist einleuchtend, wie die **Zusammenarbeit mit der Baubetriebsabrechnung** funktioniert:

Eine Zusammenfassung der zu einem bestimmten Auftrag gespeicherten Daten wird automatisch die Einzelpositionierung der Kalkulation in den verschiedenen Kostenarten für alle Fragmente enthalten. Genauer und schneller können die Daten für einen Soll-/Ist-Vergleich nicht ermittelt werden.

Ein Team - gemeinsame Verantwortung

Als Voraussetzungen für optimale Planung und Steuerung des Bauablaufes sieht man bei Henke & Partner eine detaillierte und aussagefähige Arbeitskalkulation mit entsprechender Disposition/Beschaffung und der Bauablaufplanung an.

Alle drei Abteilungen müssen im Sinne eines Teams zusammenwirken. Meist wird schon in der Anfangsphase der Bauzeit das Gesamtergebnis entscheidend beeinflußt.

Abb. 3.20
Exakte Stammdaten ermöglichen Angebote ohne Spekulation

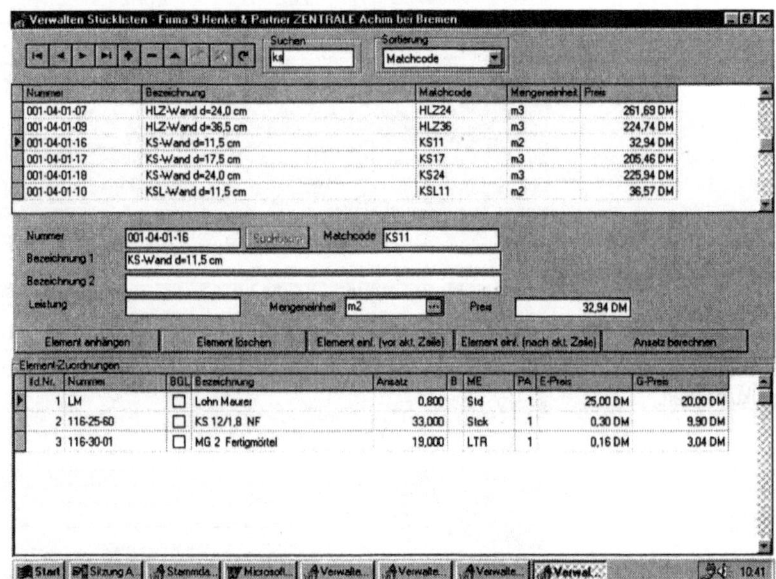

Ist die Arbeitskalkulation bereits zu diesem Zeitpunkt möglichst exakt erstellt, kann kontrolliert gearbeitet werden. Fehler, die in dieser Zeit gemacht werden, sind infolge der kurzen Bauzeiten und geringen Margen kaum auszugleichen.

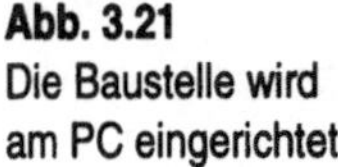

Abb. 3.21
Die Baustelle wird
am PC eingerichtet

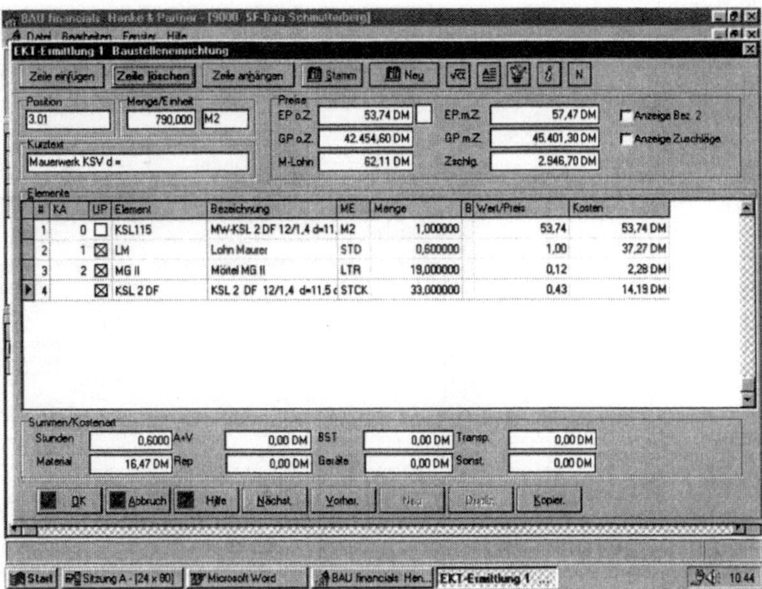

Die erste Fassung der Arbeitskalkulation sollte deshalb direkt aus der Angebots- und Auftragsbearbeitung übernommen werden können.

Deshalb muß diese bereits entsprechend strukturiert sein. Kritische und Schwerpunktpositionen sind frühzeitig zu bestimmen und besonders gründlich zu bearbeiten.

Dann erlaubt die Arbeitskalkulation in Verbindung mit dem Bauzeitenplan Auswertungen für Teilzeiträume. So können Vorgaben für die zu erbringenden Leistungen ermittelt werden.

Aussagefähige Mengengerüste zu Lohn, Material, Gerät, Kolonnen- und Subunternehmer-Leistungen helfen der Bauleitung. Ihre aktuellen Korrekturen bringen greifbaren Wert für die nachfolgenden Bereiche.

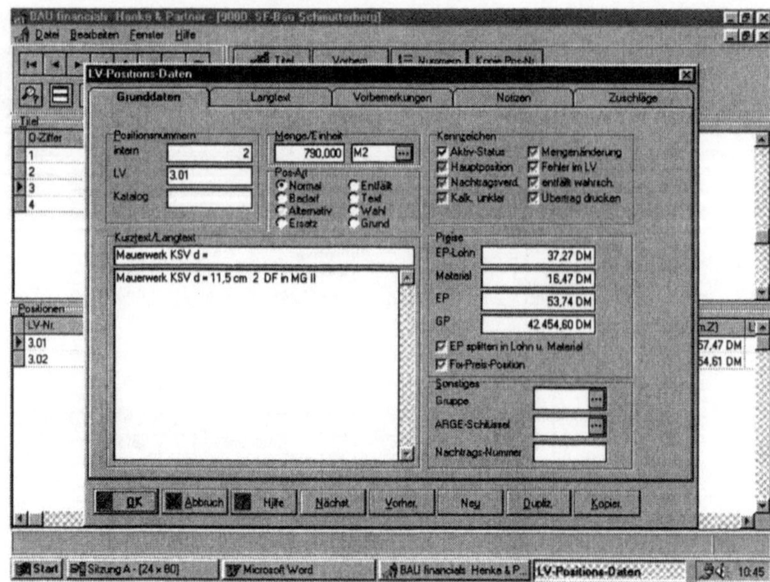

Soll-/Ist-Vergleiche der Mengen, Stunden und Kostenartengrup-
pen stellen die Abweichungen der Massenberechnung (mitlaufendes Aufmaß) zur Arbeitskalkulation rechtzeitig fest und ermöglichen Analysen. Das sind wirkungsvolle Kontrollinstrumen-
te.

3.3 Baubegleitendes Controlling gegen Verluste auf Baustellen

BBA, das Modul für Baubetriebsabrechnung in BAU *financials*,
arbeitet im direkten Zugriff auf die Daten aus allen ihr zugeordneten Abrechnungskreisen (vgl. Abb. 3.23).

BBA arbeitet mit Mengen und Beträgen

Die Bewegungsdaten für Kostenstellen und/oder Kostenträger
aus den angrenzenden Bereichen, wie z. B. Kalkulation, Einkauf,
Lohn-/Gehaltsabrechnung, Geräteabrechnung sowie Finanz- und
Anlagenbuchhaltung, nimmt die Baubetriebsabrechnung sofort
auf. Es werden sowohl Beträge als auch Mengen mitgeführt.

Diese maschinelle Datenübernahme ist selektiv steuerbar und
durch Plausibilitätsprüfungen zu kontrollieren. Deren Ergebnisse,
inklusive der Abstimmsummen, werden protokolliert.

Übernahme von Daten aus „Fremdanwendungen"

Zur Aufnahme von Daten aus Fremdanwendungen steht der
Baubetriebsabrechnung eine „offene Schnittstelle" zur Verfügung.

Firmenübergreifende Buchungen werden unter Beachtung der für die entsprechende Finanzbuchhaltung erforderlichen Verrechnungsbuchungen verarbeitet.

Auskünfte und Auswertungen sind immer zeitnah gewährleistet. Denn neben den tatsächlichen Ist-Werten können auch vorläufig bewertete Buchungen wie z. B. noch nicht abgerechnete Lieferscheine, Lohnbuchungen oder statistische Buchungen in der BBA aufgezeigt werden. Zu den Soll-Daten aus der Kalkulation stehen der Baubetriebsabrechnung eigene Planungsvarianten zur Verfügung.

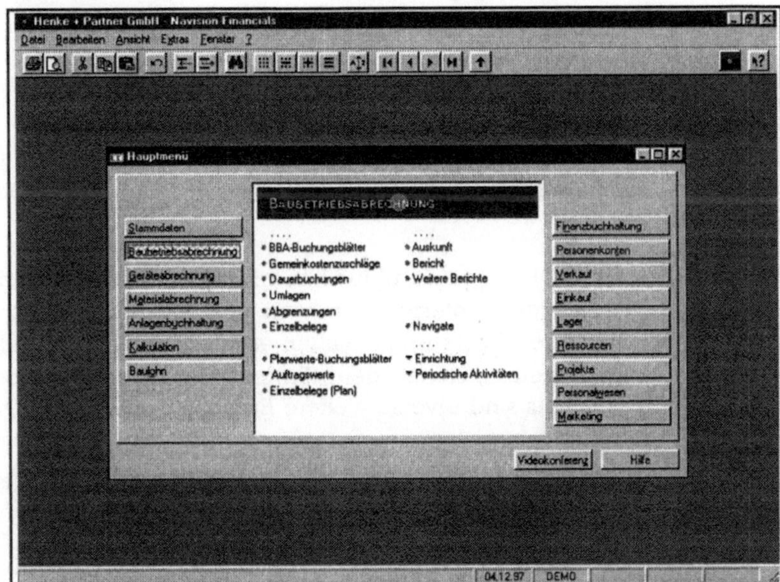

Mit den Einrichtungen

- interne Leistungsverrechnung

- Dauerbuchungen

- Kosten- und Leistungsabgrenzungen

- Baustellenverzinsung

- Gemeinkostenzuschläge und

- diversen Umlageverfahren

zeigt die Baubetriebsabrechnung schnell das voraussichtlich erreichbare Baustellenergebnis (vgl. Abb. 3.24).

Abb. 3.24
Muster einer Betriebsergebnisabrechnung mit BBA

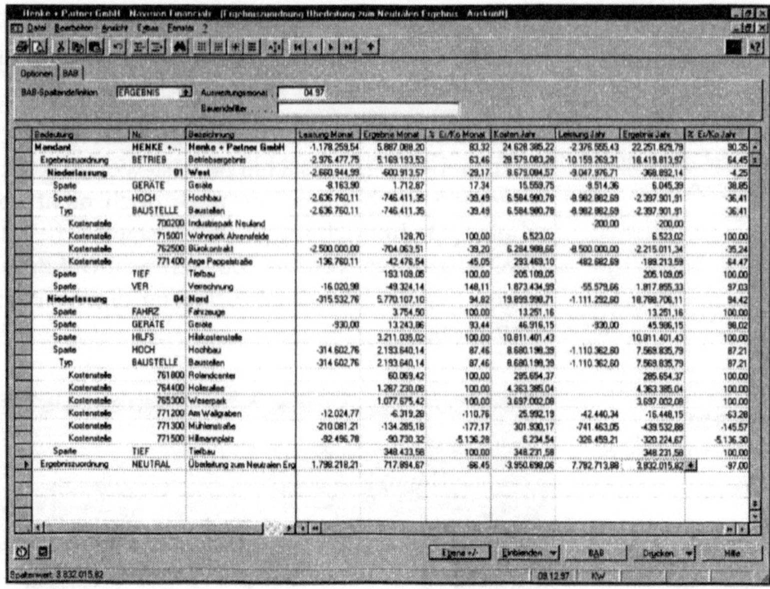

Die Firmenstruktur kann nach den individuellen Besonderheiten jedes Unternehmens frei gestaltet werden. In den Stammdaten der Kostenstelle lassen sich die entsprechenden Zuordnungen treffen. Neben dem Firmen-, Niederlassungs- oder Spartenergebnis sind diverse weitere Ergebnisversionen möglich.

Abb. 3.25
Jede Kostenstelle kann bis zum Einzelbeleg dargestellt werden.

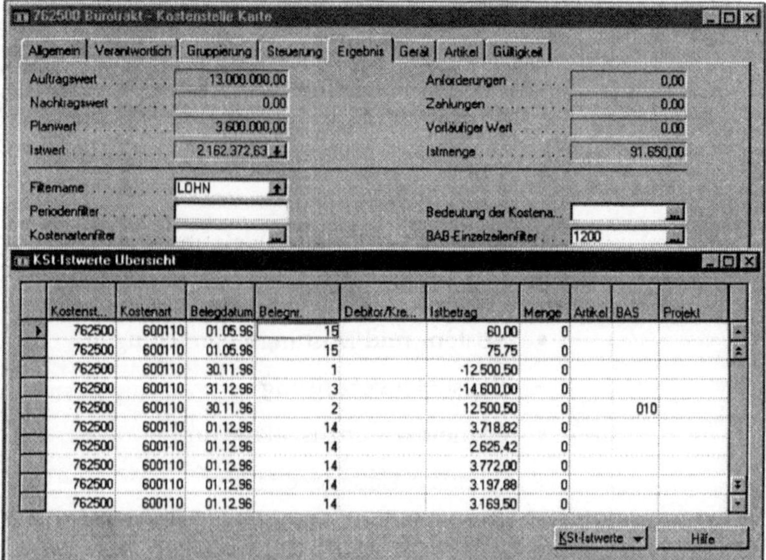

Den Aufbau des Bauarbeitsberichtes und anderer Auswertungen kann der Anwender nach seinen eigenen Vorstellungen und Wünschen in fast beliebiger Weise variieren.

Das setzt den Bauleiter in die Lage, seine Baustellen gezielt zu prüfen und Auskünfte zu geben. Er kann dann auch Prognosen der noch zu erbringenden Leistungen erstellen.

Abb. 3.26
Ergebnisübersicht –
eine Standardaus-
wertung

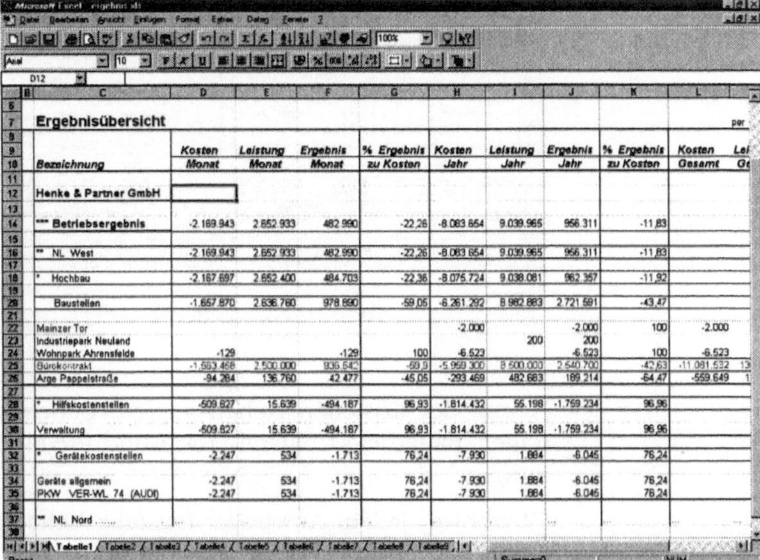

Bezeichnung	Kosten Monat	Leistung Monat	Ergebnis Monat	% Ergebnis zu Kosten	Kosten Jahr	Leistung Jahr	Ergebnis Jahr	% Ergebnis zu Kosten	Kosten Gesamt	Lei Ge
Henke & Partner GmbH										
*** Betriebsergebnis	-2.169.943	2.652.933	482.990	-22,26	-8.083.854	9.039.965	956.311	-11,83		
** NL West	-2.169.943	2.652.933	482.990	-22,26	-8.083.854	9.039.965	956.311	-11,83		
* Hochbau	-2.167.697	2.652.400	484.703	-22,36	-8.075.724	9.038.081	962.357	-11,92		
Baustellen	-1.657.870	2.636.760	978.890	-59,05	-6.261.292	8.982.883	2.721.591	-43,47		
Mainzer Tor					-2.000		-2.000	100	-2.000	
Industriepark Neuland						200	200			
Wohnpark Ahrensfelde	-129		-129	100	-6.523		-6.523	100	-6.523	
Bürokontrakt	-1.563.468	2.500.000	936.542	-59,9	-5.959.300	8.500.000	2.540.700	-42,63	-11.081.532	13
Arge Pappelstraße	-94.284	136.760	42.477	-45,05	-293.469	482.683	189.214	-64,47	-559.649	1
* Hilfskostenstellen	-509.827	15.639	-494.187	96,93	-1.814.432	55.198	-1.759.234	96,96		
Verwaltung	-509.827	15.639	-494.187	96,93	-1.814.432	55.198	-1.759.234	96,96		
* Gerätekostenstellen	-2.247	534	-1.713	76,24	-7.930	1.884	-6.045	76,24		
Geräte allgemein	-2.247	534	-1.713	76,24	-7.930	1.884	-6.045	76,24		
PKW VER-WL 74 (AUDI)	-2.247	534	-1.713	76,24	-7.930	1.884	-6.045	76,24		
** NL Nord										

Über die Berichtsdatentiefe entscheidet jeder Anwender individuell pro Kostenstelle selbst. Das Ergebnis der Kostenstelle ist jeweils aktuell in der Kostenstellenkarte und/oder als Ist-Wert-Liste bis zum Einzelbelegnachweis darstellbar (Abb. 3.25).

Abb. 3.27
Datenauswertung
in MS-Excel

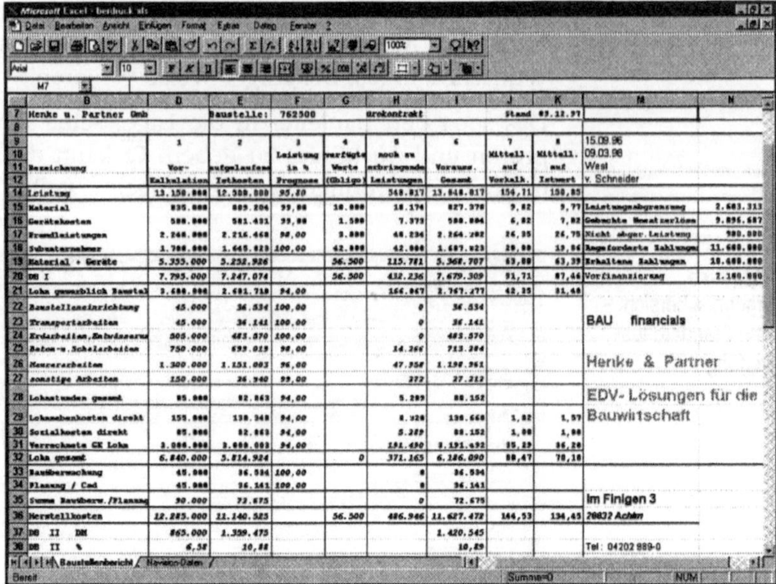

	Vor-Kalkulation (1)	aufgelaufene Istkosten (2)	Leistung in % Prognose (3)	verfügte Werte (Obligo) (4)	noch zu erbringende Leistungen (5)	Voraus. Gesamt (6)	Mittell. auf Vorkalk. (7)	Mittell. auf Istwert (8)		
Henke u. Partner Gmb		Baustelle: 762500		Grokontrakt			Stand 09.12.97		15.09.96 / 09.03.98 / West / v. Schneider	
Leistung	13.150.000	12.500.000	95,50		548.017	13.048.017	154,71	150,85		
Material	835.000	809.204	99,00	10.000	18.174	827.378	9,82	9,77	Leistungsabgrenzung	2.683.313
Gerätekosten	500.000	501.431	99,00	1.500	7.373	508.804	6,82	7,82	Gebuchte Umsatzerlöse	9.896.687
Fremdleistungen	2.248.000	2.216.468	98,00	3.000	48.234	2.264.202	26,35	26,75	Nicht abger. Leistung	980.000
Subunternehmer	1.700.000	1.645.023	100,00	42.000	42.000	1.687.023	20,00	19,06	Angeforderte Zahlungen	11.600.000
Material + Geräte	5.353.000	5.252.926		56.500	115.781	5.368.707	63,00	63,39	Erhaltene Zahlungen	10.600.000
DB I	7.795.000	7.247.074		56.500	432.236	7.679.309	91,71	87,46	Vorfinanzierung	2.100.000
Lohn gewerblich Baustel	3.600.000	2.601.718	94,00		166.067	2.767.277	42,35	31,48		
Baustelleneinrichtung	45.000	36.534	100,00		0	36.534				
Transportarbeiten	45.000	36.141	100,00		0	36.141		BAU financials	
Erdarbeiten, Entwässerung	505.000	483.570	100,00		0	483.570				
Beton-u. Schalarbeiten	750.000	693.019	98,00		14.366	713.384				
Maurerarbeiten	1.300.000	1.151.003	96,00		47.958	1.198.961		Henke & Partner	
sonstige Arbeiten	150.000	26.740	99,00		272	27.212				
Lohnstunden gesamt	85.000	82.863	94,00		5.289	88.152		EDV-Lösungen für die	
Lohnnebenkosten direkt	155.000	138.348	94,00		8.320	138.668	1,82	1,57	Bauwirtschaft	
Sozialkosten direkt	85.000	82.863	94,00		5.289	88.152	1,00	1,00		
Verrechnete GK Lohn	3.066.000	2.888.003	94,00		191.490	3.191.492	15,19	16,20		
Lohn gesamt	6.840.000	5.814.924		0	371.165	6.186.090	88,47	78,18		
Bauüberwachung	45.000	36.534	100,00		0	36.534				
Planung / Cad	45.000	36.141	100,00		0	36.141				
Summe Bauüberw./Planung	90.000	72.675			0	72.675		Im Finigen 3	
Herstellkosten	12.285.000	11.140.525		56.500	486.946	11.627.472	144,53	134,45	28832 Achim	
DB II DM	865.000	1.359.475				1.420.545				
DB II %	6,58	10,88				10,89		Tel: 04202 989-0	

Neben der Kostenart stehen weitere Berichtsfelder wie Kostenträger, Bauarbeitsschlüssel (BAS) und Projektnummer zur Verfügung.

Obwohl es jedem Anwender freisteht, beliebige eigene Auswertungen zu erstellen, sind sehr viele bewährte Formen - wie die Ergebniszuordnung (Abb. 3.24) oder die Ergebnisübersicht (Abb. 3.26) - bereits als Standard in BAU *financials* enthalten.

Auswertungen auch
in anderen Programmen

Darüber hinaus lassen sich die Daten und Ergebnisse in anderen Anwendungen weiterverarbeiten, wenn der Nutzer das wünscht.

Die volle Kompatibilität zur Programmvielfalt der Microsoft-Welt, wie z. B. zu den Programmen aus dem Office-Paket - Microsoft Word und Microsoft Excel - bietet eine reiche Auswahl, die mit den hier dargestellten Abbildungen 3.26 bis 3.28 nur angedeutet werden können.

Abb. 3.28
Bauarbeitsbericht

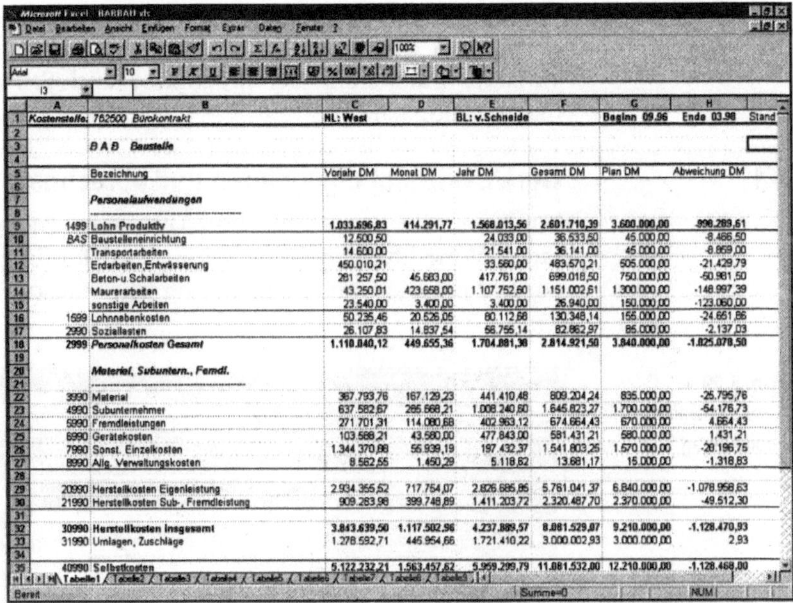

	A	B	C	D	E	F	G	H
1	*Kostenstelle:*	762500 Bürokontrakt	**NL: West**		**BL: v.Schneide**		**Beginn 09.96**	**Ende 03.98** Stand
2								
3		*B A B Baustelle*						
4								
5		Bezeichnung	Vorjahr DM	Monat DM	Jahr DM	Gesamt DM	Plan DM	Abweichung DM
6								
7		*Personalaufwendungen*						
8								
9	1499	Lohn Produktiv	1.033.696,83	414.291,77	1.568.013,56	2.601.710,39	3.600.000,00	-998.289,61
10	BAS	Baustelleneinrichtung	12.500,50		24.033,00	36.533,50	45.000,00	-8.466,50
11		Transportarbeiten	14.600,00		21.541,00	36.141,00	45.000,00	-8.859,00
12		Erdarbeiten,Entwässerung	450.010,21		33.560,00	483.570,21	505.000,00	-21.429,79
13		Beton-u.Schalarbeiten	281.257,50	45.683,00	417.761,00	699.018,50	750.000,00	-50.981,50
14		Maurerarbeiten	43.250,01	423.658,00	1.107.752,60	1.151.002,61	1.300.000,00	-148.997,39
15		sonstige Arbeiten	23.540,00	3.400,00	3.400,00	26.940,00	150.000,00	-123.060,00
16	1699	Lohnnebenkosten	50.235,46	20.526,05	80.112,68	130.348,14	155.000,00	-24.651,86
17	2990	Soziallasten	26.107,83	14.837,54	56.755,14	82.862,97	85.000,00	-2.137,03
18	2999	*Personalkosten Gesamt*	1.110.840,12	449.655,36	1.704.881,38	2.814.921,50	3.840.000,00	-1.025.078,50
19								
20		*Material, Subuntern., Fremdl.*						
21								
22	3990	Material	367.793,76	167.129,23	441.410,48	809.204,24	835.000,00	-25.795,76
23	4990	Subunternehmer	637.582,67	285.668,21	1.008.240,80	1.645.823,27	1.700.000,00	-54.176,73
24	5990	Fremdleistungen	271.701,31	114.080,68	402.963,12	674.664,43	670.000,00	4.664,43
25	6990	Gerätekosten	103.588,21	43.580,00	477.843,00	581.431,21	580.000,00	1.431,21
26	7990	Sonst. Einzelkosten	1.344.370,88	56.939,19	197.432,37	1.541.803,25	1.570.000,00	-28.196,75
27	8990	Allg. Verwaltungskosten	8.562,55	1.450,29	5.118,62	13.681,17	15.000,00	-1.318,83
28								
29	20990	Herstellkosten Eigenleistung	2.934.355,52	717.754,07	2.826.685,85	5.761.041,37	6.840.000,00	-1.078.958,63
30	21990	Herstellkosten Sub-, Fremdleistung	909.283,98	399.748,89	1.411.203,72	2.320.487,70	2.370.000,00	-49.512,30
31								
32	30990	Herstellkosten insgesamt	3.843.639,50	1.117.502,96	4.237.889,57	8.081.529,07	9.210.000,00	-1.128.470,93
33	31990	Umlagen, Zuschläge	1.278.592,71	446.954,66	1.721.410,22	3.000.002,93	3.000.000,00	2,93
34								
35	40990	Selbstkosten	5.122.232,21	1.563.457,62	5.959.299,79	11.081.532,00	12.210.000,00	-1.128.468,00

Das Programm-Modul BBA unterstützt die baukaufmännischen Aufgaben zur Abrechnung und Darstellung von Kostenstellen (Hilfs- bzw. Gemein-, Baukostenstellen) und Kostenträgern. Das geschieht im Sinne mitlaufender Planung, Abrechnung, Kontrolle und Lenkung.

Eventuelle Fehlentwicklungen fallen so schon zeitig - während der laufenden Bauarbeiten - auf. Abweichungen in den Soll-/ Ist-Vergleichen können exakt analysiert werden.

Sind die Ursachen ermittelt, lassen sich bei Bedarf - und wenn die entsprechenden Möglichkeiten gegeben sind - Korrekturen rechtzeitig auf den Weg bringen.

Der Stand der „noch nicht abgerechneten Leistung" und auch die Vorfinanzierung lassen sich ebenfalls darstellen.

Zinsverluste wegen nicht rechtzeitig geschriebener Abschlagsrechnungen oder noch nicht eingegangener Zahlungen können so minimiert werden. Dadurch verbessert sich die Liquidität des Unternehmens merklich.

Diese Kontrollfunktion stellt gleichzeitig eine effiziente Hilfe dar, denn sie garantiert exakte Auskunftsfähigkeit zur Baukostenstelle. Wenn es gewünscht wird, reicht die Bandbreite vom gesamten Ergebnis bis hin zum archivierten Einzelbeleg.

Firmen-, Niederlassungs-, Sparten-, Baustellen (Profit-Center-) orientiertes Berichtswesen für die Unternehmensführung ist mit variabler Darstellung der Ergebnisse und Teilergebnisse so permanent möglich.

3.4 Geräte effizient disponieren und abrechnen

Zur Kontrolle der Kosten von Leistungs-, Mengen-, Vorhaltegeräten, Vorrichtungen für Schalung und Rüstung sowie des Fuhrparks dient die Geräteabrechnung und -disposition (GEAB):

Abb. 3.29
Geräteverwaltung mit
Abbildungen

Kostenzuordnung
nach dem Verursacherprinzip

Die Kosten werden immer gleich den Baustellen zugeordnet, die sie auch verursacht haben. Die Ergebnisse der Baustellen und Gerätekostenstellen stehen in der Baubetriebsabrechnung zur weiteren Auswertung zur Verfügung (vgl. Abb. 3.30).

Die Geräteabrechnung führt einen detaillierten Gerätestamm mit Gruppenzuordnung, kaufmännischen und technischen Daten. In der Gerätehistorie lassen sich Texte zum Lebenslauf des Gerätes aufbauen und Inspektions-, TÜV- und andere Termine überwachen.

Die Baugeräte-Liste (BGL91) sowie die Baustellen-Ausstattungsliste (BAL) können vom Datenträger eingelesen und als Preisbasis verwendet werden.

Für einzelne Geräte, Gerätegruppen und Baustellen sind abweichende Preise möglich. Auf diese Weise werden innerbetriebliche Erfahrungswerte der Kosten und vertragliche Festlegungen berücksichtigt (z. B. ARGE-Kostenstellen). Ein Preisindex korrigiert die Preisansätze im Ablauf der Jahre automatisch.

Vorhaltebuchung für Geräte oder ihre Buchung nach Stunden oder Tagen sind mit den unterschiedlichen Einsatzarten möglich.

Abb. 3.30
Baugeräteliste

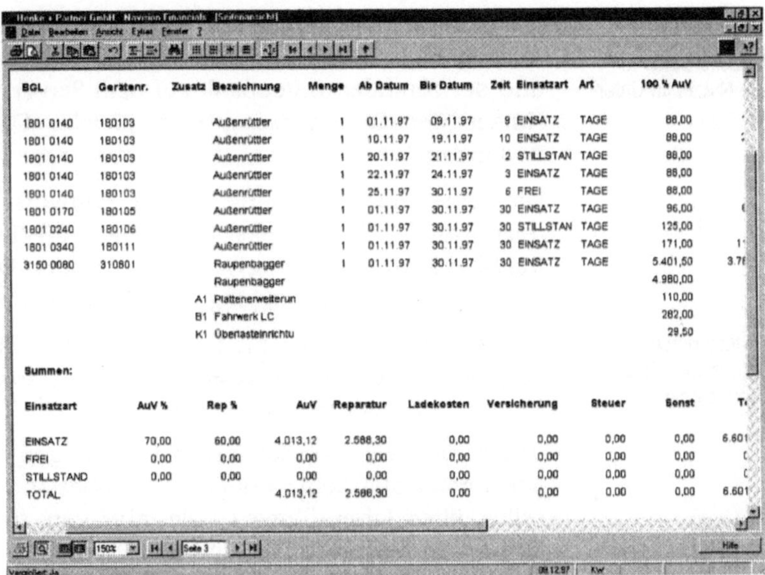

BGL	Gerätenr.	Zusatz	Bezeichnung	Menge	Ab Datum	Bis Datum	Zeit	Einsatzart	Art	100 % AuV	
1801 0140	180103		Außenrüttler	1	01.11.97	09.11.97	9	EINSATZ	TAGE	88,00	
1801 0140	180103		Außenrüttler	1	10.11.97	19.11.97	10	EINSATZ	TAGE	88,00	
1801 0140	180103		Außenrüttler	1	20.11.97	21.11.97	2	STILLSTAN	TAGE	88,00	
1801 0140	180103		Außenrüttler	1	22.11.97	24.11.97	3	EINSATZ	TAGE	88,00	
1801 0140	180103		Außenrüttler	1	25.11.97	30.11.97	6	FREI	TAGE	88,00	
1801 0170	180105		Außenrüttler	1	01.11.97	30.11.97	30	EINSATZ	TAGE	96,00	
1801 0240	180106		Außenrüttler	1	01.11.97	30.11.97	30	STILLSTAN	TAGE	125,00	
1801 0340	180111		Außenrüttler	1	01.11.97	30.11.97	30	EINSATZ	TAGE	171,00	1
3150 0080	310801		Raupenbagger	1	01.11.97	30.11.97	30	EINSATZ	TAGE	5.401,50	3.7
			Raupenbagger							4.980,00	
		A1	Plattenerweiterun							110,00	
		B1	Fahrwerk LC							282,00	
		K1	Überlasteinrichtu							29,50	

Summen:

Einsatzart	AuV %	Rep %	AuV	Reparatur	Ladekosten	Versicherung	Steuer	Sonst	T:
EINSATZ	70,00	60,00	4.013,12	2.586,30	0,00	0,00	0,00	0,00	6.601
FREI	0,00	0,00	0,00	0,00	0,00	0,00	0,00	0,00	(
STILLSTAND	0,00	0,00	0,00	0,00	0,00	0,00	0,00	0,00	(
TOTAL			4.013,12	2.586,30	0,00	0,00	0,00	0,00	6.601

Fahrzeuge können auch nach Kilometern oder KURT-Sätzen (kostenorientierte unverbindliche Richtlinien und Tabellen für den Güternahtarif) abgerechnet werden.

**Buchungen
in Vorperioden**

Nachträgliche Buchungen in Vorperioden werden zurückgerechnet und im aktuellen Abrechnungsmonat korrigiert ausgewiesen. Eine Buchungsprüfung gleicht die Belege der Geräteverschiebungen in ihrem zeitlichen Zusammenhang ab.

Bei der Berechnung wird nach Abschreibungs-, Reparatur-, Stillstands- und Ladekosten differenziert.

Das Programm erstellt Druckausgaben nach Gerät, Kostenstelle und ARGE-Rechnungen.

Die Disposition gibt Auskunft über eingesetzte, freigemeldete und inaktive Geräte und reserviert die kalkulierten und geplanten Geräte für die Baustellen.

4   Resümee und Blick in die Zukunft

Aktuelle Daten für alle Nutzer im Unternehmen

Die vollständige Integration aller Arbeitsbereiche gewährleistet regelmäßigen Datenaustausch zwischen den Arbeitsplatzrechnern und der zentralen Datenbank auf dem Server. Das sichert für alle Nutzer der Gesamtlösung stets gleiche Datenaktualität ohne Redundanz.

Die neue Branchenlösung für die Bauwirtschaft profitiert vom relationalen Datenbanksystem mit SIF-Technologie (Sum-Indexed-Flow-Technology). Diese Art der Datenverwaltung ist eine patentierte Entwicklung der dänischen NAVISION-Gründer.

Vorteile durch Datenbank mit SIF-Technologie

Informationen werden hierbei ausschließlich in den Grunddaten gespeichert. Jede Einzelbewegung oder Transaktion hält das System in der ursprünglichen Form fest.

Durch dieses Prinzip können Auswertungen ohne Beschränkungen immer aus dem gesamten Datenbestand errechnet werden, selbst über Jahre hinweg. Die Abfragen sind frei definierbar, können in beliebigen Zusammenhängen z. B. mit Kostenstellen, Projekten oder beliebigen Zeiträumen realisiert werden.

Zur Aufbereitung der herausgefilterten Daten gibt es eine Vielzahl vorgestalteter Berichte, die aber jederzeit modifiziert und erweitert werden können. Auch eigenen Vorstellungen zur Neugestaltung sind keine Grenzen gesetzt. Das System unterstützt dabei Schritt für Schritt am Bildschirm. So lassen sich Unternehmensinformationen aktuell, schnell und flexibel zusammenstellen.

Die SIF-Technologie bringt noch einen weiteren, ganz entscheidenden Vorteil zu bisherigen Datenbanken: die verwaltete Datenmenge spielt für die Zugriffsgeschwindigkeit kaum eine Rolle. Die Recherche in 1 Mio. Datensätzen ist genauso schnell wie in 100 Sätzen.

BAU *financials* integriert alles, was heute Spitzentechnologie ausmacht (z. B. Sprachsteuerung, Bild- und Videoverarbeitung, Internet-Zugang).

Volle Kompatibilität zur Microsoft-Welt

„Auf Knopfdruck" können Daten in Programme der Microsoft-Welt übernommen werden.

Trotz der Vielfalt der Möglichkeiten und Funktionalitäten ist das Programm einfach zu erlernen. Auf Bedienerfreundlichkeit wurde ganz besonderes Augenmerk gelegt. Für alle offenen Fragen gibt es Hilfe direkt am Bildschirm. Das Handbuch zum gesamten Programmsystem konnte so auf eine handliche Ringmappe reduziert bleiben.

Flexibilität garantiert Zukunftssicherheit und bietet damit Investitionsschutz

Als System der neuen Generation rüstet BAU *financials* den Anwender auch für seine sich mit der Zeit verändernden Betriebsbedingungen. Es wächst bei Bedarf mit, paßt sich anderen Organisationsformen und technischen Veränderungen einfach an.

Information ist ein wichtiger Faktor des Erfolges - nicht nur innerhalb jedes Unternehmens. Richtig eingesetzt, kann sie einen enormen Wettbewerbsvorteil bringen.

Mit BAU *financials* stehen zu jeder Zeit, an jedem erforderlichen Ort und sooft als nötig immer die richtigen Fakten, Prognosen, Pläne, Auswertungen und Analysen zur Verfügung.

Bestnoten im Urteil unabhängiger Prüfer

Das Organ des „Zentralverbandes des Deutschen Baugewerbes", die Zeitschrift Baugewerbe, beurteilt die Henke & Partner Software in der Serie „Bausoftware im Test" [13] mit den Worten: „Mit BAU *financials* können sich Baubetriebe schon heute die Zukunft ins Haus holen. Das Programm setzt neue Maßstäbe in allen Bereichen der Branchensoftware für den Bau. Ein echter Vorteil für den Anwenderbetrieb liegt in der tatsächlich gelungenen Integration aller Einzelwelten eines Bauunternehmers zu einem schlagkräftigen Ganzen. Neben den Standards einer baubetrieblichen Softwarelösung haben die Entwickler sehr viel Wert darauf gelegt, auch die Potentiale auszuschöpfen, die sich aus der möglichen Nutzung von bisher als Randbereiche der Baubranche erachteten Felder zu nutzen. Dazu gehören vor allem die Möglichkeiten zu einer aktiven Bearbeitung des Marktes für baubetriebliche Leistungen."

Das Ergebnis des Tests: Höchstnoten in allen Wertungskategorien.

Literaturverzeichnis

[1] Wenig, R. E.: „Entwicklung von Strategien für das zielgruppen-orientierte Absatzmarktverhalten mittelständischer Bauunternehmen", DVP-Verlag, Wuppertal, 1996

[2] Renner, S. G.: „Baumarketing" Band 4 der Schriftenreihe „Die erfolgreiche Bauunternehmensführung", Rationalisierungs-Kuratorium der Deutschen Wirtschaft e. V., Eschborn, 1996

[3] Gesellschaft zur Förderung des Deutschen Baugewerbes: „BAUORG Unternehmerhandbuch für Bauorganisation und Betriebsführung", Köllen Druck & Verlag GmbH, Bonn

[4] Gesellschaft zur Förderung des Deutschen Baugewerbes: „Informationsservice Bauwirtschaft", Ausgabe 062/97, „Mehr Aufträge durch Nutzung von Bauausschreibungsmedien", Bonn 1997

[5] Rittmann, H.: „Neue Medien für die Bauwirtschaft", Zeitschrift Baugewerbe 4/96

[6] Russow, M.: „Der Weg zum Erfolg beginnt schon beim Angebot", Zeitschrift Baugewerbe 6/96

[7] Hessing, O.: „Gespräche schaffen Klarheit bei der Bauabwicklung", Zeitschrift Baugewerbe 5/97

[8] Mestre del, G.: „Warum soll sich der Kunde gerade für Sie entscheiden?", Zeitschrift Bauwirtschaft 4/97

[9] Mestre del, G.: „Wer nur auf Ausschreibungen hofft, geht bankrott", Zeitschrift Bauwirtschaft 4/97

[10] Arnold, S.: „Warum soll sich der Kunde gerade für Sie entscheiden?", Zeitschrift Bauwirtschaft 4/97

[11] Buck, K.: „Markt-Blindheit im Baugewerbe", Zeitschrift Bauwirtschaft 9/97

[12] Luttermöller, B.: „Markt der bauwirtschaftlichen Leistungen", Zeitschrift Bauwirtschaft 10/97

[13] Heuser, H. W.: „Bausoftware im Test - Die Zukunft im Blick", Zeitschrift Baugewerbe 22/97

Kapitel 9

Navision Financials 1.30 DE in öffentlich-rechtlichen Unternehmen

Dipl.-Kfm. Jochen Link
Dipl.-Betriebswirt (BA) Mario Krüger
Fa. amball Computersysteme, Nürnberg

1 Vorwort

Der Einsatz von Navision Financials 1.30 DE in öffentlich-rechtlichen Unternehmen ist Gegenstand des folgenden Beitrages. Die Einführung der Software wird von den Autoren anhand der Software-Implementierung beim Stadtentwässerungsbetrieb Nürnberg in anschaulicher Art und Weise dargestellt. Dazu werden als erstes die betriebswirtschaftlichen Ausgangsvoraussetzungen beim Auftraggeber beschrieben. Dem schließt sich die Darstellung der Arbeitsmethodik der Firma amball Computersysteme, Nürnberg, am Beispiel der Realisierung dieses Projektes an. Den Schwerpunkt der Ausführungen bildet die Dokumentation ausgewählter Abläufe innerhalb des Stadtentwässerungsbetriebes und deren Abbildung in Navision Financials 1.30 DE.

Ziel der Autoren ist es, künftigen Anwendern des Produktes im Bereich öffentlicher Verwaltungen und öffentlich-rechtlicher Unternehmen einen ersten Eindruck vom Produkt und seinen Möglichkeiten zu vermitteln.

Die Autoren bedanken sich bei Herrn Diplom-Kaufmann Ernst Appel, Kaufmännischer Werkleiter des Stadtentwässerungsbetriebes der Stadt Nürnberg, der diesen Beitrag ermöglicht hat. Dank sagen möchten wir auch unserer Kollegin Frau Diplom-Informatikerin Frieda Wolf, die die Realisierungsphase des Projektes seitens der Firma amball Computersysteme geleitet hat. Beide haben uns bei der Erstellung dieses Beitrages unterstützt.

2   Betriebswirtschaftliche Ausgangssituation

2.1   Aufgaben des Stadtentwässerungsbetriebes Nürnberg

Der Stadtentwässerungsbetrieb (StEB) der Stadt Nürnberg hat aufgrund satzungsrechtlicher Verpflichtungen die Aufgabe, das Abwasser im Stadtgebiet Nürnberg abzuleiten, zu behandeln und die daraus entstehenden Rest- und Abfallstoffe einer Verwertung bzw. Beseitigung zuzuführen.

Das bedeutet konkret, daß bspw. im Jahr 1996 60,3 Mio. m^3 Abwasser behandelt und ein Kanalsystem von 1300 km Länge betreut werden mußte.

Auflagenbereiche

Dabei fallen vier Produkte an, die als gereinigtes Abwasser, Rechengut, Sand und Schlamm bezeichnet werden können. Die Produkte ergeben sich aus dem Klärvorgang. Das Abwasser gelangt aus dem Kanal in die Kläranlage. Beim Einlauf hält ein „Rechen" feste Bestandteile zurück, das sog. „Rechengut". Über mehrere Beruhigungsbecken setzen sich Schlamm und Sand ab. Das soweit geklärte Wasser wird nun biologisch durch Bakterien gereinigt und anschließend über einen Filter ausgeleitet.

Alle diese Produkte verursachen ausschließlich Kosten. Zu den Kosten der Abwasserbehandlung kommen Unterhaltskosten für die Anlagen. Man könnte auch sagen, „immer wenn Wasser im Kanal ist, kostet dies Geld".

Erlösquellen

Die anfallenden Kosten werden durch Kanalherstellungsbeiträge und Kanalbenutzungsgebühren gedeckt. Beiträge werden beim erstmaligen Anschluß an die Kanalisation erhoben. Die Gebühren werden bei privaten Haushalten und Unternehmen, in Abhängigkeit vom Frischwasserverbrauch, berechnet. Für das von den Straßen eingeleitete Regenwasser wird ein Straßenentwässerungsanteil entrichtet. Für besonders belastetes Abwasser wird von den Gewerbebetrieben ein Starkverschmutzerzuschlag erhoben. Die Einnahmen erreichten 1996 folgende Größenordnungen:

- Beiträge   10 Mio. DM p. a.
- Abwassergebühren   118 Mio. DM p. a.
- Straßenentwässerungsanteil   18 Mio. DM p. a.
- Starkverschmutzerzuschläge   2,7 Mio. DM p. a.

Darüber hinaus ist der Unterhalt der Anlagen und die Kanalisation ein umfangreiches Aufgabengebiet. Die Tatsache, daß es keine Ausfallzeiten geben darf, da Abwasser ununterbrochen anfällt, erzwingt die Vorhaltung von Redundanz in Anlagen und Betrieb sowie eine umfangreiche Lagerhaltung. Der StEB unterhält ein Lager im Wert von ca. 3 bis 4 Mio. DM.

2.2   Organisationsform

Der allgemeine Zwang zu sparen, dem heute fast alle Städte und Gemeinden unterliegen, führte zur Ausgliederung des Stadtentwässerungsbetriebes aus der städtischen Organisation zum 01.01.1996.

Abb. 2.1
Organisation des StEB vor der Ausgliederung (Ausschnitt)

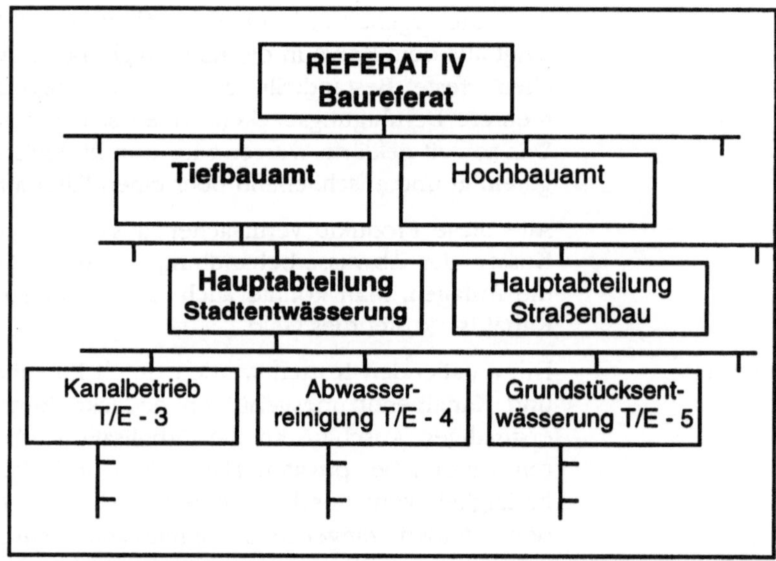

In der städtischen Organisation war das Unternehmen dem Baureferat und innerhalb des Baureferates dem Tiefbauamt als Hauptabteilung untergeordnet.

Aufgrund der Tatsache, daß der Stadtentwässerungsbetrieb im Grunde ein verfahrenstechnischer Industriebetrieb ist, erschien es sinnvoll, ihn in ein organisatorisch, verwaltungsmäßig und finanzwirtschaftlich gesondertes nichtwirtschaftliches Unternehmen ohne eigene Rechtspersönlichkeit umzuwandeln, d. h. in einen Eigenbetrieb gemäß EBV (Eigenbetriebsverordnung). Somit ist der Stadtentwässerungsbetrieb ein nicht mehr im kameralistischen Stadthaushalt enthaltenes Sondervermögen. Nach der Eigenbetriebsverordung (EBV) hat er die Verpflichtung zur Rechnungslegung nach HGB. Nach dem Bayerischen Kommunalen Abgabengesetz ist darüber hinaus eine Betriebsabrechnung zu erstellen.

Durch diese Maßnahme wurde die „Zersplitterung" der Verantwortung, Entscheidungsbefugnis und Kompetenz über verschiedene Ämter beseitigt. Unter dem Motto „Sachverstand soll Kompetenz erhalten", wurde der Stadtentwässerungsbetrieb mit allen für den Betrieb notwendigen Kompetenzen ausgestattet.

Organe des Unternehmens

Das Unternehmen verfügt demnach über folgende Organe:

- **Werkleitung**

  Erster Werkleiter

  Technischer Werkleiter

  Kaufmännischer Werkleiter

- **Werkausschuß**

  11 Stadträtinnen und Stadträte
  Vorsitz: Oberbürgermeister

- **Stadtrat**

- **Oberbürgermeister**

Personal

Der Stadtentwässerungsbetrieb beschäftigte 1996 insgesamt 312 Personen und 10 Auszubildende. Davon sind 163 Arbeiter, 120 Angestellte und 29 Beamte.

Werkleitung

Die Zuständigkeit der Werkleitung erstreckt sich auf die selbständige und verantwortliche Leitung, einschließlich Organisation und Geschäftsleitung, Wiederkehrende Geschäfte (Werk- und Dienstverträge, Beschaffung). Sie ist Dienstvorgesetzte der Beamten und führt die Dienstaufsicht über Angestellte und Arbeiter. Sie ist zuständig für Personalangelegenheiten bis A 13 G bzw. BAT II und Arbeiter und hat die Aufgabe, Beschlüsse des Stadtrates und des Werkausschusses vorzubereiten sowie die Stadt in Angelegenheiten des Stadtentwässerungsbetriebes nach außen zu vertreten.

Werkausschuß

Der Werkausschuß des Stadtrates hat im wesentlichen die Aufgabe, die Arbeit der Werkleitung zu überwachen und ist zustimmungspflichtig bei Investitionen über 1 Mio. DM. Er ist vergleichbar mit einem Aufsichtsrat als Bindeglied zwischen dem selbständigen StEB und dem Stadtrat.

Abb. 2.2
Organisation nach
der Verselbständi-
gung

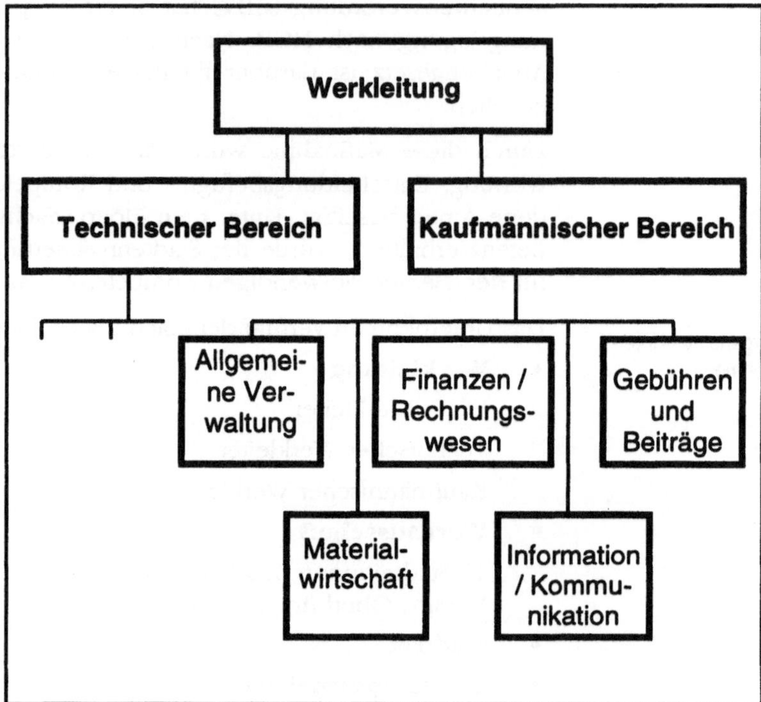

Im wesentlichen traf die Verselbständigung der Stadtentwässerung den kaufmännischen Bereich. Die Verwaltung, die vorher über mehrere Ämter verteilt war, hat einen Aufgabengliederungsplan (der Aufgabengliederungsplan legt fest, wer innerhalb der Stadtverwaltung welche Zuständigkeit besitzt, z. B. wer über Investition entscheiden darf und wer sie anschließend finanziert). Sie wurde in die Eigenverantwortung des Stadtentwässerungsbetriebes übergeben. Dies stellte das Unternehmen vor die Aufgabe, bisher durchzuführende Tätigkeiten neu zu organisieren und neue Aufgaben zu übernehmen.

Ziel war es nun, eine integrierte Software - Lösung zu implementieren, die alle kaufmännischen Belange, die bei der Stadtentwässerung anfallen, abdeckt. Vor Einführung von Navision

Financials wurden sehr viele Arbeiten manuell ausgeführt, was zu vielen Doppel- und Mehrfacharbeiten führte. Rechnungen wurden mehrfach für verschiedene Belange erfaßt. Besonders galt es, Defizite in den Bereichen Materialwirtschaft und Einkauf sowie Probleme im Mahnwesen und der Anlagenbuchhaltung zu beseitigen. Organisatorisch wurden Einkauf und Lagerhaltung zentralisiert, um die unübersichtlichen Verhältnisse, die abteilungsbezogener Einkauf und Lagerung an verschiedenen Orten verursachten, zu beseitigen.

Die Buchführung mußte neu eingerichtet werden, da diese bislang in der Stadtkasse erfolgt war und die Daten lediglich über eine Schnittstelle an den Stadtentwässerungsbetrieb übertragen wurden. Über die eigene Buchführung hinaus sollte die Transparenz für Investitionsprojekte geschaffen werden sowie eine mitlaufende, kostenstellenbezogene Kosteninformation mit Soll-/ Ist-Vergleich ermöglicht werden. Das Controlling soll Datentransparenz ermöglichen. Die Wartung und Instandhaltung der Anlagen des Stadtentwässerungsbetriebes werden mit Hilfe einer speziellen Software für diesen Bereich gesteuert.

3 Projektrealisierung

3.1 Arbeitsmethodik

Die Arbeitsmethodik der Firma amball Computersysteme bei der Realisierung von Projekten, die auf den Bausteinen **Projektorganisation und Projektablauf** aufsetzt, bewährt sich bereits seit mehr als sechs Jahren und soll am Projekt, das für den Stadtentwässerungsbetrieb Nürnberg durchgeführt wurde, beschrieben werden.

3.1.1 Projektorganisation

Die Projektorganisation als erster Baustein der amball-Arbeitsmethodik bildet den Inhalt dieses Abschnittes und wird in groben Zügen beschrieben (vgl. Abb. 3.1):

Abb. 3.1
Projektorganisation

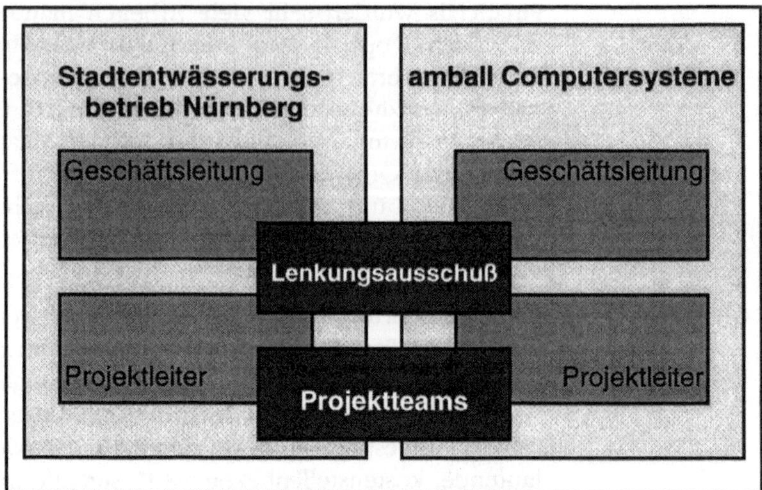

Die erfolgreiche Realisierung von Projekten verlangt eine partnerschaftliche Zusammenarbeit, bei der beide Partner auf mehreren Verantwortungsebenen gleichrangig vertreten sind.

Projektleiter

Sowohl der Stadtentwässerungsbetrieb Nürnberg als Auftraggeber als auch die Firma amball Computersysteme als Auftragnehmer entsenden für die Projektdurchführung einen Projektleiter. Zu ihren Aufgaben gehört neben der Leitung des Gesamtprojektes die Berichterstattung an den Lenkungsausschuß.

Lenkungsausschuß

Dieser bildet die oberste Entscheidungsebene. Dem Lenkungsausschuß gehören Vertreter der Geschäftsleitungen und die beiden Projektleiter an. Dieses Gremium entscheidet über die Abnahme des Fachkonzeptes (auch Spezifikation genannt), das die Basis für die vorzunehmenden Anpassungen der Software darstellt. Der Lenkungsausschuß tritt entsprechend seiner Aufgabe bei auftretendem Entscheidungsbedarf zusammen.

Projektteams

Die Durchführung des Projektes auf der operativen Ebene obliegt den Projektteams. Ihre Zusammensetzung wechselt entsprechend der zu erfüllenden Aufgaben, das bedeutet, daß für die Bearbeitung der einzelnen Themenstellungen die Mitarbeiter aus den unterschiedlichen Unternehmens- bzw. Fachbereichen, wie z. B. Einkauf, Verkauf, Finanzbuchhaltung oder Kostenrechnung, herangezogen werden. Der ständig wachsende Funktionsumfang der Software Navision Financials macht es weiterhin erforderlich, daß neben den Key-Usern des Stadtentwässerungsbetriebes die Spezialisten der Firma amball Computersysteme aus den Gebieten Rechnungswesen und Logistik bei der Analyse der betriebswirtschaftlichen Abläufe und Anforderungen mitarbeiten. Da ein Gesamtkonzept der Software für den Kunden entwickelt wird, ist es wichtig, daß die Projektleiter möglichst an allen Spezifikationsterminen teilnehmen, um ein einseitiges Betrachten der Abläufe im Unternehmen nur aus der Sicht des jeweiligen Fachbereiches bereits im Vorfeld zu vermeiden.

3.1.2   Projektablauf

Den zweiten Baustein der Arbeitsmethodik der Firma amball Computersysteme stellt der Projektablauf dar.

Projektphasen

Die einzelnen Projektphasen: **Spezifikation, Realisierung der Anpassungen, Datenübernahme, Serverkonfiguration, Schulungen, Test-/Parallelbetrieb und Echtbetrieb mit Einführungsunterstützung** treten bei jedem Projekt auf, unterscheiden sich jedoch in ihrer jeweiligen Dauer in Abhängigkeit von der Projektgröße. Hinzu kommt die Möglichkeit, einzelne Projektphasen in Teilphasen aufzusplitten und somit einige Arbeiten zu parallelisieren.

Projektplan

Den zeitlichen Verlauf des für den Stadtentwässerungsbetrieb Nürnberg realisierten Projektes zeigt der folgende Projektplan:

Abb. 3.2
Projektplan

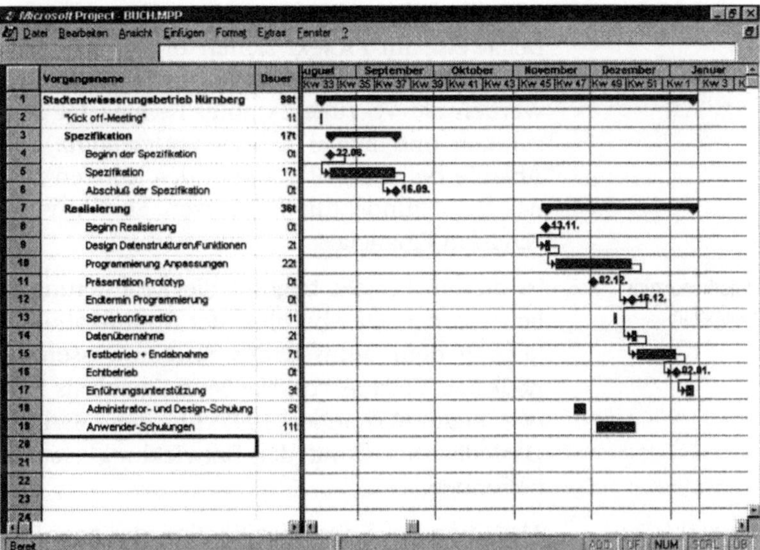

217

„Kick off-Meeting"	Den Projektstart bildet das „Kick off-Meeting", auf dem die zeitlichen und lokalen Randbedingungen für die erste Phase des Projektes, die Spezifikation der Abläufe und Anforderungen von den Projektleitern besprochen werden. Die Grundlage für die Projektrealisierung bildet ein grober Projektplan, der neben dem Anfangstermin, dem gewünschten Endtermin des Projektes auch Eckdaten für einzelne Meilensteine enthält. Der genaue Projektplan kann erst im Laufe des Projektes erstellt werden, da der Anpassungsaufwand für die Software erst mit Abschluß des Designs der Struktur des Gesamtsystems und dessen Bestätigung durch den Lenkungsausschuß bekannt ist.
Spezifikation	Die Basis der Anpassungen der Software liegt im Fachkonzept, das im Rahmen der Spezifikation erstellt wird. Das Fachkonzept enthält die definierten betriebswirtschaftlichen Abläufe und Anforderungen des Auftraggebers in schriftlicher Form. Die verbalen Beschreibungen der Informationsflüsse werden ergänzt durch grafische Darstellungen, so daß sie von Anwendern und Programmierern schnell erfaßt werden können und die Eindeutigkeit der getroffenen Aussagen somit gefestigt wird.
Business Process-Reengineering	Die Spezifikation der Anforderungen des Kunden beinhaltet die Analyse der bestehenden Abläufe. Die Mitarbeiter von amball legen ihr Hauptaugenmerk darauf, jeden dieser Prozesse gezielt zu hinterfragen. Dabei werden Schwachstellen gemeinsam mit den Mitarbeitern des Stadtentwässerungsbetriebes offengelegt und die zukünftigen Abläufe definiert. Die partnerschaftliche Arbeitsweise im Projekt sichert die hohe Motivation aller Beteiligten. Mittels dieser Methode des Business Process Reengineering werden die Vorzüge externer Berater mit dem Vorteil einer frühzeitigen und zugleich hohen Akzeptanz des Sollkonzeptes der Abläufe bei den Mitarbeitern des Kunden verbunden. Dies ist einer der Gründe für die kurzen Einführungszeiten der Software Navision Financials.
Anmerkung zum Projektplan	In diesem Projekt beginnt die Realisierungsphase nicht wie üblich sofort nach Abschluß der Spezifikation. Die Ursache hierfür liegt in dem Wunsch des Stadtentwässerungsbetriebes, mit der neuesten Version von Navision Financials zu arbeiten, die jedoch erst Mitte November 1997 für den Markt freigegeben wurde. Deshalb wurde mit der Entwicklung erst zu diesem Zeitpunkt begonnen.
Datenbankdesign	Aufbauend auf der Spezifikation designen die amball-Mitarbeiter die Datenbank, d. h. den Aufbau der Tabellen und der entspre-

chenden Felder und den Inhalt der einzelnen Funktionen, die benötigt werden, um die Abläufe des Stadtentwässerungsbetriebes in Navision Financials abzubilden. Im Ergebnis des Datenbankdesigns liegt eine Programmiervorgabe vor. Diese läßt aufgrund von Erfahrungswerten über den Zeitbedarf einzelner Programmierarbeiten Aussagen über den weiteren Projektablauf zu, bspw. welche Programmierschritte sind in welcher Reihenfolge abzuarbeiten bzw. ist es möglich, bestimmte Arbeiten zu parallelisieren. Im Ergebnis des Designs wird der zeitliche Rahmen des Projektes überprüft und ggf. geändert. Darüber hinaus sind Berechnungen zum Bedarf an Programmierern in Abhängigkeit vom geschätzten **Anpassungsaufwand** und von den gesetzten **Eckterminen** möglich. Die benötigten Ressourcen werden dann terminlich genau fixiert.

Programmierung der Anpassungen

Grafisch veranschaulicht wird das Ergebnis in einem detaillierten Projektplan, in dem die Phase der Programmierung der Anpassungen in die einzelnen Programmierschritte aufgelöst wird. Ein wichtiges Merkmal des Projektes ist die Aufteilung der vorzunehmenden Anpassungen auf Mitarbeiter des Auftraggebers und Mitarbeiter der Firma amball Computersysteme. Navision Financials bietet aufgrund seiner integrierten Entwicklungsumgebung C/SIDE und der objektorientierten Programmierung dem Anwender die Möglichkeit, Anpassungen von Bildschirmmasken und das Erstellen von Berichten nach einer kurzen Schulung selbst vorzunehmen.

Design-Schulung

Die Bildschirmmasken und die Berichte werden von den Systemadministratoren der Stadtentwässerung in Eigenleistung angepaßt. Dazu erfolgt eine viertägige Schulung im Form- und Report-Design durch Mitarbeiter der Firma amball zu einem möglichst frühen Zeitpunkt innerhalb des Projektes. Aufgabe der Mitarbeiter von amball Computersysteme ist die Erstellung der erforderlichen neuen Tabellen und zusätzlichen Felder bei bestehenden Tabellen sowie die Einrichtung der notwendigen Funktionen, wie z. B. des Menüs *„Vergabevorschlag drucken"*. Den Bericht „Vergabevorschlag" erstellt ein Mitarbeiter des Auftraggebers. Der Vorteil dieser Verfahrensweise liegt u. a. in einer größeren Unabhängigkeit vom Softwarelieferanten, da spätere Änderungen im Bericht ohne Hilfe vorgenommen werden können.

Projektcontrolling

Das Projektcontrolling wird durch das Setzen von **Meilensteinen** ermöglicht. Zu den Meilensteinen eines jeden Projektes, das die Firma amball Computersysteme realisiert, gehört die Präsentation des Prototypen. Die Präsentation erfolgt, wenn gut fünfzig

Prozent der vorzunehmenden Anpassungen realisiert sind. Sie dient der rechtzeitigen Prüfung, ob die Entwicklung des Produktes den Vorstellungen des Auftraggebers entspricht und die weiteren Termine eingehalten werden können. An der Präsentation nehmen die Key-User des Kunden teil.

Anwender-
schulungen

Nach erfolgter Abnahme des Prototypen durch den Stadtentwässerungsbetrieb beginnen die Schulungen der Anwender. Die Schulungen werden in Gruppen bis maximal sechs Personen im Hause des Auftragnehmers durchgeführt, um einen hohen Lerneffekt zu ermöglichen. Der Schulungsinhalt und die Zusammensetzung des Teilnehmerkreises richtet sich nach den benötigten Softwaremodulen und den zukünftigen Aufgaben der Mitarbeiter des Kunden. Für den Stadtentwässerungsbetrieb bedeutet dies konkret, daß mehrere Schulungen in den Bereichen Einkauf/Lager, Verkauf (Bescheide), Finanzbuchhaltung, Kostenrechnung, Anlagenbuchhaltung und Projekte durchgeführt werden.

Zielstellung einer jeden Schulung ist einerseits die Vermittlung von Grundsatzwissen zur Bedienung der Software Navision Financials und andererseits das Eingehen auf die speziellen Anforderungen des Stadtentwässerungsbetriebes. Daher basieren die Schulungen auf den bis dato geleisteten Anpassungen der Software und Beispielen aus der Arbeitswelt der zu schulenden Mitarbeiter des Kunden. Diese Verfahrensweise bietet den großen Vorteil, daß die Mitarbeiter die neue Software leichter annehmen und die Einführungszeit somit verkürzt werden kann.

Datenübernahme
Schnittstellendesign

Zu den Aufgaben, die beim Wechsel der Software zu lösen sind, gehört die Datenübernahme aus dem Altsystem. Die integrierte Entwicklungsumgebung C/SIDE von Navision Financials ermöglicht ein einfaches Schnittstellendesign. Das Programm ist in der Lage, alle Daten im ASCII-Format sowohl einzulesen als auch auszulesen. Dies gilt auch für Umlaute. Für das Design der Schnittstelle muß bekannt sein, welche Daten aus dem Altsystem übernommen werden sollen. Dazu ist eine Beschreibung der einzelnen Felder und ihre Stellung innerhalb eines Datensatzes notwendig. Es besteht die Möglichkeit, die Längen der einzelnen Felder und damit die Länge eines Datensatzes vorzugeben, es genügt jedoch auch, die Vereinbarung eines Trennzeichens für die Felder. Die zweite Variante kommt bei der Stadtentwässerung zum Einsatz. Die Altdaten werden hier aus einem UNIX-System im ASCII-Format ausgelesen. Als Trennzeichen für die einzelnen Felder ist das Semikolon vereinbart. Zu den ausgelesenen Daten gehören u. a. Artikel-, Debitoren- und Kreditoren-Stammdaten, aber auch Bewegungsdaten. Die Anzahl der Artikel, die zu verwalten ist, liegt bei ca. 6.000. Die Übernahme der Daten mit Hilfe einer Schnittstelle bietet große Zeitvorteile und führt wiederum zu einer kurzen Einführungszeit der Software in allen Unternehmensbereichen des Stadtentwässerungsbetriebes.

Test- / Echtbetrieb

Zur Umsetzung des Zieles des Stadtentwässerungsbetriebes mit der neuen Software am 01.01.1998 in Echtbetrieb zu gehen, verringerte der Auftraggeber die übliche Testphase von etwa vier Wochen nach Abschluß der Anpassungen auf einige Tage. Dies ist möglich, da es sich bei Navision Financials um eine seit Jahren am Markt etablierte betriebswirtschaftliche Standardsoftware handelt und das System daher ausgetestet ist. Außerdem bewegt sich das Unternehmen sehr nahe an den Standardabläufen der Software; die Anpassungen der Software an die Unternehmensabläufe des Stadtentwässerungsbetriebes sind minimal.

Einführungsunterstützung

In den ersten Tagen des Echtbetriebes leisten die Mitarbeiter der Firma amball Computersysteme bei der Stadtentwässerung Einführungsunterstützung. Diese hat mehr psychologischen Charakter. Vergangene Projekte zeigen, daß der Echtbetrieb trotz eines mehrwöchigen Test-/Parallelbetriebes zunächst eine Art Furcht oder „Praxisschock" auslöst. Die Anwesenheit der Entwickler gibt den „Neulingen" im Umgang mit der Software Navision Financials ein Gefühl der Sicherheit. Für die Mitarbeiter des Kunden ist dies zugleich eine gute Gelegenheit, weitere „Tips und Tricks", die den Umgang mit der Software erleichtern, von den „gestandenen" Anwendern zu erlernen.

3.2   Betriebswirtschaftliche Prozesse in Navision Financials 1.30

Die folgenden Abschnitte beschreiben einige ausgewählte betriebswirtschaftliche Prozesse innerhalb des Stadtentwässerungsbetriebes Nürnberg. Die Autoren haben sich bei der Auswahl auf die ihrer Ansicht nach für öffentlich-rechtliche Unternehmen und Verwaltungen charakteristischen Prozesse in ihrem Beitrag beschränkt. Zu diesen gehören i. E. die Abläufe im Einkauf, des Lagerwesens, des Verkaufs und des Projektbereiches. Zur Erläuterung soll kurz hinzugefügt werden, daß der Verkaufsbereich sowohl privatrechtliche Rechnungen als auch öffentlich-rechtliche Bescheide und damit verbunden ein besonderes Mahnwesen verlangt. Dem Themengebiet Projekte sind a) Investitions- und Unterhaltsmaßnahmen zuzuordnen sowie - in Verbindung mit dem Lagerwesen - b) die Entnahmen von Artikeln aus dem Lager auf Wartungsaufträge (WIPS-Aufträge), die wiederum als Projekte abgebildet werden. Die Autoren beschränken sich beim Themengebiet Projekte auf den Punkt b, geben jedoch auch einen kurzen Ausblick auf die Thematik der Investitions- und Unterhaltsmaßnahmen.

3.2.1   Einkauf

3.2.1.1   Erstellen von Anfragen

Vorgehen bei der Spezifikation

Entsprechend dem Durchlauf von Artikeln durch ein Unternehmen über Einkauf, Lager und Verkauf werden die zu behandelnden Abläufe und somit die Softwaremodule vorgestellt. Diese Vorgehensweise orientiert sich an der von den Beratern gewählten Reihenfolge im Rahmen der Spezifikation.

Bei der Analyse der Abläufe und Anforderungen wird top-down vorgegangen, d. h. es wird zunächst der Gesamtprozeß bis zur Auslösung einer Bestellung dargestellt, und es werden ausschließlich Teilbereiche untersucht.

Diese Vorgehensweise hilft die Zusammenhänge zu verstehen, insbesondere bei öffentlich-rechtlichen Unternehmen, bei denen vieles durch unternehmensexterne öffentlich-rechtliche Institutionen entschieden wird, wie z. B. die Stadt Nürnberg und den Stadtrat. Diese Institutionen schaffen ein Umfeld von Randbedingungen in Form von Gesetzen und Verordnungen, die teilweise tief in die Unternehmensabläufe eingreifen und somit von Beginn an Berücksichtigung finden müssen.

Entscheidungswege im Einkauf

Die Spezifikation der Abläufe des Stadtentwässerungsbetriebes zeigt unterschiedliche Entscheidungswege im Einkaufsbereich, die auf die bereits oben angesprochenen öffentlich-rechtlichen Randbedingungen zurückzuführen sind. Bei der Analyse kristallisieren sich drei Varianten heraus:

- Einkäufe bei Investitionsmaßnahmen (im wesentlichen gem. VOB),

- Einkäufe im Rahmen von Unterhaltsleistungen (gem. VOB und VOL) und

- Einkäufe mit einem Volumen bis zu 10.000 DM (im wesentlichen gem. VOB).

Die jeweilige Variante unterliegt spezifischen Gesetzen. Daher ist es wichtig, den jeweiligen Punkt zu definieren, an dem mit der Software Navision Financials aufgesetzt werden soll. Die folgende Grafik veranschaulicht die Wege der Entscheidungsfindung im Einkaufsbereich bei Investitions- und Unterhaltsmaßnahmen.

Abb. 3.3
Entscheidungswege bei Investitions- und Unterhaltsmaßnahmen

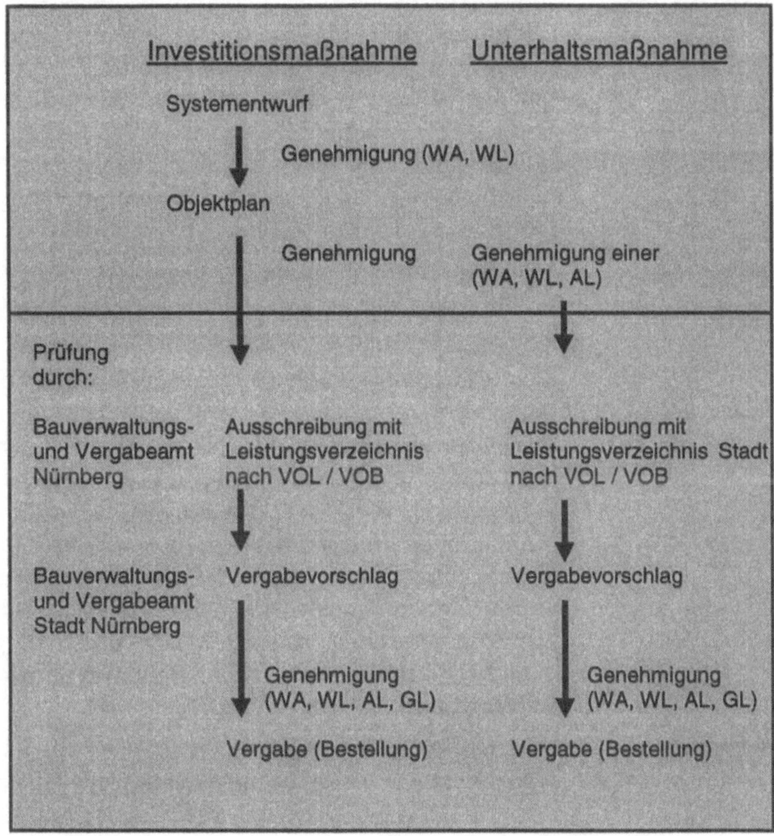

Ausschreibungen

Die Ausschreibung von Investitions- und Unterhaltsmaßnahmen erfolgt nach den Vorgaben der VOL / VOB. Zur Erstellung der notwendigen Leistungsverzeichnisse, die mehreren Anbietern zugehen, wird weiterhin die zentrale Anwendungssoftware AVA (Ausschreibungs- und Vergabeabwicklung) genutzt. Aus den fristgemäß eingehenden Angeboten wird das unter den gegebenen Bedingungen wirtschaftlichste Angebot ausgewählt und zur Vergabe vorgeschlagen.

Einkaufsanfrage

An diesem Punkt wird mit Navision Financials aufgesetzt. Dazu wird das externe Angebot (in der Software als Einkaufsanfrage bezeichnet), für das die Vergabeempfehlung durch den Stadtentwässerungsbetrieb ausgesprochen werden soll, durch den mit der Ausschreibung befaßten Mitarbeiter per Hand im Einkaufsmodul / Anfragenmodul von Navision Financials erfaßt.

Vergabevorschlag Anschließend wird der Vergabevorschlag, für den ein spezielles Formular zu benutzen ist, ausgedruckt. Nach erfolgter Bestätigung des Vergabevorschlages durch die zuständige Institution (WA = Werksausschuß, WL = Werkleitung, AL = Abteilungsleitung, GL = Gruppenleitung) wird die Anfrage in eine Bestellung umgewandelt. Dabei wird die Anfrage aus der Datenbank gelöscht, gleichzeitig wird die Vorgangsnummer in die Bestellung kopiert, so daß der Vorgang später zurückverfolgt werden kann.

Anfrage erfassen Bei **Einkaufsvolumina** bis 10.000 DM wird bereits bei der Ausschreibung mit Navision Financials gearbeitet. Dazu nutzt der Stadtentwässerungsbetrieb das Anfragenmodul.

Der Mitarbeiter erfaßt im Einkaufsmodul / Anfragenmodul eine neue Anfrage an einen potentiellen Lieferanten (F3 drücken -> das System fügt in die Tabelle *„Anfragen"* einen neuen Datensatz ein, die fortlaufende Anfragenummer wird dabei vom System automatisch vergeben). Der Mitarbeiter wählt über die Lieferantennummer den gewünschten potentiellen Lieferanten aus. Das System zieht die entsprechenden Stammdaten in den Anfragekopf. Nun wird die Anfrage mit der entsprechenden Vorgangsnummer versehen. Anschließend werden die gewünschten Artikel bzw. Dienstleistungen in den Anfragezeilen erfaßt und die Anfrage ausgedruckt.

Anfrage kopieren Ist dies geschehen, legt der Einkäufer eine weitere Anfrage an (F3 drücken). Die Stammdaten des potentiellen Lieferanten werden wiederum durch Auswahl der Lieferantennummer in den Kopf der Bildschirmmaske gezogen. Der Mitarbeiter wählt die entsprechende Vorgangsnummer im Kopf aus. Anschließend kann er mit Hilfe des Menüpunktes *„Beleg kopieren"* die bereits erstellten Anfragezeilen in die neue Anfrage kopieren. Die Anfragen können wahlweise sofort nach Erfassung jeder einzelnen oder nach Erfassung aller in einer Stapelverarbeitung ausgedruckt werden. Die Anfragen werden anschließend versandt.

Bei Erhalt der Angebote werden die von den potentiellen Lieferanten gebotenen Einkaufspreise, Liefer- und Zahlungsbedingungen in der jeweiligen Anfrage ergänzt. Nach Ablauf der Angebotsfrist erfolgt der Vergleich aller Angebote. Das wirtschaftlichste Angebot wird den Entscheidungsgremien zur Vergabe vorgeschlagen.

Vergabevorschlag

Der Vergabevorschlag für ein bestimmtes Angebot kann wiederum im Anfragenmodul ausgedruckt werden. Nach Bestätigung des Vorschlages wird die entsprechende Anfrage in eine Bestellung umgewandelt (s. o.).

Den Ablauf von der Erfassung von Anfragen bis zur Buchung der Eingangsrechnung soll nachfolgende Abb. 3.4 noch einmal in vereinfachter Weise verdeutlichen:

Abb. 3.4
Ablauf vom Erstellen
einer Anfrage bis
zum Buchen der
Eingangsrechnung

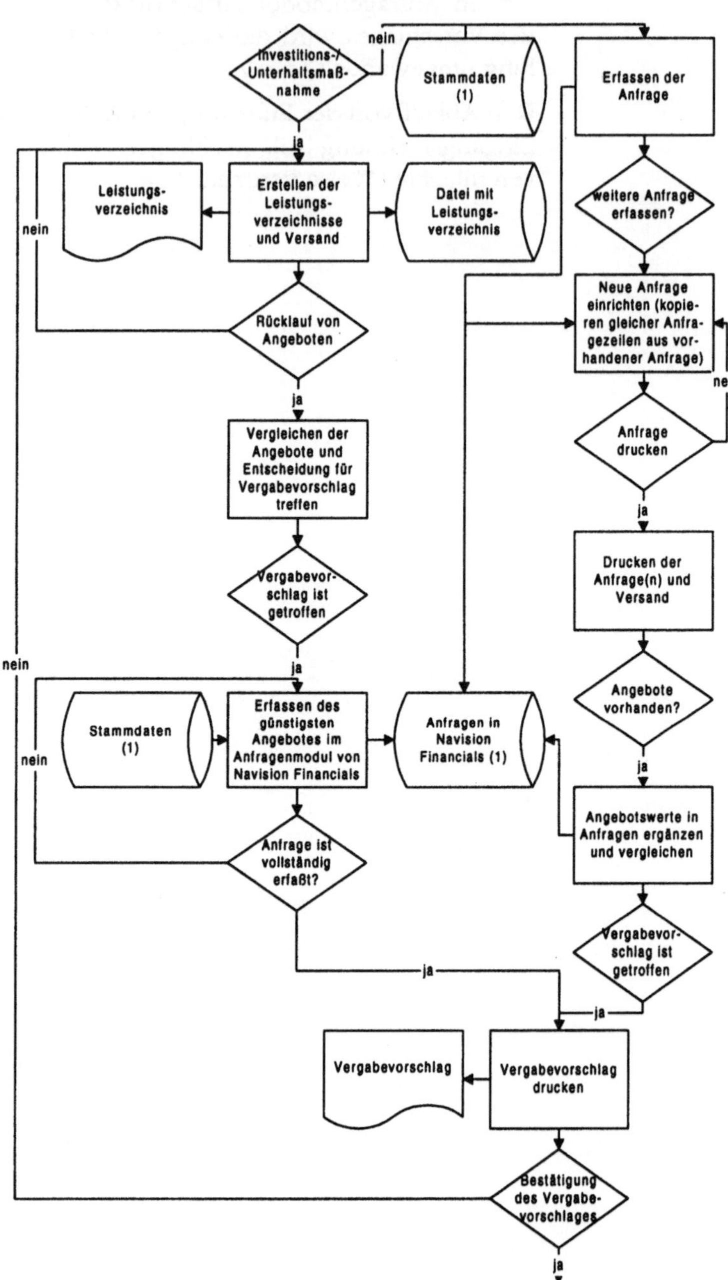

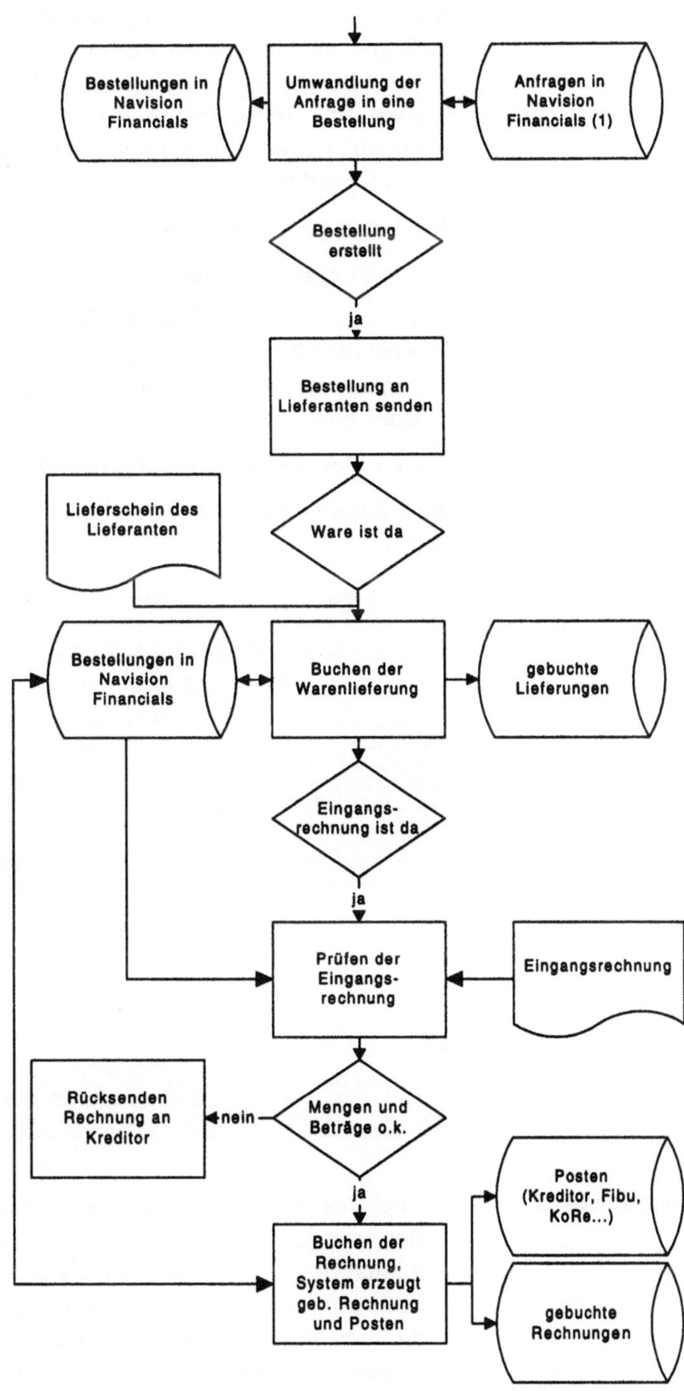

Bestellungen in Navision Financials
Umwandlung der Anfrage in eine Bestellung
Anfragen in Navision Financials (1)
Bestellung erstellt
ja
Bestellung an Lieferanten senden
Lieferschein des Lieferanten
Ware ist da
Bestellungen in Navision Financials
Buchen der Warenlieferung
gebuchte Lieferungen
Eingangs- rechnung ist da
ja
Prüfen der Eingangs- rechnung
Eingangsrechnung
Rücksenden Rechnung an Kreditor
nein
Mengen und Beträge o.k.
ja
Buchen der Rechnung, System erzeugt geb. Rechnung und Posten
Posten (Kreditor, Fibu, KoRe...)
gebuchte Rechnungen

Während die **Darstellung des Prozesses** der Erstellung von Anfragen an Lieferanten bis hin zur Überführung einer Anfrage in eine Bestellung bislang im Vordergrund stand, sollen im folgenden die Anpassungen von Navision Financials, die vorgenommen wurden, um diese Abläufe abzubilden, explizit betrachtet werden.

Software-anpassungen

Bei den notwendigen Anpassungen handelt es sich um

a) die Vorgangsnummer;

b) die Anforderung, daß Artikel nur auf Lager, nicht aber auf Kostenstelle oder Projekte eingekauft werden dürfen, bei Einkäufen auf Sachkonten immer eine Kostenstelle und / oder eine Projektnummer angegeben werden muß;

c) den Menüpunkt „*Vergabevorschlag*" drucken.

Die folgende Abbildung zeigt die Maske zum Erfassen von Anfragen:

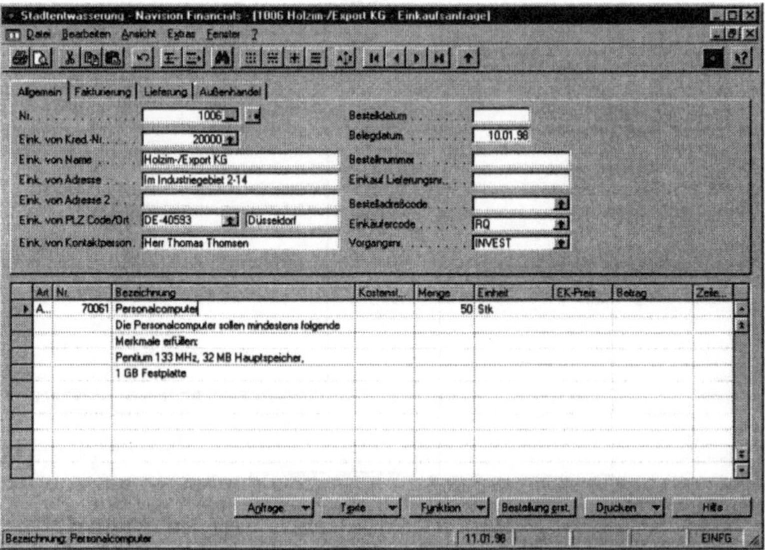
Abb. 3.5
Erfassungsmaske für Anfragen an Lieferanten

Vorgangsnummer

a) Alle Vorgänge im Stadtentwässerungsbetrieb Nürnberg werden mit einer Vorgangsnummer versehen, da eine Dokumentationspflicht über die getätigten Arbeiten besteht. Das bedeutet, es muß klar ersichtlich sein, welche Schritte z. B. im Rahmen einer Investitions- oder Unterhaltsmaßnahme eingeschlagen wurden. Als Beispiel sei hier die Bündelung von mehreren Anfragen zu einer Ausschreibung genannt.

Die Vorgänge werden mittels der separaten Tabelle „*Vorgänge*" in Navision Financials abgebildet. Diese Tabelle besteht aus den Feldern: Vorgangsnummer, Bezeichnung und Wert.

Die Tabelle „*Vorgänge*" wird bei der Erfassung von Anfragen über [F6] bzw. den drill-down-Pfeil geöffnet. Mittels [F3] kann hier eine neue Vorgangsnummer angelegt werden. Über „*O.K.*" wird die ausgewählte Vorgangsnummer in den Anfragenkopf kopiert. Über den Menübutton „*Vorgänge*" der Tabelle „*Vorgänge*" gelangt der Mitarbeiter in eine Übersicht entweder zu allen Anfragen oder allen Bestellungen mit der gleichen Vorgangsnummer.

Ein Vorgang kann nur gelöscht werden, wenn es keine offenen Anfragen oder Bestellungen zu diesem Vorgang mehr gibt.

Die Vorgangsnummer wird bei der Umwandlung einer Anfrage in eine Bestellung zusammen mit den Daten des Lieferanten und den Daten in den Anfragezeilen (Artikeldaten etc.) in die Bestellung kopiert.

Im Feld Wert, das Informationszwecken dient, kann der geschätzte Investitionsrahmen eingetragen werden.

Einkauf auf Lager oder Kostenstelle

b) Dem Ziel des Stadtentwässerungsbetriebes, die Kalkulationsgrundlagen für die Preisermittlung in den verschiedenen Arbeitsbereichen, wie z. B. der Abwasserreinigung, mit Hilfe der Kostenrechnung transparenter zu gestalten, wird mit der folgenden Anforderung Rechnung getragen: Artikel dürfen zukünftig nur noch auf Lager, nicht aber auf eine Kostenstelle oder ein Projekt eingekauft werden. Die Belastung von Kostenstellen bzw. Projekten darf erst erfolgen, wenn die Artikel tatsächlich dem Lager entnommen und verbraucht werden. Andererseits muß bei Einkäufen auf Sachkonten immer eine Kostenstelle und / oder eine Projektnummer angegeben werden, um z. B. Dienstleistungen, die eingekauft werden, den entsprechenden Stellen zuzuweisen[1].

---

[1] Bei gleichzeitiger Inanspruchnahme einer Dienstleistung von mehreren Kostenstellen, sind entweder bereits in der Bestellung mehrere Bestellzeilen mit den entsprechenden Kostenstellen zu erfassen oder es erfolgt später eine Umverteilung der Kosten innerhalb des Kostenrechnungsmodules von Navision Financials.

Diese Anforderung wurde über Prüfroutinen, die während der Erfassung einer Anfrage (und auch bei direkter Erfassung einer Bestellung) ablaufen, umgesetzt. Das Programm prüft beim Erfassen der Anfrage-/Bestellzeile, ob es sich um einen zu bestellenden Artikel handelt oder ob direkt auf ein Sachkonto bestellt werden soll. Bei Auswahl der „*Artikel*" in der Bestellzeile erscheint eine Fehlermeldung, wenn der Anwender eine Kostenstelle oder eine Projektnummer eingibt. Bei Einkauf auf ein Sachkonto gibt das System eine Fehlermeldung aus, wenn keine Kostenstelle oder Projektnummer eingegeben wird.

Vergabevorschlag

c) Die dritte Anforderung des Stadtentwässerungsbetriebes beruht auf der öffentlich-rechtlichen Festlegung, daß zur Sicherstellung eines ordnungsgemäßen Einkaufsvorganges der Vergabevorschlag für einen Anbieter auf einem separaten, sich von den anderen Formularen deutlich zu unterscheidenden Formular zu drucken ist.

Die Abbildung dieser Anforderung ist durch eine separate Druckfunktion gelöst. Der Druck des Vergabevorschlages wird in der Anfrage über den Menübutton „*Drucken*" und das dahinterliegende Untermenü „*Vergabevorschlag*" aufgerufen. Bei Auswahl dieses Untermenüs blendet das System eine Auswahlmaske auf, in der aus mehreren Vergabevorschlagsformularen eines auszuwählen ist. Die Formularauswahl ist abhängig vom Kostenrahmen und damit von der Vorlage bei verschiedenen Entscheidungsgremien. Nach Auswahl des entsprechenden Formulares hat der Anwender die Möglichkeit, u. a. die Anzahl der Kopien festzulegen, die ausgedruckt werden sollen und kann den Bericht zur Sicherheit noch in der Seitenansicht prüfen.

Bei der Umsetzung dieser Anforderung gehen die Vertragspartner folgenden Weg:

Die Firma amball Computersysteme als Lieferant richtet in der Erfassungsmaske für Anfragen den zusätzlichen Menüpunkt zum Druck des Vergabevorschlages inklusive der Auswahlmaske für die unterschiedlichen Formulare ein; das Erstellen der verschiedenen notwendigen Formulare wird von den Systemadministratoren des Stadtentwässerungsbetriebes vorgenommen.

3.2.1.2   Erstellen von Bestellungen

In Kapitel 3.2.1.1 wurde ausgeführt, daß Bestellungen aus Anfragen heraus erstellt werden können. Rechnungen für Einkäufe auf Sachkonten, z. B. Stromrechnungen, können aber auch sofort ohne vorherige Erfassung einer Bestellung über das *„Einkaufsbuchungsblatt"* im Modul Kreditoren & Einkauf oder über das *„Fibubuchungsblatt"* im Modul Finanzbuchhaltung eingebucht werden.

Einkaufsbestellung

Die Einkaufsbestellung bildet **gleichzeitig** die Basis für das Verbuchen der gelieferten Ware bzw. Dienstleistung einerseits sowie dem Einbuchen der Eingangsrechnung andererseits, zeitraubende Mehrfacherfassungen können damit vermieden werden.

Mehrwertsteuer

Charakteristisch für öffentlich-rechtliche Unternehmen ist, daß keine Mehrwertsteuer ausgewiesen wird. Der von den Lieferanten in Rechnung gestellte Bruttobetrag ist für den Stadtentwässerungsbetrieb daher der maßgebliche Betrag. Für das Unternehmen ist es jedoch von Interesse, das Volumen der anfallenden Vorsteuer zu ermitteln.

Zu diesem Zweck wird beim Buchen der Eingangsrechnung die sogenannte „virtuelle Mehrwertsteuer" berechnet und in der jeweiligen Bestellzeile ausgewiesen. Bei der Erfassung von Bestellungen ermittelt das System pro Bestellzeile den Betrag für das „rechnerische Netto" und weist diesen im eigens hierfür eingerichteten Feld in der Bestellzeile aus.

Dieses Vorgehen wurde gewählt, um später die Option für das in der Gewinn- und Verlustrechnung vorgesehene Standardverfahren zur Verbuchung der Mehrwertsteuer gegebenenfalls einsetzen zu können.

Aufbauorganisation im Einkauf

Zu den im Abschnitt 3.2.1.1 genannten Anpassungen, die inhaltliche Besonderheiten der betriebswirtschaftlichen Abläufe des Stadtentwässerungsbetriebes darstellen, kommt eine weitere, die ihre Ursache in der Aufbauorganisation des Unternehmens hat, wiederum bedingt durch gesetzliche Vorschriften.

Gemäß der Vorschriften über das „Vier-Augen-Prinzip", müssen Anfrage/Bestellung, die Warenannahme sowie die Verbuchung der Eingangsrechnung durch unterschiedliche Personen erfolgen, wie folgende Abb. 3.6 verdeutlicht:

Abb. 3.6
Arbeitsteilung im
Einkaufsbereich
des Stadtent-
wässerungsbetriebes

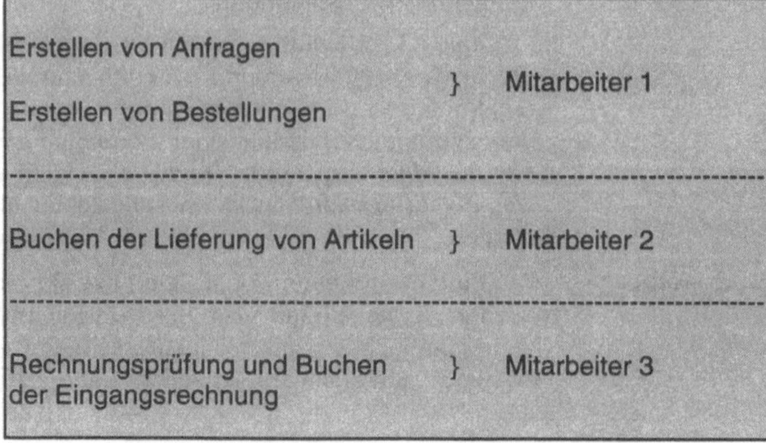

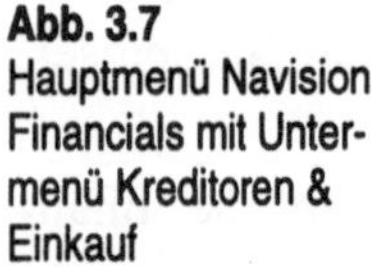
Software-
anpassungen

Um diesen Anforderung gerecht zu werden, müssen Änderungen im Hauptmenü *„Kreditoren & Einkauf"* von Navision Financials vorgenommen werden. Die Standardmenüpunkte Anfragen, Bestellungen, Rechnungen und Gutschriften werden durch die Menüpunkte:

- Anfragen
- Bestellungen
- Lieferung
- Faktura
- Gutschriften

ersetzt.

Abb. 3.7
Hauptmenü Navision
Financials mit Unter-
menü Kreditoren &
Einkauf

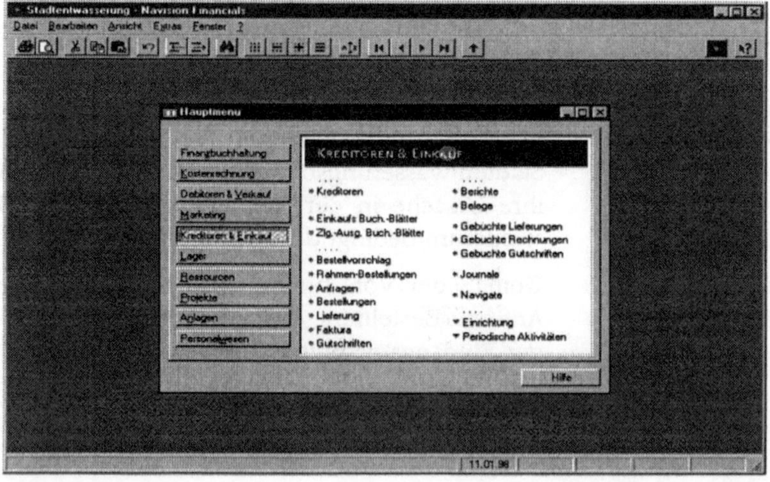

Benutzerverwaltung

Um die Bedienerfreundlichkeit des Programmes zu steigern und Fehlerquellen zu vermeiden, wird dieses Hauptmenü durch die Systemadministratoren des Stadtentwässerungsbetriebes in der Art abgeändert, daß jeder der Mitarbeiter seine eigene Menüauswahl erhält. Diese beinhaltet nur die für ihn interessanten Einzelmenüs. Welche Masken dem User angezeigt werden wird über die Benutzerverwaltung des Systems gesteuert. Dazu dient die Anmeldung des Benutzers im System. (Die Anmeldung im System dient daneben dem allgemeinen Zugriffsschutz auf das System.)

So sieht der Mitarbeiter im Lagerbereich bspw. im **Hauptmenü** nur die Punkte *„Kreditoren & Einkauf"*, *„Lager"* sowie *„Projekte"*. Im Untermenü *„Kreditoren & Einkauf"* selbst sieht er nur den Einzelmenüpunkt *„Lieferung"*.

Einschränkung der Eingabemöglichkeit

Die Aufbauorganisation des Stadtentwässerungsbetriebes bedingt zusätzlich zur Einrichtung der o. g. Untermenüs Einschränkungen der Eingabemöglichkeiten für die einzelnen Mitarbeiter im Einkaufsbereich.

So darf der Mitarbeiter 1, der die Anfrage bzw. die Bestellung erstellt, alle Felder editieren. Er darf jedoch nicht die Lieferung der Artikel und die Eingangsrechnung buchen. Daher fehlen in den von ihm benutzen Bildschirmmasken *„Anfragen"* und *„Bestellungen"* die Menübuttons für das *„Buchen"* der Lieferung / Rechnung.

3.2.1.3   Buchen der Lieferung

Wie bereits im vorangegangenen Kapitel ausgeführt, bildet die Bestellung gleichzeitig die Basis für das Buchen der Lieferung.

Warenannahme

Die Warenannahme erfolgt durch Mitarbeiter 2 im Lager des Stadtentwässerungsbetriebes. Zum Buchen des Wareneingangs ruft Mitarbeiter 2 die entsprechende Bestellung im Modul *„Kreditoren & Einkauf"* \ Menüpunkt *„Lieferung"* auf. Von der Erfassungsmaske kann er in die Übersicht über alle offenen Bestellungen verzweigen. Die auf dem Lieferschein des Lieferanten angegebene Bestell- bzw. Vorgangsnummer dient dem leichteren Auffinden der gesuchten Bestellung.

Lieferung erfassen

In der Erfassungsmaske für die Lieferung gibt er neben dem Lieferdatum (steht im Bestellkopf) die Liefermengen je Bestellposition (in den Bestellzeilen) ein. In der von ihm benutzten Eingabemaske kann er in der Bestellzeile nur das Feld für die **aktuelle Lieferung** editieren, d. h. die Menge eingeben und die

Lieferung ans Lager „buchen". Teillieferungen sind möglich. Die Istmenge kann maximial die Sollmenge erreichen. Bei Überschreitung liefert das System eine Fehlermeldung. Soll die Mehrmenge trotzdem angenommen werden, muß die Bestellmenge vom Mitarbeiter 1 zunächst abgeändert werden. Dies gilt auch, wenn die Bestellmenge zu einem späteren Zeitpunkt verringert werden soll. Änderungen der Bestellmengen sind nur solange möglich, wie eine Bestellposition noch als offen im System geführt wird.

Die Firma amball Computersysteme empfiehlt ihren Kunden das Einrichten der Mußeingabe für den Lagerort bei allen Artikelbewegungen, d. h. bei allen Lagerzu- und -abgängen, um eine permanente Zuordnung der Bestände zu den Lagerorten sicherzustellen.

Bei Vornahme dieser Einstellung prüft das System beim Buchen der Warenlieferung, ob ein Lagerort angegeben wurde. Ist dies nicht der Fall, wird die Buchung abgebrochen, und es erscheint eine entsprechende Fehlermeldung. Bei der Ausführung des Buchungsvorganges schiebt das System den Inhalt des Feldes *„aktuelle Lieferung"* in das Feld *„Bereits gelieferte Menge"* und erzeugt gleichzeitig die Artikelposten (Buchung des Lagerzuganges) sowie den Beleg *„gebuchte Lieferung"* (den Lieferschein).

Es besteht standardmäßig die Möglichkeit, verschiedene Lagerorte zu bebuchen.

3.2.1.4	**Buchen der Eingangsrechnung**

Rechnung erfassen

Die Erfassung und Kontrolle der Eingangsrechnung erfolgt im Menü *Kreditoren & Einkauf / Faktura.* Auch hier bildet die Bestellung die Basis, jetzt allerdings mit den gebuchten Warenlieferungen.

Der Mitarbeiter 3 erfaßt in der Maske *„Einkauf-Rechnung"* die Kreditorenrechnungsnummer im gleichnamigen Feld sowie die in Rechnung gestellten Mengen im Feld *„Menge aktuelle Rechnung"* in den Bestellzeilen. Es kann nicht mehr in Rechnung gestellt werden als tatsächlich bereits geliefert und noch nicht als berechnet gebucht ist. Das System prüft die Mengen während des Buchungsvorganges und bricht diesen bei Fehlern unter Ausgabe einer entsprechenden Meldung ab.

Skonto

Ist mit dem Lieferanten die Gewährung eines Skontos vereinbart, wird der entsprechende Prozentwert im Feld *„Skonto %"* des Rechnungskopfes manuell eingetragen, sofern er nicht bereits beim Erfassen der Bestellung vom System aus den Stammdaten gezogen und eingetragen wurde.

Der Stadtentwässerungsbetrieb Nürnberg begleicht seine Verbindlichkeiten in jedem Fall innerhalb der mit den Lieferanten vereinbarten Skontofrist. Diese Tatsache ergibt die Forderung a) die Fälligkeit der Zahlung auf das Skontodatum zu setzen, damit die offene Eingangsrechnung beim Zahlungslauf entsprechend berücksichtigt wird und b) das Skonto beim Erfassen der Eingangsrechnung zu berechnen.

Beim Erfassen der Rechnung ruft der Mitarbeiter die speziell geschriebene Funktion *„Skonto berechnen"* über den Menübutton *„Funktion"* auf. Diese Funktion berechnet die Skontobeträge für jede Zeile und weist sie, entsprechend der Anforderung des Stadtentwässerungsbetriebes, positionsweise im Feld *„Skontobetrag"* aus. Dieses Feld kann nicht manuell editiert werden. Gleichzeitig wird aus den Skontobeträgen der Rechnungszeilen der Gesamtskontobetrag im Feld *„Skontobetrag"* des Rechnungskopfes ermittelt. Auch dieses Feld ist manuell nicht editierbar. Es handelt sich um ein kalkuliertes Feld, ein vom System berechnetes Feld. Gleichzeitig setzt die Funktion *„Skonto berechnen"* das Fälligkeitsdatum automatisch auf das Skontodatum.

Beim Buchen der Eingangsrechnung prüft das System, ob für die Rechnung ein Skonto im Rechnungskopf hinterlegt ist und berechnet wurde. Hat der Mitarbeiter die Skontoberechnung unterlassen, bricht das System den Buchungsvorgang ab und gibt eine entsprechende Fehlermeldung aus.

Rechnungsprüfung   Vor dem Buchen der Rechnung erfolgt die Rechnungsprüfung. Dazu vergleicht der Mitarbeiter die einzelnen Mengen und Beträge, die bereits als geliefert gebucht sind mit denen auf der Rechnung.

Das Feld *„rechnerisches Netto"*, d. h. der Betrag exklusive Mehrwertsteuer in den einzelnen Rechnungszeilen erleichtert die Rechnungskontrolle und hilft Rechenfehler aufzudecken. Das Feld „rechnerisches Netto" in den Rechnungszeilen wird ergänzt durch das gleichnamige Feld im Rechnungskopf, das hier jedoch das gesamte rechnerische Netto ausweist. Es handelt sich um ein kalkuliertes Feld und kann daher nicht editiert werden.

Rechnung buchen

Die Integration aller Softwaremodule ermöglicht es, daß das System beim Buchen der Eingangsrechnung automatisch

- die Kreditorenposten und

- die Sachposten in der Finanzbuchhaltung (Kreditorensammelkonto, Lagerkonto in der Bilanz) und

- bei Einkäufen auf Sachkonten, die Buchungen der Kostenstellenposten bzw. Projektkostenposten

erzeugt. Gleichzeitig erstellt das System die gebuchte Rechnung als Beleg.

Navigate-Funktion

Mit Hilfe der Navigate-Funktion kann der gesamte Vorgang von jeder Stelle im System aus zurückverfolgt werden.

Auf die Darstellung des Buchens von Gutschriften wird in diesem Rahmen verzichtet.

3.2.2 Lagerwesen

3.2.2.1 WIPS-Aufträge

Die Verfahrensweise und die Besonderheiten bei Einkäufen von Artikeln auf Lager wurden bereits im Kapitel 3.2.1.3 Buchen der Lieferung ausführlich beschrieben. Daher soll in diesem Abschnitt nur auf die **Besonderheiten bei Lagerzu- und –abgängen auf WIPS-Aufträge** eingegangen werden.

Wie in o. g. Kapitel ausgeführt, müssen Artikel auf Lager eingekauft werden. Ein Einkauf auf Kostenstelle oder Projektnummer darf nicht erfolgen, um Verzerrungen in der Kostenrechnung zu vermeiden. Es soll der Kostenanfall einzelner Unternehmensbereiche des Stadtentwässerungsbetriebes, wie z. B. die Abwasserreinigung, ermittelt werden. Dies ist zugleich die Ausgangsvoraussetzung für die Festsetzung der Gebühren, z. B. der Abwassergebühren, durch die Stadt Nürnberg.

WIPS-Aufträge

Im folgenden wird das Buchen von Lagerab- und -zugängen auf WIPS-Aufträge beschrieben. Bei „**WIPS**" (**W**artungs- und **In**standhaltungsprogrammsystem) handelt es sich um eine Standardsoftware für die Wartung und Instandhaltung von Anlagen. In dieser Software werden alle Anlagen des Stadtentwässerungsbetriebes verwaltet, d. h. neben der wertmäßigen Verwaltung wird die Software in erster Linie zur Unterstützung der technischen Wartung benutzt. Mit Hilfe von WIPS können Wartungspläne für alle Anlagen und deren Einzelbestandteile geführt werden.

Kostenrechnung

Jede in WIPS geführte Anlage ist in Navision Financials einer Kostenstelle zugeordnet.

Die Systematik soll durch die folgende Abbildung verdeutlicht werden:

Abb. 3.8
Schnittstelle WIPS /
Navision Financials

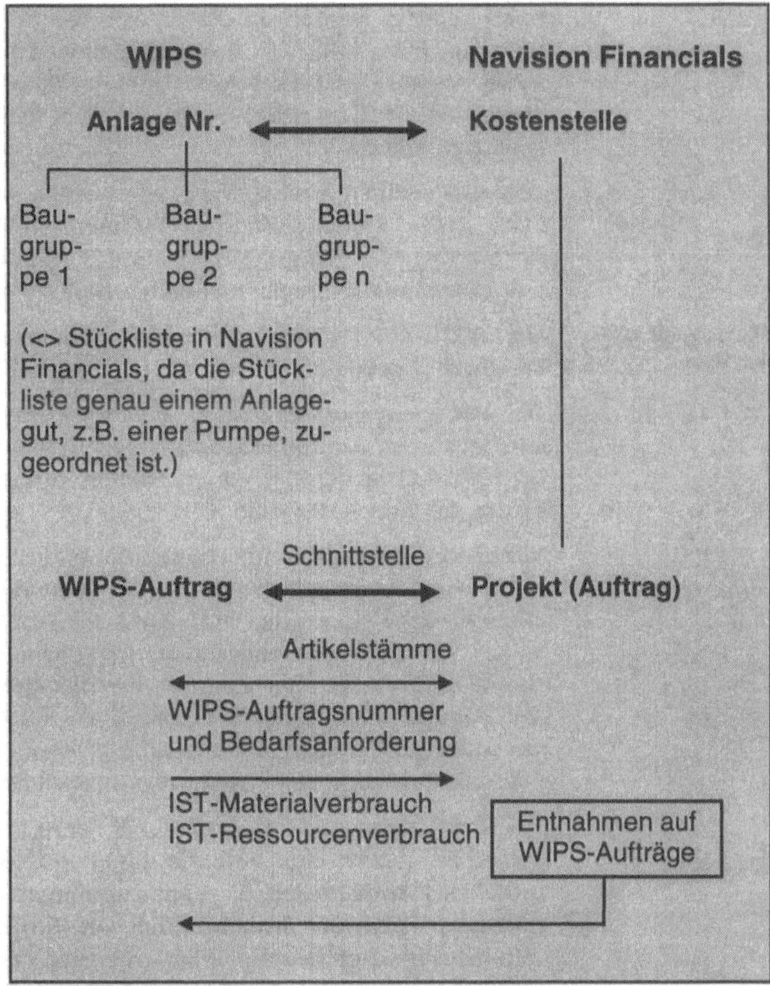

Die Wartungsaufträge werden in WIPS durch den zuständigen Mitarbeiter erstellt. WIPS kennt die für die einzelne Wartungsmaßnahme notwendige Soll-Stückliste, die sowohl Material als auch Leistungen in Form von Reparaturstunden enthalten kann. Beim Erstellen des Wartungsauftrages erzeugt das Programm eine fortlaufende WIPS-Auftragsnummer und gibt die Soll-

Stückliste für die Wartung aus. Dies geschieht zunächst über den Ausdruck eines schriftlichen Wartungsauftrages, aus dem die Anlagennummer und somit die zu belastende Kostenstelle sowie die benötigten Artikel klar hervorgehen.

Dazu muß der Artikelbestand in beiden Softwaresystemen manuell gepflegt werden. In einem weiteren Schritt erfolgt die Anbindung von WIPS an Navision Financials über eine Schnittstelle, so daß der Artikel später nur noch in Navision Financials anzulegen und zu pflegen ist, um den Rationalisierungseffekt weiter zu erhöhen.

Die notwendigen Artikel, wie z. B. einzelne Dichtungsringe oder auch ganze Baugruppen, wie Pumpen, holt sich der für die Ausführung der Wartungsmaßnahme zuständige Mitarbeiter anschließend aus dem entsprechenden Lager.

Abbildung von WIPS-Aufträgen

Der WIPS-Auftrag wird in Navision Financials in Form eines Projektes abgebildet.

Projekte anlegen

Der Mitarbeiter legt im Modul *„Projekte / Projekt"* ein neues Projekt (einen neuen Auftrag) unter der WIPS-Auftragsnummer an (durch Drücken von [F3] --> das System fügt einen neuen Datensatz in die Tabelle Projekte ein).

Neben der Auftragsnummer (Projektnummer) füllt der Mitarbeiter noch die Felder *„Bezeichnung"*, *„Hauptprojekt"*, *„Projektbuchungsgruppe"* (dient der Festlegung der betroffenen Sachkonten in der Finanzbuchhaltung), Kostenstellencode und Errichtungsdatum (i. d. R. das Tagesdatum) aus. Die Kostenstelle entspricht der Nummer des Anlagenbereiches. Als letztes wird der Status des Auftrages (Projektes) auf *„Auftrag"* gesetzt, da nur in diesem Fall eine Belastung der Kostenstelle im System erfolgt.

Das Feld *„Hauptprojekt"* stellt eine Anpassung von Navision Financials gemäß den Anforderungen des Stadtentwässerungsbetriebes Nürnberg dar. Es dient zusammen mit dem Feld *„gehört zu Projekt"* der Strukturierung von Projekten, insbesondere von Investitionsprojekten. Beim Anlegen eines neuen Projektes muß eines der beiden Felder vom Anwender gefüllt werden. Bei allen Buchungen auf dieses Projekt prüft das System, ob ein Eintrag in eines der beiden Felder vorgenommen wurde. Bei Nichterfüllung erscheint eine entsprechende Fehlermeldung am Bildschirm.

Zum Buchen der Lagerentnahme auf einen WIPS-Auftrag wird das **Projektbuchungsblatt** verwendet. Die folgenden Felder sind in den Buchungszeilen zu füllen: Buchungsdatum, Belegnummer, Projektnummer, Art, Kostenstelle, Lagerort, Rücklieferung, Menge und Preis. Ist dies geschehen, kann der Mitarbeiter den Buchungsvorgang auslösen. Dabei wird das Lager wert- und mengenmäßig entlastet und die angegebene Kostenstelle über das Projekt mit dem Einstandspreis des Artikels belastet.

Im Feld *„Art"* hat der Mitarbeiter die Option *„Artikel"* aus den Möglichkeiten: leer, Artikel, Ressource oder Sachkonto auszuwählen. Dementsprechend kann er über die drill down-Schaltfläche des Feldes *„Nummer"* den gewünschten Artikel aus der Artikelübersicht auswählen, sofern er die Artikelnummer nicht schon durch das WIPS-Auftragsformular erfahren hat.

Ist beim Anlegen des Auftrages der Kostenstellencode im Auftragsstammblatt (Projektstammblatt) bereits mit der entsprechenden Kostenstelle belegt worden, so wird dieser in der Buchungszeile nach Eintragung der entsprechenden Projekt-/Auftragsnummer vom System vorbelegt, kann jedoch noch manuell editiert werden.

Bei Einrichtung der Mußeingabe für den Lagerort bei Artikelbewegungen ist dieser anzugeben, ansonsten bricht das System den Buchungsvorgang unter Ausgabe einer Fehlermeldung ab.

Das Feld *„Rücklieferung"* wird dem Projektbuchungsblatt auf Wunsch des Stadtentwässerungsbetriebes hinzugefügt. Dieses Feld ist ein Optionsfeld, das standardmäßig leer ist, in dem der Mitarbeiter jedoch über die drill down-Schaltfläche eine der beiden anderen Optionen – *„Rücklieferung"* bzw. *„Verbrauch"* - auswählen muß. Wird keine der beiden Optionen gewählt, wird der Buchungsvorgang vom System abgebrochen. Dabei erhält der Mitarbeiter eine Fehlermeldung mit dem entsprechenden Hinweis. Die Auswahl im Feld *„Rücklieferung"* wirkt sich auf das Feld *„Menge"* in der Art aus, daß diese bei einer Lagerentnahme (Verbrauch) positiv, bei einer Rücklieferung an das Lager negativ sein muß. Diese Bedingung wird während des Buchungsvorganges vom System geprüft. Bei einer Fehleintragung bricht es den Buchungsvorgang mit einem Fehlerhinweis ab.

Die Felder mit den Einkaufspreisen für die Artikel werden auf Basis der Preiseinträge in den Artikelstammdaten standardmäßig vom System gefüllt.

Die folgende Abbildung zeigt ein Projektbuchungsblatt, wie es der Mitarbeiter im Lager sieht.

Abb. 3.9
Erfassungsmaske für Lagerentnahmen auf WIPS-Aufträge

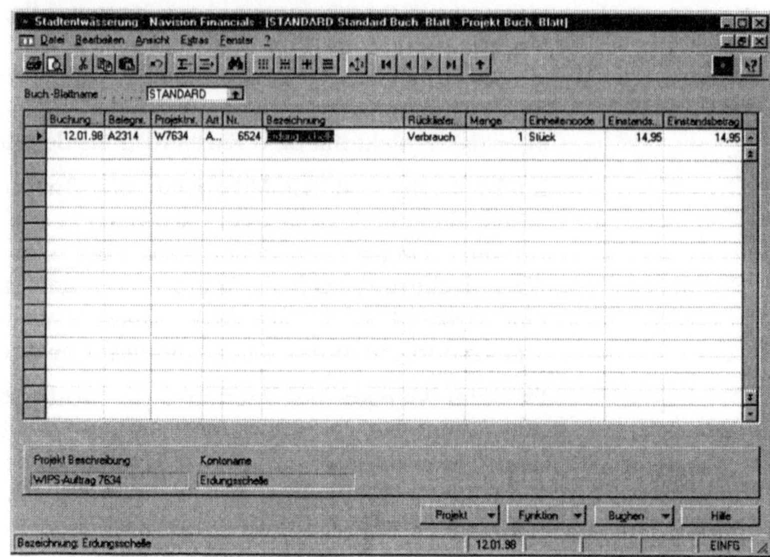

Materialrückgabe aus WIPS-Auftrag

Wie bereits an den Feldern *„Rücklieferung"* und *„Menge"* deutlich gemacht wurde, wird eine Rücklieferung von Material an das Lager in gleicher Weise gebucht, allerdings mit den Einträgen *„Rücklieferung"* und einer negativen Menge. Beim Buchen wird das Lager mengen- und wertmäßig belastet und die entsprechende Kostenstelle über das Projekt entlastet.

3.2.2.2 Erweiterte Suchfunktion für Artikel

Das schnelle Auffinden eines benötigten Artikels im Lager ist eine der wichtigen Anforderungen, die die Mitarbeiter des Lagerbereiches an die neue Software stellen. Im täglichen Arbeitsleben sind anstelle der Artikelnummer oft nur eine ungenaue Bezeichnung des Artikels, wie z. B. Pumpe oder Dübel, oder der Hersteller bekannt, nicht aber der Lieferant. Dies erfordert die Erweiterung der Suchfunktionalität von Navision Financials.

Im Rahmen der Spezifikation der Anforderungen wurden die benötigten Suchmerkmale und eine mögliche Klassifizierung ermittelt.

Artikelerweiterung

Die zusätzliche Suchübersicht ist über den Menübutton „*Artikel*" in die Artikelkarte eingebunden und wird in Form der Tabelle „*Artikelerweiterung*" abgebildet. Diese ist aus den Feldern

- Artikelnummer,
- Bezeichnung (des Artikels),
- Klasse,
- Klassenbezeichnung,
- Unterklasse und
- Hersteller

aufgebaut.

Jeder Artikel kann hier zur vereinfachten Suche einer Klassifizierung unterworfen werden. Beim Anlegen der Artikelnummer wird das Feld „*Bezeichnung*" vom System auf Basis der Artikelstammkarte automatisch gefüllt.

Artikelklassen

Das Feld „*Klasse*" bietet die optionale Auswahl einer Klasse aus einer Übersicht, die über die drill down-Schaltfläche des Feldes aufgerufen werden kann. Bei dieser Übersicht handelt es sich um die eigenständige Tabelle „*Artikelklassen*", auf die das Feld „*Klasse*" der Tabelle „*Artikelerweiterung*" referenziert. Bei Bestätigung eines Klassencodes schreibt das System die vollständige Klassenbezeichnung in das zugehörige Feld „*Klassenbezeichnung*" der Tabelle „*Artikelerweiterung*".

Artikelunterklassen

Die Unterklasse ist als Textfeld ausgelegt und dient der Feinstrukturierung einer Klasse in mehrere Unterklassen. Die Bezeichnung des Feldes „*Hersteller*" ist entsprechend. Die Suche nach einem bestimmten Artikel wird über das Setzen von Filtern, ähnlich der Verfahrensweise in Excel, durchgeführt. Die erweiterte Suchfunktionalität über die neu geschaffene Artikelklassifizierung ergänzt damit die bereits im Standard enthaltenen umfangreichen Suchmöglichkeiten.

3.2.3   Verkauf

3.2.3.1   Unterschied zwischen Rechnungen und Bescheiden

Die Besonderheiten des Stadtentwässerungsbetriebes Nürnberg als öffentlich-rechtliches Unternehmen werden u. E. im Verkaufsbereich am deutlichsten. Das Unternehmen verkauft keine Artikel, sondern Dienstleistungen. Deren Charakter kann entweder privat-rechtlicher oder öffentlich-rechtlicher Natur sein. Davon wiederum ist das Mahnwesen abhängig. Der Unterschied zwischen beiden soll kurz erläutert werden.

Privat-rechtliche Dienstleistungen	Bei privat-rechtlichen Dienstleistungen, wie z. B. der Sonderabwässerentsorgung, geht dem Kunden eine Rechnung zu. Deren Höhe wird bestimmt durch die eigene Kalkulation des Stadtentwässerungsbetriebes. Kommt der Kunde mit seiner Zahlung in Verzug, erhält er eine Mahnung mit den entsprechenden Mahnkosten und Mahnzinsen. Der Einzug überfälliger Zahlungen erfolgt wie bei allen privat-rechtlichen Unternehmen.
Öffentlich-rechtliche Dienstleistungen	Anders bei Dienstleistungen, die öffentlich-rechtlicher Natur sind. Dazu gehören Beiträge und Gebühren, u. a. die Abwassergebühren. Im Rahmen der Erhebung von Beiträgen und Gebühren erläßt der Stadtentwässerungsbetrieb einen Bescheid. Deren Höhe richtet sich nach den von der Stadt Nürnberg beschlossenen Beträgen der Gebühren- und Beitragssatzungen.

Beiträge und Gebühren sind hoheitlich und somit immer zu bezahlen. Kommt der Kunde bei Bescheid mit der Zahlung in Verzug, werden Säumniszuschläge und Mahngebühren (Zinsen) erhoben. Diese sind ebenfalls hoheitlich und somit auf jeden Fall zu bezahlen. Daher werden Säumniszuschläge und Mahngebühren im Gegensatz zu privat-rechtlichen Mahnkosten und Mahnzinsen (s. o.) als Forderungen „hart" gebucht. Die Höhe der Säumniszuschläge und Mahngebühren ist wiederum durch die Allgemeinen Finanzbestimmungen der Stadt Nürnberg geregelt. Außerdem ist zu beachten, daß es bei Bescheiden nur zwei Mahnstufen gibt, danach wird vollstreckt. Bei Konkurs eines Debitoren, sind öffentlich-rechtliche Forderungen vorrangig zu befriedigen.

Umsatzsteuer	Der Stadtentwässerungsbetrieb erhebt bei Bescheiden keine Umsatzsteuer. Die Umsetzung dieser Anforderungen in Navision Financials ist im folgenden beschrieben.
Abbildung von Dienstleistungen	Die verschiedenen Leistungen, die das Unternehmen erbringt, werden als Ressourcen abgebildet. Dazu wird die einzelne Leistung in der Ressourcenkarte des Moduls Ressourcen angelegt.
Buchungsgruppen	In der Ressourcenkarte wird neben der Bezeichnung für die Dienstleistung der Verkaufspreis bzw. die Gebühr für die Dienstleistung hinterlegt. Gleichzeitig wird die Ressource einer Produktbuchungsgruppe zugeordnet, so daß beim Erstellen eines Bescheides oder einer Rechnung die entsprechenden Konten beim Buchen angesprochen werden. Diese ergeben sich aus der Kombination der dem Debitoren zugeordneten Geschäftsbuchungsgruppe und der der Ressource zugeordneten Produktbuchungsgruppe.

Zusätzlich wird die Dienstleistung im zugehörigen Textbaustein ausführlich beschrieben.

3.2.3.2   Erstellen von Rechnungen und Bescheiden

Das Erstellen von Rechnungen und Bescheiden erfolgt im Modul *„Debitoren & Verkauf / Rechnungen"*. Die Basisdaten für die Berechnung der Beträge von Bescheiden, wie z. B. Grundstücksdaten, werden beim Stadtentwässerungsbetrieb in einer Open Access Datenbank gehalten und gepflegt. Diese Basisdaten werden bei der Erstellung eines Bescheides zunächst manuell in die Erfassungsmaske von Navision Financials übertragen.

Rechnung erfassen

Zur Erfassung einer Rechnung oder eines Bescheides wählt der Mitarbeiter im Rechnungskopf zunächst den Debitor aus. Anschließend muß er im Feld *„Buchungszeichen"* angeben, ob es sich um eine Rechnung oder einen Bescheid handelt. Dies geschieht über die entsprechende drill down-Schaltfläche des Feldes. Unterläßt der Mitarbeiter die Auswahl, erscheint eine Fehlermeldung am Bildschirm. Die Auswahl ist notwendig, da Rechnungen und Bescheide unterschiedliche Auswirkungen auf das Mahnwesen haben, wie bereits im Kapitel 3.2.3.1 beschrieben. Bei dem Feld *„Buchungszeichen"* handelt es sich um eine Anpassung von Navision Financials an die Anforderungen des Stadtentwässerungsbetriebes.

Da privat-rechtlichen Rechnungen die Erfassung von Aufträgen vorausgehen kann, ist dieses Feld auch im Kopf des Modules *„Aufträge"* eingefügt. Der Auftrag bildet im Verkaufsbereich gleichzeitig die Basis für das Erstellen des Lieferscheines und der Rechnung, so daß zeitaufwendige Mehrfacherfassungen wegfallen.

Nach erfolgter Eingabe der Daten im Rechnungskopf erfaßt der Mitarbeiter die Daten in den Rechnungszeilen. Dazu wählt er als Art „Ressource" aus und anschließend aus der Übersicht über die Ressourcen die gewünschte Dienstleistung. Das System kopiert die Einheit und den Verkaufspreis der Dienstleistung aus der Ressourcenkarte. Der Wert des Feldes *„Betrag"* ergibt sich durch Multiplikation der Feldinhalte von Verkaufspreis und Menge.

Nach Abschluß der Eingaben wird die Rechnung bzw. der Bescheid gebucht und in Abhängigkeit vom Buchungszeichen ein Bescheid oder eine Rechnung ausgedruckt.

Beim Buchen erzeugt das System automatisch

- die Debitorenposten,

- die Ressourcenposten,

- die Sachposten in der Finanzbuchhaltung (Debitorensammelkonto, Umsatzsteuerkonto bei privatrechtlichen Rechnungen) und

gleichzeitig erstellt das System die gebuchte Rechnung als Beleg.

Navigate

Mit Hilfe der Navigate-Funktion kann auf alle von der Buchung betroffenen Konten zurückgegriffen werden.

Auf die Darstellung des Buchens von Gutschriften wird in diesem Beitrag verzichtet.

Die nachfolgende Abbildung zeigt die Erfassungsmaske für Rechnungen und Bescheide.

Abb. 3.10
Erfassungsmaske für
Rechnungen und
Bescheide

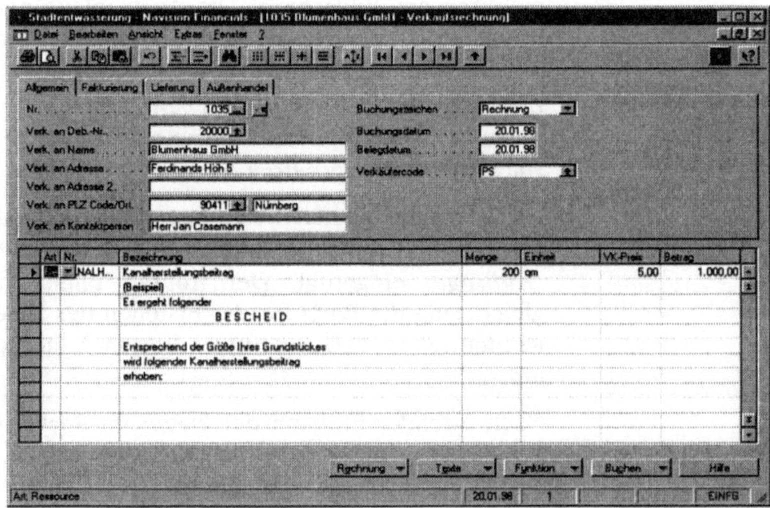

3.2.3.3   Mahnwesen

**Gesetzliche
Vorgaben**

Die öffentlich-rechtlichen Vorgaben greifen tief in die Finanzbuchhaltung und das Mahnwesen des Stadtentwässerungsbetriebes Nürnberg ein, wie bereits in Kapitel 3.2.3.1 angedeutet wurde. Die wesentlichen Unterschiede im Mahnwesen bei privatrechtlichen Rechnungen bzw. Öffentlich-rechtlichen Bescheiden wurden an o. g. Stelle bereits dargelegt.

Die Verfahrensweise bei Mahnungen, die Höhe und Fälligeit von Säumniszuschlägen und Mahngebühren sowie die entsprechenden Ausnahmeregelungen sind durch gesetzliche Vorschriften genau geregelt. Hier greifen z. B. die Allgemeinen Finanzbestimmungen der Stadt Nürnberg.

Wie wurden diese Anforderungen in Navision Financials nun abgebildet?

Mahnung erfassen

Der Mahnlauf wird im Modul *„Debitoren & Verkauf / Periodische Aktivitäten / Mahnungen"* manuell angestoßen. Dazu wählt der Mitarbeiter in der Erfassungsmaske für die Mahnungen den Menübutton *„Funktion"* mit dem dahinterliegenden Untermenü *„Mahnungen erstellen"* aus. Es erscheint eine Abfragemaske, in der sich das bereits im vorigen Kapitel beschriebene Feld *„Buchungszeichen"* befindet. An dieser Stelle trifft der Mitarbeiter die Auswahl, ob Mahnungen für alle offenen, überfälligen Bescheide oder Rechnungen erstellt werden sollen.

Mahnung registrieren

Das System schlägt die zu erstellenden Mahnungen vor. Anschließend hat der Mitarbeiter die Möglichkeit, noch Änderungen in der Mahnliste vorzunehmen. Durch das Registrieren der Mahnungen werden die entsprechenden Buchungen in der Finanzbuchhaltung ausgelöst, wobei die für Mahnungen und Bescheide angegebenen Forderungs-, Gebühren- und Zinskonten angesprochen werden. Darüberhinaus speichert das System die Mahnstufe, in der sich der Debitor befindet, ab.

Die folgende Abbildung zeigt die Erfassungsmaske für Mahnungen:

Abb. 3.11
Erfassungsmaske
für Mahnungen

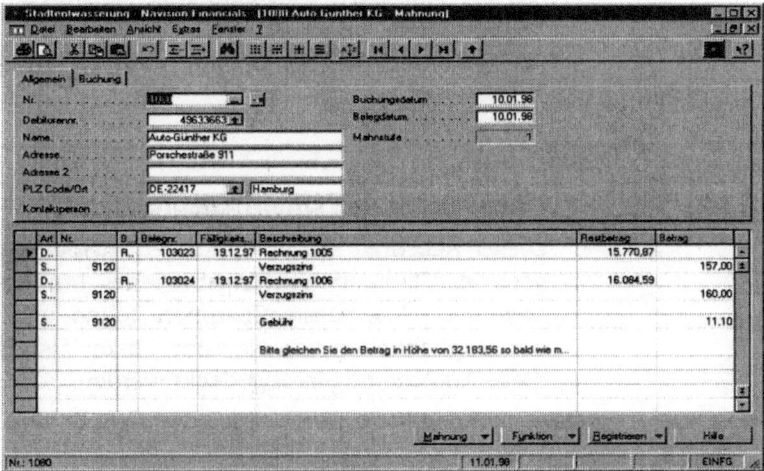

245

Zu beachten ist, daß Säumniszuschläge und Mahngebühren (Zinsen) beim Mahnen von Bescheiden als Forderungen „hart" zu buchen sind im Gegensatz zum Mahnen von privat-rechtlichen Rechnungen.

Mahnmethoden

Zur Erfüllung dieser Anforderung gibt es in der Debitorenkarte zusätzlich zum Feld *„Mahnmethode Rechnungen"* das Feld *„Mahnmethode für Bescheide"*. Die Mahnmethode legt die Anzahl der Mahnstufen, die Toleranz- und Fälligkeitsfristen sowie die unterschiedlichen Mahngebühren und -zinsen fest. Die vorangegangene Auswahl, ob Bescheide oder Rechnungen gemahnt werden, regelt also die anzuwendende Mahnmethode.

Debitorenbuchungsgruppe

Welche Konten im speziellen Fall bebucht werden, wird über die Zuordnung des Debitors zu einer Debitorenbuchungsgruppe festgelegt. Diese Zuordnung erfolgt im Feld Debitorenbuchungsgruppe der Debitorenkarte.

Da Säumniszuschläge und Mahngebühren anders verbucht werden als Mahnkosten und Mahnzinsen, sind den im Standard vorhandenen Feldern Mahnkosten und Mahnzinsen die Felder Säumniszuschläge und Mahngebühren hinzugefügt, in denen die entsprechenden Konten der Finanzbuchhaltung beim Einrichten der Debitorenbuchungsgruppe hinterlegt werden.

Beim Registrieren (Buchen) der Mahnung prüft das System, ob es sich um die Mahnung eines Bescheides oder einer Rechnung handelt. Nur im Falle der Mahnung eines Bescheides werden die Säumniszuschläge und Mahngebühren auch als Forderungen gegenüber dem Debitoren verbucht.

Auf die detaillierte Darstellung der Softwareanpassungen zur Abbildung der Gebührenverordnung bei Mahnungen (Gebührensätze und Ausnahmeregelungen) wird im Rahmen dieses Beitrages verzichtet.

3.2.4   Investitions- und Unterhaltsprojekte

Dieser Abschnitt soll einen kurzen Ausblick auf die Anforderungen des Stadtentwässerungsbetriebes im Bereich von Investitions- und Unterhaltsmaßnahmen geben und gleichzeitig einige der Möglichkeiten von Navision Financials aufzeigen, mit denen diese Anforderungen abgedeckt werden.

Projektstrukturierung

Investitions- und Unterhaltsmaßnahmen des Stadtentwässerungs-betriebes werden zukünftig mit Hilfe eines Projektplanes in Navision Financials geplant und überwacht. Dazu kann ein Hauptprojekt in mehrere Teilprojekte und diese wiederum in mehrere Unterprojekte und Teilaktivitäten eingeteilt werden. Einzelne Maßnahmen können so bereits im Vorfeld budgetiert werden. Im Ergebnis liefert Navision Financials das Gesamtvolumen des Projektes. In der Realisierungsphase können den einzelnen Projektphasen sowohl die bereits entstandenen Ist-Kosten als auch die bei Lieferanten getätigten Bestellungen zugeordnet werden. Somit ist a) die Mittelüberwachung über den Soll-/Ist-Vergleich der Projektkosten und b) die Überwachung der Verpflichtungsermächtigungen (Be-stellobligo) zu jedem Zeitpunkt möglich. Dies bildet die Grundlage für die rollierende Planung im Rahmen des Projektcontrolling.

Bei längerfristigen Projekten kann in Navision Financials eine Zwischenaktivierung von Projektkosten zu einem Bilanzstichtag erfolgen. Die zwischenaktivierten Projektkosten können bei Bedarf auch wieder deaktiviert werden.

Budget kopieren

Die in Navision Financials vorhandene Kopiermöglichkeit für Projektbudgets vereinfacht die Planung neuer Projekte. Dies ist für die Mitarbeiter des Stadtentwässerungsbetriebes, insbesondere bei jährlich wiederkehrenden Unterhaltsmaßnahmen, von großem Vorteil.

Kapitel 10

Database-Marketing mit Navision 3.55

DV-Kfm. Walid Chaar, Bonn

Vorwort

Dieser Beitrag soll als Erfahrungsbericht verschiedene Ausbaumöglichkeiten von Navision zum Direktmarketing Tool erläutern. Wer Navision schon als Warenwirtschaftssystem im Einsatz hat oder die Anschaffung plant, kann über einige Erweiterungen einen hohen Zusatznutzen schaffen.

Im folgenden Text beziehen sich die beschriebenen Erweiterungen nur auf die Debitorenkartei. Selbstverständlich ist es möglich und häufig sinnvoll, diese Erweiterungen auch für die Kreditoren durchzuführen.

Die wachsende Wettbewerbssituation macht eine reibungslose Kommunikation mit bestehenden und neuen Kunden für jeden Betrieb immer wichtiger. „Database Marketing" erweitert die Navision Standard Debitor-Funktionalität zu einem aussagefähigen und zielgruppenspezifisch einsetzbaren Direktmarketing-Instrument.

Das Hinzufügen möglichst vieler werbewirksamer Daten zur Adresse ermöglicht durch gezielte **Selektionen** sowohl im „Business to Business" als auch im Consumer-Bereich, individuelles Eingehen auf die Bedürfnisse der Kunden.

Kundenbindung

Die Database dient aber nicht nur der möglichst gezielten Selektion einer Zielgruppe innerhalb der gesamten Datenbank, sondern erinnert auch an einmalige oder wiederkehrende Termine, um den Kundenkontakt zu halten und aufzufrischen.

1 Einleitung

Die folgenden Punkte sollen einige Vorteile einer gut geführten Marketing Datenbank in Navision erläutern:

- Alleinstellungsmerkmale lassen sich nur finden, wenn die eigene Kundenstruktur genau bekannt ist und sich daraus der Bedarf des gewählten Segmentes ableiten läßt. Es wurden bspw. nur die Kunden angeschrieben, die sich wahrscheinlich für die im Sortiment befindlichen Produkte interessieren.

So waren z. B. in der Branche „Reiseveranstalter" interessante Zielgruppendaten: Bevorzugte Reiseziele, Hotelkategorien, Fluglinien und Abflughäfen, aber auch die Anzahl der Kinder, Alter, Hobbies und kulturelle Interessen. Hierdurch werden **maßgeschneiderte Angebote** und **Produktinformationen** (z. B. im Cross-Selling-Bereich) möglich.

Kundenbindung

- Stammkunden zu halten ist mindestens so wichtig wie Neukunden zu gewinnen. After-Sale-Selling, gezielte Telefonate zu bestimmten Terminen, individuelle Anschreiben und Nachfaßaktionen helfen, „schlummernde" Kunden zu reaktivieren. Hierbei ist das Database Marketing sehr hilfreich.

- Alle Kundenkontakte und die Reaktionen darauf (Response) können über Navision verwaltet werden. Die Steuerung regelmäßiger Kontakte in bestimmten Abständen und die Erinnerung an kundenspezifische Anlässe (z. B. „Geburtstag des Kunden", „Erste Wartung des Produktes wird fällig" usw.) ist in Navision ebenso integrierbar.

- Auf der Basis des genauen Zielgruppen-Know-Hows (Zusammensetzung, Einkommen, Alter, Hobbies usw.) lassen sich **neue Produkte** kreieren und deren Akzeptanz einschätzen.

- Eine **hohe Kostenersparnis** entsteht durch die individuell auf das jeweilige Produkt abgestimmte Zielgruppenauswahl. Ökonomische und ökologische Vorteile im Vergleich zu nicht personalisierten Massensendungen liegen auf der Hand.

- Genaue Kundenprofile mit aktuellen Verkaufszahlen können Außendienstmitarbeitern vor Kundengesprächen zur Verfügung gestellt werden. Dies ermöglicht eine bessere Vorbereitung und höhere Erfolgsquoten.

- In Navision liegen wertvolle Informationen der bestehenden Kunden wie Daten des Kaufverhaltens, Vertriebsdaten und Produktdaten bereits vor. Diese müssen nicht aufwendig in eine externe Marketing Datenbank übernommen werden, sondern können, unter Berücksichtigung der Zugriffsrechte, **direkt** in Navision zu Selektionszwecken verwendet werden.

2 Datenpflege

Datenpflege ist ein kontinuierlicher Vorgang, der von allen Mitarbeitern, die mit Kundenadressen zu tun haben, getragen wird. Um gute Datenqualität zu gewährleisten, sind abteilungsübergreifende Abstimmungsprozesse notwendig.

Datenqualität

Nach einer Selbstauskunft des ADAC in der „Motorwelt 9/94" kostet die Adreßpflege und Nachforschung jährlich über 1 Mio. DM. Datenqualität ist ein ernstzunehmendes Thema, da Adressen schnell an Aktualität verlieren.

2.1 Adreßbereinigung durch Stapelverarbeitungen

Der folgende Abschnitt soll an Hand von zwei Programmbeispielen zeigen, wie einfach sich viele Wiederholungsfehler mit Hilfe der Navision Programmiersprache weitgehend automatisch bereinigen lassen.

2.1.1 Versalien-Schreibweise umwandeln

Das erste Beispiel zeigt, wie ein beliebiges Feld, in diesem Fall das Feld Adresse (Straße), von Versalien-Schreibweise auf die gängige Groß- und Kleinschreibweise übertragen wird. Die Umstellung von etwa 30.000 Adressen mit dem Beispielprogramm auf einem Pentium Rechner dauerte nur etwa 2 Stunden.

Versalien
umwandeln

```
{ Versalienschreibweise umwandeln }

v_text := Debitor.Adresse;

v_text := UPPERCASE( COPYSTR( v_text, 1, 1 ) )
          + LOWERCASE( COPYSTR( v_text, 2, 99 ) );

FOR i := 2 TO STRLEN( v_text ) DO BEGIN;
    IF STRPOS('ABCDEFGHIJKLMNOPQRSTUVWXYZÜÄÖ',
       UPPERCASE( COPYSTR( v_text, i, 1 )))= 0 THEN BEGIN
       v_text := COPYSTR( v_text, 1, i )
              + UPPERCASE( COPYSTR( v_text, i+1, 1 ))
              + COPYSTR( v_text, i+2, 99 );
    END;
END;
Debitor.Adresse := v_text;
dbMODIFYREC( Debitor );
```

2.1.2   Suchen- und Ersetzen-Funktion

Das folgende Beispielprogramm ersetzt eine Zeichenfolge in eine beliebige andere. Es erweitert die Navision Replace-Funktionalität, da auch Zeichenfolgen unterschiedlicher Länge ausgetauscht werden können. Hierdurch kann z. B. „straße" in „str." oder „ae" in „ä" umgewandelt werden.

Replace Befehl

```
{ Ersetzt Zeichenfolge Ä durch Zeichenfolge AE }

v_text := Debitor.Adresse ;

von__text := 'Ä';
nach_text := 'AE';
WHILE STRPOS( v_text, von__text ) > 0 DO BEGIN
    pos := STRPOS( v_text, von__text );
    v_text := COPYSTR( v_text, 1, (pos-1))
                   + nach_text
                   + COPYSTR( v_text, (pos + STRLEN( von__text )), 99);
END;

Debitor.Adresse := v_text;
dbMODIFYREC( Debitor );
```

Nach Anwendung dieser Stapelverarbeitung ist jedoch eine manuelle Nachbearbeitung notwendig, da aus „Quelle" „Qülle" und aus „AEG" „ÄG" wird. Trotzdem ist eine automatische „Normierung" der Adressen mit einer anschließenden manuellen Nachbearbeitung wesentlich schneller als eine „rein manuelle" Bereinigung des Adreßstammes.

2.2   Manuelles Bereinigen von Wiederholungsfehlern

Manuelle
Bereinigung

Oft kann eine unerwünschte Zeichenfolge nicht automatisch korrigiert werden, da sie in einem anderen Zusammenhang richtig wäre. Um die manuelle Korrektur solcher Datensätze zu vereinfachen, empfiehlt sich eine Abgrenzung im betreffenden Feld auf die fehlerhafte Zeichenfolge mit Hilfe des Fragezeichen-Operators, z. B. im entsprechenden Namensfeld eine Abgrenzung auf „?ÄG" setzen (Strg – F7 „?ÄG"). Dem Benutzer wird das Auffinden von fehlerhaften Datensätzen erleichtert, da nur noch Datensätze angezeigt werden, welche die gesuchte Zeichenfolge enthalten.

2.3   Präventive Maßnahmen zur Adreßpflege

Im folgenden geht es darum, Fehler erst gar nicht aufkommen zu lassen. In Betrieben mit großer Kundenzahl wird man häufig einen Adreßstamm vorfinden, der doppelte Adressen, Schreibfehler, Adreßfehler sowie falsch oder gar nicht bearbeitete Umzüge enthält. Die meisten Fehler können durch Vergabe von Zugriffsrechten und Vorgabe von Normen für eine einheitliche Adreßschreibweise vermieden werden.

2.3.1   Unterschiedliche Zugriffsrechte auf die Database

Zunächst sollte analysiert werden, wer welche Zugriffsrechte innerhalb der Database benötigt. Hilfreich ist es in diesem Zusammenhang einen Plan zu erstellen, der die notwendigen und die von den Abteilungen gewünschten Zugriffsrechte festhält, um auf dieser Grundlage die Rechteverteilung für die Anwendergruppen vorzunehmen.

Eine denkbarer Ansatz wäre, daß nur ein bestimmter Personenkreis (z. B. Buchhaltung) für die Neuaufnahme und Änderung von Kundenadressen in der Debitorenkartei allein verantwortlich ist. Alle anderen Sachbearbeiter mit Kundenkontakt sollten auf den Debitor (also Firmen und Adreßdaten) nur Leserechte erhalten, jedoch vollen Zugriff auf die Ansprechpartnerkartei besitzen. Änderungen bei Ansprechpartnern sind häufiger und von hoher Bedeutung, weil es darum geht, die richtigen Entscheidungsträger beim Kunden anzusprechen. Änderungen am Debitor selbst könnten an die Buchhaltung weitergegeben und von dieser zentral durchgeführt werden.

2.3.2   Vorgabe von Normen

Neben der grundsätzlichen Einigung auf Groß-/Kleinschreibung und der Verwendung deutscher Umlaute sind - je nach Klientel - weitere Vorgaben sinnvoll. Die folgende Aufstellung soll einige Punkte aufzählen, die zu beachten sind. Sie ist nach eigenen betrieblichen Gegebenheiten beliebig erweiterbar.

- Schreibweise bei „Shop in Shop"-Adressen (z. B. Einkaufszentren).

- Ansprechpartner nicht fest in die beiden Haupt-Namensfelder integrieren; diese sind variabel und sollten bei jedem Mailing entsprechend ihrer Funktion ausgewählt werden.

- Einheitliche Verwendung von Abkürzungen, um eine spätere Zielgruppenbildung zu vereinfachen.

Navision Hilfe

Eine gute Möglichkeit Normen und Vorgaben für eine einheitliche Schreibweise der Adressen „griffbereit" abzulegen, bietet die Navision-Hilfefunktion. Zu jedem einzelnen Feld kann in einem eigenen Hilfetext auf dessen Funktion sowie gewünschte und unerwünschte Feldinhalte eingegangen werden. Die Bearbeitung der Hilfetexte ist jedoch nur mit einer erweiterten Lizenz möglich.

Bewußtsein für
Adreßqualität

Bei allen Plänen, Vorgaben und Normen sollte jedoch nicht vergessen werden, daß sie nur helfen, wenn auch ein Bewußtsein für die Notwendigkeit von Adreßqualität vorhanden ist.

3   Struktur einer Marketingdatenbank

Der folgende Abschnitt beschäftigt sich mit einer möglichen Struktur der Marketingdatenbank im Geschäftskundenbereich. Ein wesentlicher Punkt stellt die Verwaltung mehrerer Ansprechpartner pro Adresse dar. Der Schritt vom „rein adreßorientierten" zum „zusätzlich ansprechpartnerorientierten" Mailing ist sehr wichtig und eine Grundlage für funktionierendes Database Marketing.

Mailings mit variablen Ansprechpartnern

Nur wenn der richtige Ansprechpartner im Adressat steht, ist gewährleistet, daß auch der für die übermittelte Information zuständige Entscheidungsträger sie erhält. Für eine andere Information kommt beim gleichen Adressaten ein anderer oder sogar mehrere Entscheidungsträger (z. B. bei Weihnachtsgrüßen) in Frage.

Ansprechpartner-
Funktionen

Um Mailings mit variablen Ansprechpartnern durchzuführen, müssen nicht nur mehrere Klassifizierungen zu den Empfängeradressen, sondern auch zu den Ansprechpartnern gespeichert werden können („Ansprechpartner-Funktionen", vgl. Abb. 3.2).

Selektionsvorgang

Ein Programm, das auf der Basis der aufgeführten Erweiterungen die Zielgruppe für ein Mailing auswählt, selektiert zunächst die Firmenadressen durch Angabe der Klassifizierungen. Innerhalb jedes gewählten Adressaten wird über die Angabe der gewünschten und unerwünschten Ansprechpartner-Funktionen die Zieladresse vervollständigt.

Grundsätzlich muß vorgegeben werden, ob nur ein oder alle in Frage kommenden Ansprechpartner angeschrieben werden sollen. Soll nur der geeignetste Entscheidungsträger ermittelt werden, ist die Priorität der Eingabereihenfolge der Ansprechpartner-Funktionen für die Selektion ausschlaggebend.

Selektionsmöglich-
keiten

Am Beispiel eines Möbelherstellers werden mögliche Selektionen für ansprechpartnerorientierte Mailings gezeigt. Die eigentlichen Selektionskriterien sind wegen einer besseren Verständlichkeit umgangsprachlich formuliert.

- **Produktinfo „neues Holzbett":**
  Selektiere alle Ist- Kunden der Bettenproduktgruppe, wähle den jeweils ersten gefundenen Ansprechpartner mit einer der Funktionen {„Einkauf", „GF"}.

- **Preissenkung für Neukunden:**
  Selektiere alle außer „War- und Ist-Kunden", wähle alle gefundenen Ansprechpartner mit einer der Funktionen {„Einkauf", „GF", „Marketing"}.

3.1   Karteibeziehungen 1:1 oder 1:n ?

Bei der Planung der Datenbankstruktur besteht eine wesentliche Frage darin, ob die (Debitor-) Klassifizierungen und die (Ansprechpartner-) Funktionenkartei - wie in der Abbildung 3.1 - in 1:n Relation zur bezogenen Kartei (Debitor bzw. Ansprechpartner) oder in einer 1:1 Beziehung angelegt werden sollten.

1:1-Beziehung

Die „1 zu 1"-Abhängigkeit bedeutet, daß alle denkbaren Kriterien in verschiedenen Feldern (bevorzugt „Ja/Nein"-Felder) eines einzigen Datensatzes dargestellt werden. Wenn diese Felder nicht direkt mit in der Kundendatei (Debitor) aufgenommen werden, existiert folglich für jeden Adress-Datensatz genau ein Datensatz, welcher die Klassifizierungen enthält. Diese Form der Verknüpfung bietet sich bei einer überschaubaren Anzahl von Kriterien an. Berichte bzw. Selektionen sind leichter erstellbar und laufen schneller ab als bei der 1:n Beziehung. Der Nachteil ist, daß für jedes neue Kriterium ein zusätzliches Feld durch (normalerweise) die IT-Abteilung angelegt werden muß. Außerdem wird die Eingabemaske bei zunehmender Kriterienanzahl unübersichtlicher, da auch im Bezug auf den aktuellen Kunden negierte Statusfelder angezeigt werden (z. B.: Einkaufsleiter? NEIN)

1:n-Beziehung

Die „1 zu n"-Beziehung ist für Eingeber und Marketingleitung bei großen Datenmengen übersichtlicher, jedoch in der programmiertechnischen Handhabung, im Hinblick auf Abgrenzbarkeit,

Prioritätenvergabe, Ausschluß-, Vereinigungs- und Schnittmengen, schwieriger zu realisieren.

Vereinfachte Selektion in mehreren Schritten

Eine Möglichkeit die Handhabung dieser 1:n-Beziehung zu vereinfachen, ist die Adreßselektion in mehreren Schritten. Hierbei kann der Benutzer (z. B. die Marketingabteilung) durch Aufruf verschiedener Stapelverarbeitungen die entsprechenden Debitoren und darunter die Ansprechpartner markieren bzw. bei Negativselektion Markierungen aufheben. Die Anzahl der markierten Adressen kann stets aktuell über die SIFT® Funktion (vgl. Kap. 4.9) ermittelt werden.

3.2   Karteien und Felder in der Marketing-/Datenbankstruktur

Im folgenden werden die Karteien betrachtet, in denen die Informationen für die Marketing Database abgelegt sind.

Debitor-Kartei

Die Debitor-Kartei enthält alle wesentlichen Informationen der Kunden. Die Debitornummer ist in Navision gleichzeitig die Kontonummer der Kunden, auf welche die Buchhaltung zugreift. Aus diesem Grund sollte in erster Linie die Buchhaltung an dieser Stelle Änderungen und Neuaufnahmen vornehmen.

Die Inhalte der Debitor-Kartei sind: Firmierung, Anschrift, Telefon, Telefax, E-Mail, Referenznummern, Gründungsjahr, Jahresumsatz, Mitarbeiterzahl, Besitz- und Beteiligungsstrukturen, Branche und Produktionsschwerpunkte, Filialen, Innovationsverhalten, Bonität, Verweise auf Tochtergesellschaften.

Ansprechpartner-/ Entscheidungsträger-Kartei

Die Ansprechpartner-Kartei kann vom Azubi bis zum Geschäftsführer alle Personen beim Kunden speichern. Jeder Mitarbeiter des eigenen Betriebes mit Kundenkontakt sollte Zugriff auf die Kartei haben, um seine Ansprechpartner zu hinterlegen.

In der Ansprechpartner-/Entscheidungsträger-Kartei werden verwaltet: Debitornummer, Name, Vorname, Anrede, Titel, Abteilung, Geburtsdatum, E-Mail Adresse, Telefon-Durchwahl, Telefax- Durchwahl, Handynummer.

Kontaktdaten-Kartei

In den **Kontaktdaten** sollte jede Art der Kommunikation mit dem entsprechenden Ansprechpartner beim Kunden festgehalten werden. Egal ob persönlich, telefonisch, per Fax oder E-Mail – alle Infos werden gespeichert. Die Kontaktdaten pflegt derjenige, der den Kontakt hatte (auch Außendienstmitarbeiter) bzw. wer Faxe oder E-Mails entgegen nimmt.

Folgende Daten werden in die Kontaktdaten-Kartei aufgenommen: Debitornummer, Datum, Ansprechpartner, Kundenberater

(USER ID), Grund des Kontaktes (Wahlfeld), Gesprächsthema (Freitext, Bezug auf Artikel oder Auftrag), Gesprächsklima (z. B. bei Reklamation).

Debitor-Klassifizie-rungen-Kartei

Über die **Debitorklassifizierungen** lassen sich beliebig viele Merkmale des Kunden ablegen. Die Auswahl, welche Merkmale vergeben werden können, erfolgt über eine zusätzliche Klassifizierungen-Stammdatei. Welche Klassifizierungen vergeben werden können, sollte dem Marketing überlassen werden.

Mögliche Klassifizierungspunkte können hier sein: Geschäftstypen (z. B. Hardware- und Softwarehandel innerhalb eines Unternehmens), Produktionsschwerpunkte, Einschätzung hinsichtlich Kundenattraktivität für das Produkt A, B, C usw. (z. B. „Wunsch-Kunde Produkt A", „Ist-Kunde Produkt B", „War-Kunde Produkt C"), Robinson-Kunde (wünscht keine Werbung), Nixie Kunde (Bonitäts- oder sonstige Probleme).

Ansprechpartner-Funktionen-Kartei

Analog zu den Debitorklassifizierungen gibt es die Möglichkeit, eine sog. Ansprechpartner-Funktionen-Kartei anzulegen, die Informationen über Ansprechpartner, deren Einstellung zur Firma bzw. zu einzelnen Produkten speichert. Auch hier sollte die Ansprechpartner Stammvorgabe durch die Marketingabteilung erfolgen.

Inhalte einer solchen Kartei könnten sein: Zuständigkeiten (für welche Entscheidungen?), Funktionszusatz (z. B. Einkaufsleiter, Sachbearbeiter), sonstige Einstufungen und Informationen (z. B. Alter, Familienstand, Hobbies usw.).

Dokumenten-verwaltung

Ergänzend zu den Informationen der Kontaktdaten lassen sich alle ausgehenden Schriftstücke über die Dokumentenverwaltung ablegen. Ein solches Modul spart besonders bei individuellen Anschreiben sehr viel Zeit, da Routinearbeiten entfallen.

Soll ein individueller Brief an den Kunden geschrieben werden, ruft man in Navision die Dokumentenverwaltung auf. Hier wird der Kunde und der Ansprechpartner über die vorhandenen Stämme ausgewählt. Die Betreffzeile wird eingegeben, der schreibende Sachbearbeiter durch die USER ID und das Tagesdatum ermittelt. Nach diesen Angaben wird das Briefdokument (die Datei) erstellt und eine beliebige Textverarbeitung (z. B. MS-Word) mit diesem Brief aufgerufen.

Abb. 3.1
Automatisch
erstellte Briefvorlage

> Firma Mustermann GmbH
> Frau Musterfrau
> Musterstraße 17
> 12345 Musterstedt
>
> Bonn, 16.08.98
>
> **Ausmusterung ihres Sortimentes**
>
> Sehr geehrte Frau Musterfrau,
>
> Mit freundlichen Grüßen
>
> Otto Meier

Nun kann der Fließtext ergänzt und der Brief gespeichert, gedruckt und versendet werden. Der Brief mit vollem Fließtext ist von der Dokumentenverwaltung aus zu jedem späteren Zeitpunkt aufrufbar. So kann sich jeder andere Sachbearbeiter auf den aktuellen Stand der Kundenkommunikation bringen.

Selbstverständlich können auch eingehende Briefe durch manuelles Abtippen der entsprechenden Basisinformationen verwaltet werden.

Telefonmarketing-Steuerkartei

Um bei verschiedenen Anrufen aus einem Callcenter eine konstante Qualität jedes einzelnen Gespräches zu erreichen, wird ein Gesprächsleitfaden erarbeitet, der Reaktionen auf die verschiedenen Antwortmöglichkeiten des Kunden oder Interessenten gibt. Dies geschieht in Form eines Ablaufdiagramms oder mit Hilfetexten. Auch ein solcher Leitfaden kann in Form einer verketteten Liste in Navision zur Steuerung des Gesprächsablaufs verwendet werden.

Das Ergebnis des Anrufes beim Kunden/Interessenten kann automatisch als Datensatz in den Kontaktdaten abgelegt werden. Je nach Verlauf und Aufbau des Gesprächsleitfadens können Schlüsse zu Klassifizierungen und Funktionen gezogen und dementsprechend abgespeichert werden.

Sonstige Daten aus dem Warenwirtschaftsumfeld

Die bereits bestehenden Daten aus dem Warenwirtschaftsumfeld von Navision sind nicht weniger wichtig für die Bestimmung der Zielgruppen.

- **Daten des Kaufverhaltens**
  Anzahl der Bestellungen, Rücksendungen, zuletzt erfolgte Bestellungen, Bestellwert, Kredite und Zahlungsverhalten.

- **Vertriebsdaten**
  Kundenbetreuer, Tourenplanung, bevorzugter Versandweg, Auslieferungskosten, Provisionen usw.

- **Produktdaten**
  Art und Typ der bestellten Produkte, vom Kunden bevorzugte Produkte und Sortimente.

3.3   Hinweise zu Klassifizierungen

Die Vergabe der Klassifizierungen kann zum Teil über Stapelverarbeitungen automatisch erfolgen.

Beispiele

- Die Firmierung des Debitors (Name und Name2) wird auf Schlagworte untersucht, die über den Typ des Geschäftes Auskunft geben.

- Die bisherigen Geschäftsbeziehung geben Auskunft über Bonität und Produktinteressen des Kunden.

Für statistische Auswertungen der Kundenzusammensetzung ist es notwendig ein für jeden Kunden **eindeutiges Kriterium** zu vergeben. Z. B. würde ein Handelsunternehmen mit den beiden Kriterien „Software" und „Hardware" sonst zweimal in der Statistik auftauchen.

3.4   Beispiel für eine DataBase Basisstruktur

Anhand der folgenden Abb. 3.2 sollen die grundsätzlichen Strukturen in der Datenbank veranschaulicht werden.

Es wird der Einsatz der Navision-Marketing-Database bei einem Möbelgroßhändler beschrieben. Einer der Kunden, „Möbel Müller", hat bereits „Holzbetten", „Teppiche" und „Schränke" abgenommen. Im Hause Möbel Müller sind die Ansprechpartner „Herr Meier" (Einkauf) und „Herr Müller" (Geschäftsführung) für den Erwerb der Produkte zuständig, wobei der Geschäftsführer sich persönlich um den Erwerb der Teppiche kümmert.

Die Klassifizierungen und Funktionen des Kunden sind beliebig erweiterbar (1:n Beziehung). Welche Klassifizierung oder Funktionen zur Auswahl stehen, bestimmt die Marketingabteilung, die diese für eine genaue Zielgruppenfindung beliebig kombinieren kann.

Alle Kontakte mit den Ansprechpartnern sind über die Kontaktdaten nachvollziehbar, wie z. B. eine telefonische Angebotsanfrage von Herrn Müller mit dem direkten Verweis auf das entsprechend erstellte Angebot oder der Besuch des Außendienstmitarbeiters bei Herrn Maier, um eine Rekalmation aufzunehmen.

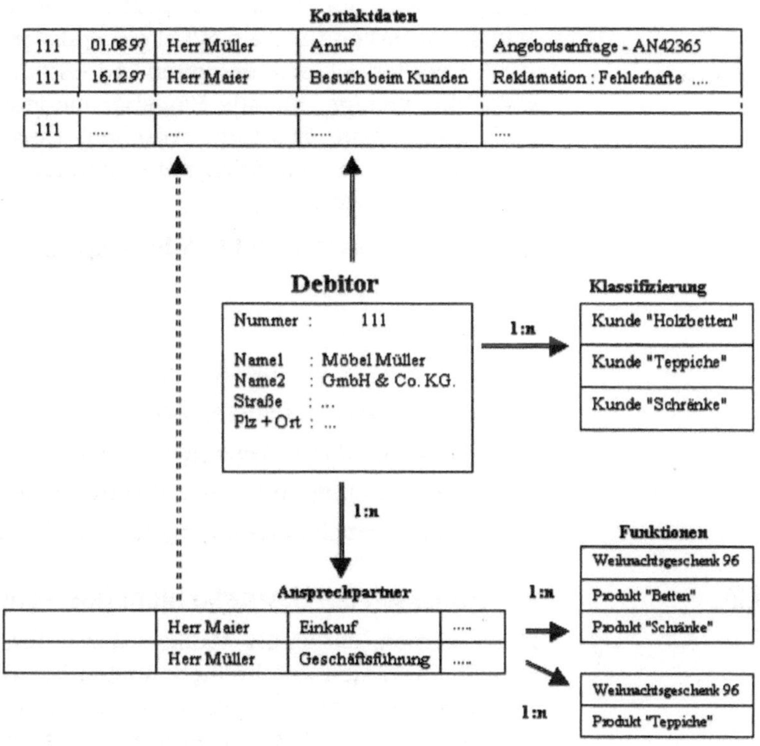

Abb. 3.2
Basisstruktur der
Database

4 Möglichkeiten zur Weiterentwicklung der Database

Im folgenden sollen Möglichkeiten zur Weiterentwicklung der Database betrachtet werden. Die Aufstellung ist bei weitem keine vollständige Aufzählung, sondern soll vielmehr einige Anregungen geben.

Die aufgeführten Erweiterungsmöglichkeiten sind sicher nicht alle für jeden Betrieb zweckmäßig. Eine sinnvolle Anwendung hängt von der Größe sowie der Zusammensetzung des Kundenstammes ab.

4.1   Eindeutiger Adreßstatus

Zusätzlich zu den oben beschriebenen Klassifizierungen sollte jede Adresse über einen eindeutigen Status verfügen. Dieser Status, am besten über ein Wahlfeld realisiert, dient bei Abfragen zur Vorfilterung des gesamten Adreßstammes. Das Wahlfeld sollte nur wenige, für alle Eingeber eindeutig nachvollziehbare und bestimmbare Zustände vorsehen. Detailliertere Informationen zum vergebenen Adreßstatus können in der Bemerkungsdatei abgelegt werden.

Filter zur groben Vorselektion

Beispiel für das Wahlfeld „Adreßstatus":

- Interessent, aktiv
- Aktiver Kunde
- Kundenfirma geschlossen, inaktiv
- Kunde wünscht keine weiteren Kontakte, inaktiv
- Kunde unbekannt verzogen / inaktiv
- Kunde bekannt verzogen / inaktiv, siehe Bemerkung
- Kunde doppelt aufgenommen / inaktiv, siehe Bemerkung

4.2   Alt- Adressen bei Umzügen nicht überschreiben

Unternehmen, die häufig Mailings durchführen oder vielfach ungeprüfte Adressen anschreiben, sollten bei Umzügen alte Adressen, zusätzlich zu den neuen, in der Database belassen. Der praktische Nutzen dieses Aufwandes zeigt sich z. B. beim Zukauf von Adressen. Veraltete Adressen werden erkannt, wodurch unbewußte Doppelaufnahmen, Fehlbelieferungen und Reklamationen vorgebeugt werden.

Erhalten der durchgängigen Buchungsübersicht

Zu beachten ist jedoch, daß ein umgezogener Debitor keine neue Debitornummer bekommen sollte, da alle bis zum Umzug erfolgten Aufträge keine Zuordnung zur neuen Nummer hätten. Die Buchungsübersicht eines Kunden wäre auf zwei Debitorkarten verteilt.

Vielmehr empfiehlt es sich, vor der Eingabe der neuen, den zu ändernden Datensatz und die Altadresse zu kopieren. Die Kopie sollte als „Altadresse eines Umzuges", mit Bezug zur neuen

Adresse, gekennzeichnet werden. Anschließend wird der ursprüngliche Datensatz mit der korrekten, neuen Adresse überschrieben. Zur Automatisierung kann eine Stapelverarbeitung erstellt werden, die den Kopiervorgang übernimmt.

Bereinigung von Altadressen mit Hilfe von PostAdress und NCOA

Eine weitere Möglichkeit „umzugsgeschädigte" Adreßstämme zu bereinigen, ist eine Kooperation zwischen der Deutsche Post AG und der Bertelsmann Tochter „Reinhard Mohn GmbH", die Deutsche PostAdress GmbH. Hier werden nach eigenen Angaben die Nachsendeaufträge von jährlich hunderttausenden Firmen- und Millionen Privatadressen registriert und für Abgleiche zur Bereinigung bestehender Kundenadressen (unter Berücksichtigung der Datenschutzvorschriften) bereitgestellt.

In den USA wird dieses Verfahren unter dem Namen „NCOA – National Change of Address" schon seit vielen Jahren erfolgreich eingesetzt.

4.3   Faxfunktionalität / Dokumentenverwaltung

Faxsoftware

Eine lohnende Erweiterung jedes Netzwerkes ist eine Fax-Server-Software. Verschiedene Produkte auf dem Markt (z. B. Tobit „Faxware" / „David" oder MPS „TwinFax") verfügen neben den gängigen Clients für DOS und Windows zusätzlich über offene Programmierschnittstellen. Die Verwendung der Programmierschnittstellen ermöglicht es, aus einem Navision Bericht, der mit einigen Steuerbefehlen versehen ist, ein papierloses Fax zu erstellen.

Einbindung in Navision

Eine in Navision integrierte Kartei zur Dokumentenverwaltung speichert die Informationen von Faxen, Einzel- und Serienbriefen. Die Adreßinformationen (z. B. Empfänger, Ansprechpartner und Durchwahlfaxnummer) werden im Dialogbetrieb ausgewählt, Datum und Absender über die USER ID automatisch ermittelt. Der Dokumententext kann bei standardisierten Anschreiben fest vorgegeben sein oder über eine zusätzliche Kartei bzw. einen externen Texteditor/Textverarbeitung als Freitext eingegeben werden. Durch Verweise auf entsprechende Grafikdateien ist es möglich, das Fax mit Briefkopf und Fuß sowie der Unterschrift des Absenders etc. zu versehen.

Nebenwirkung

Der Faxversand erfolgt, sobald die Berichtsdatei in einem, vom Faxserver regelmäßig abgefragten, Verzeichnis abgelegt wird. Durch - vom Faxserver erstellte - Protokolldateien kann der Status der Versendungen in die Navision Dokumentenverwaltungskartei eingelesen werden, um eine Versandkontrolle zu ermöglichen.

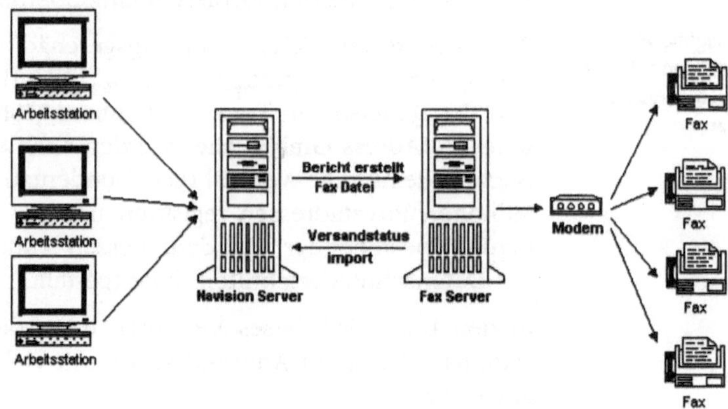

Neben der Beschleunigung der „gängigen" Fax-Prozedur (Text in Textverarbeitung tippen, Zieladresse heraussuchen, auf Firmenpapier ausdrucken und bei Inbetriebnahme des Faxgeräts) hat die beschriebene Methode den Vorteil, daß alle Beteiligten automatisch mehr auf die Qualität der Adreßinformationen (Schreibweise des Ansprechpartners, der Empfängeradresse, Richtigkeit der Faxnummer usw.) achten.

Die (Fax-) Dokumentenverwaltung gibt außerdem einen guten Überblick über die ein- und ausgehende Kundenkorrespondenz.

4.4 Interessentenkartei errichten?

Potentielle Kunden gehören ebenso in eine Marketingdatenbank wie bereits bestehende und ehemalige Kunden. Diese Adressen nicht in die Debitoren-, sondern in eine spezielle Interessentenkartei zu speichern, macht eine Unterscheidung zwar leichter, aber die programmiertechnische Handhabung schwieriger.

Interessenten in
Debitorkartei

Besser ist es, die Interessenten mit in der Debitorenkartei aufzunehmen und über den oben beschriebenen „eindeutigen Adreßstatus" eine Abgrenzung zu bewerkstelligen. Vorteile dieser Vorgehensweise sind:

- Eine einmal vergebene Kundennummer muß beim ersten Auftrag nicht verändert oder übertragen werden.

- Die Zielgruppe für bestimmte Mailings muß nicht aus zwei Datenquellen zusammengesetzt werden.

- Die Gefahr, Adressen doppelt aufzunehmen, wird verringert.

4.5 Vorgabe eines Orts- und Straßenverzeichnisses

In Deutschland gibt es postalisch erfaßt etwa **1,1 Mio. Straßen** und **ca. 35.000 Orte**, auch mehrere innerhalb einer PLZ. Nach Einlesung in zwei Karteien belegt diese Datenmenge incl. Schlüssel auf einem Navisionserver etwa 75 MByte Festplattenspeicher.

Die Einlesung dieser Datenmenge lohnt sich und bietet gleich mehrere Vorteile:

* Bei Adreßeingaben können Ort und Straße im Dialogbetrieb ausgewählt werden und somit Schreibfehler vermieden werden.

* Die Eingabezeit verringert sich, da die Daten nicht mehr eingetippt, sondern ausgewählt werden.

* Adreß-Dubletten fallen schneller auf, da es für jede Straße nur noch eine korrekte Schreibweise gibt.

* Über eine weitere Stapelverarbeitung lassen sich die eingelesenen Daten wie ein handelsübliches PLZ-Programm nutzen, um bereits bestehende Adressen zu prüfen.

In Navision Financials ist ein deutsches Ortsverzeichnis bereits integriert. Die Straßendaten sind über Adreßverlage oder die Deutsche Post AG zu beziehen.

4.6 Kurznamen

Das Suchfeld „Kurzname" dient zum Auffinden einer Adresse anhand der Firmierung. Es enthält standardmäßig den Inhalt des Feldes „Name". Wenn sich der Kundenkreis aus vielen Firmen des gleichen Typs zusammensetzt (z. B. Apotheken) kann es sinnvoll sein, immer wiederkehrende Begriffe durch eine Feldnachverarbeitung nicht mit in das Kurznamenfeld zu übernehmen. Auf diese Weise muß bei der Suche nicht mehr „Apotheke am Waldrand" sondern nur noch „am Waldrand" eingegeben werden.

Wird eine solche Logik in der Nachverarbeitung des ersten Namensfeldes hinterlegt, läßt sich für die Sachbearbeiter täglich Zeit bei der Suche nach Firmennamen sparen.

4.7 Referenz- / Transfernummern

Beim Entwurf einer Marketingdatenbank sollte auch die Hinterlegung bestimmter Referenz-/Transfernummern in Erwägung gezogen werden. Diese von Institutionen, Behörden oder Verbänden vergebenen Nummern dienen zur eindeutigen Identifizierung von Adressen.

Es ergeben sich folgende Vorteile:

Vorteile der Einbindung von Referenznummern

- Vereinfachte Datenpflege, da Adreß-Dubletten anhand einer doppelten Referenznummer erkannt werden können.

- Schneller Datenaustausch mit Geschäftspartnern, da nicht mehr alle oder auch nur hinzugekommene Adressen abgeglichen werden müssen.

- Günstiger Vertriebs- und Absatzweg bei Nutzung von Referenznummern für bestimmte Zielgruppen.

Im Anschluß sollen exemplarisch einige bestehende Referenz-/ Transfernummern aufgezeigt werden:

Beispiele für bestehende Referenz-/ Transfernummern

Eine Hinterlegung des Leitcodes der **Deutschen Post AG** zu jeder Adresse vereinfacht die Abwicklung einer kostengünstigen Frachtkooperation. Dieser Code ist für jede postalisch erfaßte Adresse, auf die Hausnummer genau, eindeutig. Zwei Kunden mit der gleichen Adresse haben also den gleichen Leitcode.

Die **Deutsche Leitzahl** dient zur eindeutigen Identifikation von Unternehmen, die im Handelsregister eingetragen sind. Sie ist aus einem postalischen und einem handelsregisterlichen Bestandteil zusammengesetzt. Der Einsatz der DLZ ermöglicht eine maschinelle Auswertung und Pflege aller von den Registergerichten (Amtsgerichten) veröffentlichten Firmendaten.

Referenznummern erleichtern die Kommunikation mit Geschäftspartnern, die über einen ähnlichen Kundenstamm verfügen. Es ist bspw. im Bereich der Touristik möglich, jedes der ca. 20.000 Reisebüros in Deutschland über seine allgemein gültige Agenturnummer eindeutig zu identifizieren. Diese Nummer dient den Reiseveranstaltern zur einfachen Durchführung von Datenaustausch, Statistik und die kostengünstige Versendung von Katalogen via Mailinghaus.

Referenznummer ist keine Debitorennummer

Eine Referenznummer sollte wegen ihrer Eindeutigkeit nicht als eigentliche Kunden-(Debitoren-)Nummer in Navision integriert werden. Den Anforderungen einer Debitorennummer wird eine betriebsübergreifend gültige Nummer in der Regel nicht gerecht. Es kann beispielsweise vorkommen, daß innerhalb einer Konzernadresse zwei verschiedene Firmen (z. B. Tochtergesellschaften) Rechnungen erhalten, diese aber dieselbe Referenznummer und folglich dieselbe Debitorennummer haben müßten. Navision arbeitet wegen der korrekten Zuordnung nur mit einer eindeutigen Nummer je Debitor. Darum sollte eine Referenznummer immer als zusätzliches Feld in die Debitorkarte eingebunden werden.

4.8   Adreßhistorie

Die Adreßhistorienkartei ist eine Navisionerweiterung, die Änderungen wichtiger Adreßfelder automatisch in einer Kartei registriert. Durch diesen Mechanismus können Fehleingaben geklärt und später beseitigt werden.

Über Nachverarbeitungen in den entsprechenden Feldern wird in der Historiendatei jeweils ein neuer Datensatz angelegt.

Als Basis sollten Änderungen in den Feldern Name1, Name2, Straße, PLZ + Ort, Bank, BLZ, Kontonummer, Tel. und Fax. in der Historienkartei archiviert werden.

Tab. 4.1
Auszug aus einer
Adreßhistorienkartei

Debit. Nr Code (10)	Datum Datum	Lfd.Nr Groß. Ganz	Änderungsart Wahlfeld	AltWert Text (30)	USER ID Code (10)
12345	13.06.95	10.000	Name1	Caspari OHG	Müller
12345	19.08.96	10.000	Adresse	Markus Platz 7	Maier
12345	19.08.96	20.000	PLZ_Ort	21415 Husterstadt	Maier
12345	19.08.96	30.000	PLZ_Ort	21415 Musterstadt	Maier
12345	14.05.97	10.000	Name1	Caspari GmbH i.G.	Schmitz
12345	20.09.97	10.000	Name1	Caspari GmbH	Müller
…	…	…	…	…	…

Jeder Datensatz wird vollautomatisch generiert, wodurch die Adreßhistorie für die Eingeber unmerklich im Hintergrund mitläuft (vgl. Tab. 4.1). Die Arbeitsgeschwindigkeit verlangsamt sich dabei nicht.

Tip

Besonders bei großen Adreßbeständen wächst diese Kartei proportional sehr schnell mit, wodurch regelmäßige Auslagerungen empfehlenswert sind.

Zusatznutzen der
Adreßhistorie

Die Adreßhistorie bildet außerdem die Grundlage für regelmäßigen Adreßdatenaustausch mit anderen Unternehmen. Adressen, die sich seit dem letzten Datenaustausch verändert haben bzw. hinzugekommen sind, können über eine Abfrage der Historie leicht ermittelt werden.

Im Bereich der Kundenbindung können z. B. Reaktionen auf Umzüge oder Ansprechpartnerwechsel (Glückwunschfaxe usw.) ebenfalls auf der Basis der Adreßhistorie automatisch generiert werden.

4.9 Nutzbarkeit von SIFT® für die Kalkulation von Mailingaktionen

Schnelle Anzahlen-ermittlung für Mailingkalkulation

Ein besonderer Vorteil von Navision liegt in der **Sum-Indexed Flow Technologie (SIFT®)**. Hierdurch ist es möglich, einen Schlüssel mit einem Betragsfeld zu verknüpfen und über Abgrenzungen innerhalb dieses Schlüssels sofort eine aktuelle Summe zu erhalten. Diese Prozedur, die eigentlich zum Ermitteln von Kontoständen und anderen betriebswirtschaftlichen Summen gedacht ist, kann auch zum Abzählen von Datensätzen verwendet werden. Der abzuzählenden Kartei wird zu diesem Zweck ein Feld des Typs „Ganzzahl" hinzugefügt.

Tab. 4.2
Zusätzliches Feld für schnelle Anzahlenermittlung

Feldname	Typ	Größe
Abzählen (1)	Ganzzahl	1

Dieses Feld bekommt die Optionen „NICHT AUSFÜLLEN" und „VORBELEGT MIT 1". Dies bedeutet, daß jeder Datensatz der Kartei im Feld „Abzählen (1)" unveränderlich den Wert „1" erhält. Außerdem muß es als Summenfeld innerhalb der Schlüsseldefinition gekennzeichnet werden.

Beispiel

Wenn bspw. die Zielgruppe geographisch segmentiert werden soll, genügt es innerhalb der Übersicht mit aktivem PLZ-Schlüssel das bestimmte Postleitzahlengebiet abzugrenzen. Der Umfang des geplanten Mailings wird sofort auf dem Bildschirm angezeigt. Auch eine gleichzeitige Abgrenzung auf mehrere Felder (z. B. Branche und PLZ) ist möglich, solange die abzugrenzenden Felder im aktivem Schlüssel enthalten sind.

4.10 Exportmöglichkeiten

Textdateien

Navision bietet standardmäßig die Möglichkeit, Daten im ASCII Format als Festlängendatei und/oder als „Datei mit Trennzeichen" zu exportieren. Bei Dateien mit Trennzeichen sollten für Adreßdaten keine Kommata als Feldtrenner verwendet werden, da sie bspw. Bestandteil der Straßenbezeichnungen in Mannheim sind. Ein Semikolon bietet sich als Feldtrenner eher an, um Feldverschiebungen zu vermeiden.

Sonderzeichen E-Mail

Beim Verwalten von Internet E-Mail Adressen stellt sich das Problem, daß Navision 3.55 noch keine Eingabe von z. B. „Klammer-affen (@)" zuläßt. Es ist jedoch problemlos möglich, statt dessen ein anderes in der Internetadressierung nicht gebräuchliches Zeichen zu verwenden. Im Druckertreiber wird als Ausgabewert für dieses Zeichen der „Klammeraffe" (ASCII 64) angegeben. Bei jeder von Navision erstellten Datei, die den modifizierten Druckertreiber verwendet, wird der Klammeraffe dann korrekt gesetzt.

Einfache externe Datenbankdateien

Über den Export von ASCII-Dateien hinaus ist es möglich, einfache Datenbankdateien zu erzeugen. Ein solcher Vorgang wird am Beispiel des dBASE II-Formats erklärt.

Als Vorgabe wird eine Datei in dem Format benötigt, das Navision später selbst erzeugen soll. Aus Bestandteilen dieser Vorgabedatei und zwei Navision Exporten wird über eine DOS-Stapelverarbeitung die gewünschte dBASE-Datei „zusammenkopiert".

DBF-Format

Einzelbestandteile des dBASE-Formats:

- Die **Versionsinfo** der Datei wird einmalig aus der Vorgabedatei mit einem Diskeditor „herauskopiert".

- Die **Anzahl der Datensätze** in hexadezimaler Schreibweise wird bei jedem Export aus Navision neu erzeugt.

- Die restlichen **Headerinformationen** enthalten die Dateistruktur (Feldnamen, Feldtypen, Feldlängen). Diese werden einmalig aus der Vorgabedatei mit einem Diskeditor „herauskopiert".

- Die **Daten aus Navision** werden im Festlängenformat ausgegeben. Wichtig ist, daß am Ende jedes Datensatzes <u>kein</u> Zeilenwechselzeichen erfolgt. Dies ist, wie schon beim Klammeraffen erläutert, über den verwendeten Druckertreiber zu bewerkstelligen.

Kopiert man die vier Einzeldateien in der aufgeführten Reihenfolge zu einer Datei, so erhält man eine dBASE-Datei. Um ein solches Exportformat zu programmieren, sollte man sich detaillierte Informationen zum Zielformat besorgen.

5 Schlußwort

„Eine korrekt geschriebene Kundenadresse ist wie eine Visitenkarte. Mit ihr beginnt der Kundendialog und mit ihr wird er erfolgreich fortgesetzt" (Thomas Fortkord, Bertelsmann GmbH).

Mit Navision existiert ein ausbaufähiges Marketinginstrument, eingebettet in eine solide betriebswirtschaftliche Software. Navision Financials geht mit der Interessentenfunktionalität noch einige Schritte weiter als das textorientierte Navision 3.x. Beide Versionen lassen sich jedoch bequem dem individuellen Bedarf an eine Marketing Database anpassen.

Von Datenpflege-Aufgaben über die Ermittlung relevanter Marketinginformationen bis hin zu Kundenbindungs- und Neugewinnungsmechanismen läßt sich alles in Navision realisieren.

Im Hinblick auf E-Commerce sind alle erwähnten Funktionen auch für E-Mail Adressen nutzbar. Dies wird die Bedeutung von Database Marketing noch einmal deutlich erhöhen.

Wenn dieser Beitrag hierzu einige Anregungen vermitteln konnte, hat er seinen Zweck erfüllt.

Quellenverweis

Die beschriebenen „Ausbauten" beruhen auf ständigen Weiterentwicklungen der **Grundversion Navision 3.55 der Firma amball Computersysteme, Nürnberg**.

Zusätzliche Quellen:

Dallmer, H.: Gabler Wirtschaftslexikon, 14. Aufl. – Schwerpunktthema „Direct Marketing", Gütersloh

Schneider, K. [Hrsg.]: Werbung in Theorie und Praxis, M & S Verlag

Weis, H. Ch. [Hrsg.]: Computerintegriertes Marketing, Kiehl Verlag

Navision 3.5 Dokumentation

Fa. Navision Software Deutschland [Hrsg.]: Diverse Ausgaben der Kundenzeitschrift „Navision World", Hamburg

Fa. pan-adress direktmarketing GmbH [Hrsg.]: MARKETING DIREKT 96/97, Planegg

„Bertelsmann direct" [Hrsg.]: Direktmarketing Informationsseiten im Internet unter www.az.bertelsmann.de

Fa. Deutsche Post AG [Hrsg.]: Handbuch Kundenzeitschriften, Generaldirektion, Bonn

Fa. INFOX GmbH & Co Informationslogistik KG [Hrsg.]: Eine Allgemeine Agenturnummer für deutsche Reisebüros, Bonn

Autorenverzeichnis

Autor: **Dipl.-Wirtsch.-Inf. Sven Buck**

Beitrag: „Genial einfach - Navision Software bietet Business-Lösungen für das nächste Jahrtausend"; S. 1-12

Studium: Studium der Wirtschaftsinformatik an der Wirtschaftsakademie Kiel.

Berufliche Tätigkeit: 3 Jahre bei einem großen deutschen Navision Solution Center, Aufbau des aktiven Navision Vertriebes. 2 Jahre Vertrieb bei Navision Software in Deutschland; jetzt Marketingleiter bei Navision Software in Deutschland.

Autor: **Dipl.-Inf., Dipl.-Kfm. Joachim Baehr**

Beitrag: „NAVISION Financials® – Business-Software ohne Grenzen"; S. 13-30

Studien: Studium der Informatik an der RWTH Aachen und der TU-München zum Dipl.-Inf. (1983); Studium der Betriebswirtschaftslehre an der RWTH-Aachen und der LMU-München zum Dipl.-Kfm. (1985).

Berufliche Tätigkeit: Geschäftsführender Gesellschafter der HORA Software GmbH, St. Katharinen.
Ab 1983 freie Mitarbeit in Projekten bei IBM, BMW, Merkle etc.
Seit 1985 Betreuung und Beratung von Großunternehmen im Bereich der Arbeitszeit und Personalwirtschaft.
Entwicklung von Standard-Anwendungs-Software für die IBM Deutschland GmbH: Autorisierter Vertriebspartner der IBM Deutschland GmbH; seit 1995 NAVISION Solution Center (Produktion, PPS, Arbeitszeit und Personalzeitwirtschaft).

Wiss. Aktivitäten: Lehrbeauftragter der TU-München und der Univerität Köln für wettbewerbsorientierte Simulation von Produktionsplanungen und –steuerungen als Lehrmittel für den Bereich Industriebetriebslehre (1984-1987).

Verschiedene Veröffentlichungen in Fachzeitschriften. Hobby und Faszination für das Themen- und Sachgebiet „Arbeitszeit".

Autor: Dipl.–Kfm. Roland Abele

Beitrag: „Reorganisation auf der Basis von NILS (NAVISION® Informations-Logistik-System)"; S. 31-46

Studium: Studium der Betriebswirtschaftslehre. Studienschwerpunkte: Organisation/EDV, Industriebetriebslehre, Absatzwirtschaft, Recht.

Berufliche Tätigkeit: Geschäftsführender Gesellschafter der ABACON Beratungsgesellschaft für Organisation und Informationslogistik mbH, Würzburg/Rimpar.
Zuvor Mitglied der Geschäftsleitung der Firma IFAO, Institut für angewandte Organisationsforschung, Tochtergesellschaft Roland Berger Managementberatung-Gruppe; verantwortlich für den Geschäftsbereich PPS und Logistik.

Wiss. Aktivitäten: Unterstützung von Diplomanden bei der Erstellung von wissenschaftlichen Arbeiten.

Autor: Dipl.-Ing. (FH) Rainer Weißenberger

Beitrag: „Reorganisation auf der Basis von NILS (NAVISION® Informations-Logistik-System)"; S. 31-46

Studium: Verfahrenstechnik, Aufbaustudium Wirtschaftsingenieurwesen (teilweise).

Berufliche Tätigkeit: Assistent der Geschäftsleitung und Berater bei der ABACON Beratungsgesellschaft für Organisation und Informationslogistik mbH, Würzburg/Rimpar.
Zuvor Projektleiter im Beratungsumfeld „Prozessanalysen und Geschäftsprozesse" bei der UMTAS GmbH, Schweinfurt und Berater im Bereich „Betriebsplanung/Unternehmensberatung" bei der HWP Planungsgesellschaft mbH, Stuttgart.

Wiss. Aktivitäten: Fachbuchbeitrag zum Thema „Praxiserfahrung / Organisatorische Anforderungen bei der Einführung eines Umweltmanagementsystems" (erschienen über Lloyd's Register, Hamburg beim WEKA Verlag, Augsburg).

Autor: **Dipl.-Wirtsch.-Ing. Patrik Allmann**

Beitrag: „Reorganisation auf der Basis von NILS (NAVISION® Informations-Logistik-System)"; S. 31-46

Studium: Wirtschaftsingenieurwesen

Berufliche Tätigkeit: Projektleiter für Organisations- und Informationslogistikberatung bei der ABACON Beratungsgesellschaft für Organisation und Informationslogistik mbH, Würzburg/Rimpar.
Zuvor Projektleiter im Beratungsfeld Organisation/Qualitätsmanagement bei der ABACUS Unternehmensberatung für den Mittelstand GmbH & Co. KG, Düsseldorf (Schitag, Ernst & Young-Gruppe).
Zuvor Leiter der Abteilung Investitionscontrolling und nachfolgend Leiter der Abteilung Qualitätsmanagementsystem bei der Peguform-Werke GmbH, Bötzingen a.K.

Wiss. Aktivitäten: Unternehmens- und Prozeßorganisation in mittelständischen Unternehmen, Prozeßmanagement und Prozeßcontrolling.

Autor: **Dipl.-Inf. (FH) cand. Roland Fischer**

Beitrag: „Tabellen- und Formulardesign mit Navision Financials®"; S. 47-76

Studium: Wirtschaftsinformatik an der Fachhochschule Konstanz, Hochschule für Technik, Wirtschaft und Gestaltung.

Berufliche Tätigkeit: Seit 1994 staatlich geprüfter Wirtschaftsassistent und studiert derzeit im 7. Semester Wirtschaftsinformatik an der FH-Konstanz.

Wiss. Aktivitäten: Entwicklung und Anwendung integrierter Informationssysteme, Management-Informationssysteme und Design graphischer Benutzeroberflächen im Rahmen der Mensch-Maschine-Interaktion (Human-Computer-Interaction).
Er ist Mitautor des Buches „Betriebswirtschaftliche Anwendungen des integrierten Systems SAP R/3®", das in 2. Auflage im Vieweg-Verlag, Wiesbaden/Braunschweig, erschienen ist.

Autor:	**Dipl.-Ing. (BA) Dirk Grigutsch**

Beitrag: „Kostenrechnung und Controlling unter Navision Financials[®]"; S. 77-104

Studium: Studium der Elektrotechnik (Automatisierung).

Berufliche Tätigkeit: Projektleiter und Berater bei der Fa. Kumatronik Anwendungssysteme AG, Markdorf.

Wiss. Aktivitäten: Dozent an der Berufsakademie.

Autor:	**Dipl.-Inf. (FH) Oleg Kryschanowski**

Beitrag: „Kostenrechnung und Controlling unter Navision Financials[®]"; S. 77-104

Studium: Wirtschaftsinformatik an der Fachhochschule Konstanz, Hochschule für Technik, Wirtschaft und Gestaltung.

Berufliche Tätigkeit: Softwareentwicklung und -beratung bei der Firma ABACON AG, Wil, Schweiz.

Wiss. Aktivitäten: Rechnungswesen in Produktionsbetrieben, Internet-Technologie für kommerzielle Ansprüche;
Ostmarktentwicklung aus sozialer und ökonomischer Sicht.

Autor:	**Dipl.-Ing.(FH) Hendrik Schröder**

Beitrag: „PPSlight – leicht, schnell, individuell"; S. 105-148

Studien: Studium zum Dipl.-Ing.(FH).

Berufliche Tätigkeit: Fachgruppenleiter „Industrielösungen" für das umsatzstärkste europäische Navision Solution Center, der Fa. GOB Software & Systeme in Ratingen. Er ist für Projektleitung, Beratung und Softwareentwicklung beim Einsatz von Navision in mittelständischen Industrieunternehmen verantwortlich. In dieser Funktion obliegt ihm die Designlenkung für das Navision Add-On PPSlight.

Wiss. Aktivitäten: Effiziente Auftragsabwicklung bei mittelständischen Fertigungsunternehmen, Produktionsorganisation in mittelständischen Industrieunternehmen mit diskreter Fertigung, Softwarelösungen zur Unterstützung variantenreicher Fertigung.

Autor: **Diplom-Wirtschaftsingenieur Axel Thode**

Beitrag: „IT-Umstellung mit PPS-Integration beim mittelständischen Werkzeughersteller Wiha auf der Basis von NILS (NAVISION®-Informations-Logistik-System)"; S. 149-168

Studium: Studium des Wirtschaftsingenieurwesens an der TH-Darmstadt, Techn. Fachrichtung Elektrotechnik; Vertiefung in Regelungstechnik und Fertigungssteuerung.

**Berufliche
Tätigkeit:** Projektleiter bei der Fa. ABACON GmbH, Würzburg-Rimpar, für ERP-Projekte.
Zuvor Vertriebsbeauftragter im Bereich CIM bei der Firma Servocomp GmbH in Darmstadt-Pfungstadt.

Autor: **Dipl.–Kfm. Roland Abele**

Beitrag: „IT-Umstellung mit PPS-Integration beim mittelständischen Werkzeughersteller Wiha auf der Basis von NILS (NAVISION®-Informations-Logistik-System)"; S. 149-168

Studium: Studium der Betriebswirtschaftslehre, Studienschwerpunkte: Organisation/EDV, Industriebetriebslehre, Absatzwirtschaft, Recht.

**Berufliche
Tätigkeit:** Geschäftsführender Gesellschafter der ABACON Beratungsgesellschaft für Organisation und Informationslogistik mbH, Würzburg/Rimpar.
Zuvor Mitglied der Geschäftsleitung der Firma IFAO, Institut für angewandte Organisationsforschung, Tochtergesellschaft Roland Berger Managementberatung-Gruppe; verantwortlich für den Geschäftsbereich PPS und Logistik.

Wiss. Aktivitäten: Unterstützung von Diplomanden bei der Erstellung von wissenschaftlichen Arbeiten.

Autor:	**Manfred Bethge**

Beitrag: „Wettbewerbsvorteile am Bau durch integriertes Softwaresystem"; S. 169-208

Studien: Biophysik (Diplom) und Journalistik (Fachjournalist EDV und Bau).

Berufliche Tätigkeit: Leiter der Bereiche Public Relations und Marketing im Systemhaus Henke & Partner - EDV-Lösungen für die Bauwirtschaft, Achim.
Zuvor Redakteur Wirtschaft/Wissenschaft bei deutschen Fernsehsendern (verantwortlich z. B. für die TV-Serien „Computerstunde" und „Marktwirtschaft konkret").

Wiss. Aktivitäten: Möglichkeiten zur Optimierung betrieblicher Abläufe mit EDV-Hilfe.

Autor:	**Dipl.-Betriebswirt (BA) Mario Krüger**

Beitrag: „Navision Financials 1.30 DE in öffentlich-rechtlichen Unternehmen"; S. 209-248

Studien: Betriebswirtschaftslehre, Fachrichtung Wirtschaftsinformatik an der Berufsakademie Mannheim.

Berufliche Tätigkeit: Während des Studiums erste Erfahrungen in der Unternehmensberatung. Nach Abschluß des Studiums beratende Tätigkeit als Assistent der Geschäftsführung in einem Handwerksunternehmen, das er noch heute bei der Sanierung unterstützt.
Seit Mai 1997 Mitarbeit in den Bereichen Vertrieb und Projektrealisierung der Fa. amball Computersysteme, Nürnberg. Im Projekt für den Stadtentwässerungsbetrieb der Stadt Nürnberg war er bei der Spezifikation der Unternehmensabläufe und -anforderungen beteiligt. Zu seinen Aufgaben gehörte in diesem Rahmen auch die Schulung der Anwender.

Wiss. Aktivitäten: Mai 1995 bis Oktober 1996 Mitglied von INTEGRA e.V., der Studentischen Unternehmensberatung an der Universität Mannheim. In dieser Zeit Leitung eines mehrmonatigen Projektes für die Siemens AG, Speyer. Seit November 1996 Mitglied des Beirates von INTEGRA e.V.

Autor:	## Dipl.- Kfm. Jochen Link

Beitrag: „Navision Financials 1.30 DE in öffentlich-rechtlichen Unternehmen"; S. 209-248

Studien: Studium der Betriebswirtschaftslehre, Diplomarbeit über das Thema „Determinanten der Systemwirtschaftlichkeit von Softwaresystemen"

Berufliche Tätigkeit: Mitarbeiter Projektrealisierung bei der Fa. amball Computersysteme, Nürnberg. Assistent des Projektleiters bei der Entwicklung und Einführung einer NAVISION FINANCIALS Lösung für eine internationale Vertriebs- und Service-Organisation.
Zuvor Vertriebsbeauftragter bei der Fa. amball für den Bereich Handel und öffentliche Betriebe.

Wiss. Aktivitäten: Beirat im Vorstand der Gesellschaft Museum e.V. und Mitgliedschaft in einer Studentenverbindung.

Autor: ## Walid Chaar

Beitrag: „Database-Marketing mit Navision 3.55"; S. 249-271

Berufliche Tätigkeit: Ausbildung zum Datenverarbeitungskaufmann. Durchführung von Projekten, unter anderem für das Bundesverkehrsministerium.
Etwa einjährige Zeit als Filialleiter bei einem Computerdiscounter. Zwischenzeitlich arbeitete er als VHS-Dozent in den Bereichen Datenbankentwicklung und Programmierlogik.
Seit 1996 ist er für die Firma INFOX, einem Dienstleister für touristische Informationslogistik tätig. Zu seinen Aufgaben zählt die Betreuung und Erweiterung der Navision Marketing Database in den Bereichen Mailing, Katalogversand, Fulfillment und Expedientenreisen.
Der angehende Betriebswirt ist Ausbilder von DV-Kaufleuten. Seine eigene Weiterentwicklung sieht er neben der Projektarbeit mit Navision Financials, vor allem im Bereich Electronic-Business und Java-Programmierung.

Stichwortverzeichnis

Bezugsquellenverzeichnis

(postalische Sortierung)

Taylorix Leipzig GmbH
Herr Hauschild
Bornaer Str. 19
04445 Liebertwolkwitz
Tel.: 034297 / 6480
Fax: 034297 / 42473

Müller-Knoche & Co. GmbH
Systemhaus für EDV-Lösungen
Herr Linke
Rinnegasse 24
06721 Osterfeld
Tel.: 034422 / 21 542
Fax: 034422 / 31 001

CKS Computer-Kommuni-
kations- & Bürosysteme GmbH
Herr Opitz
Kühnauer Str. 65
06846 Dessau
Tel.: 0340 / 619 679
Fax: 0340 / 630 045

Soft-Pro Informations-
verarbeitungs GmbH
Herr Bernhard
Hainstr. 110
09130 Chemnitz
Tel.: 0371 / 4326220
Fax: 0371 / 4326229

LeBit Software & Consult GmbH
Herr Jakobitz
Seydelstr. 27
10117 Berlin
Tel.: 030 / 204 31 76
Fax: 030 / 204 00 58

analytics
anwendungssysteme AG
Herr Giri
Wallstr. 23/24
10179 Berlin
Tel.: 030 / 240640
Fax: 030 / 24064374

Comtec GmbH
Herr Lange
Kaiserin-Augusta-Allee 14
Haus 3
10553 Berlin
Tel.: 030 / 3497770
Fax: 030 / 34977711

Kindermann TCV GmbH
ComputerSystemhaus
Herr Kindermann
Hohenzollerndamm 10
10717 Berlin
Tel.: 030 / 885 985-0
Fax: 030 / 885 985-99

ideeV Ges. f. Computersysteme
und Anwendungssoftware
Herr Maier
Haynauer Str. 60
12249 Berlin
Tel.: 030 / 767 923-0
Fax: 030 / 767 923-99

BBO Datentechnik GmbH
Herr Perschmann
Breitenbachstrasse 10
13509 Berlin
Tel.: 030 / 43 55 00-0
Fax: 030 / 43 55 00-90

BDO Unternehmensberatung
GmbH
Herr Deutsch
Ferdinandstraße 59
20095 Hamburg
Tel.: 040 / 30293-0
Fax: 040 / 30293-366

SSP Informationssysteme GmbH
Frau Thamer
Ferdinandstraße 36
20095 Hamburg
Tel.: 040 / 32 33 270
Fax: 040 / 33 71 32

SOTECH-EDV-Dienstleistungs
GmbH
Herr Ebner
Hermann-Wüsthofring Nr. 7
21035 Hamburg
Tel.: 040 / 734 75 60
Fax: 040 / 734 75 6-99

LMS Lütz+Möller Software
GmbH
Herr Enste
Im alten Dorf 1
21217 Seevetal/Fleestedt
Tel.: 04105 / 1445 0
Fax: 04105 / 1445 11

Datasave AG
Informationssysteme
Herr Henneberg
Hellgrundweg 109
22525 Hamburg
Tel.: 040 / 840 003-0
Fax: 040 / 840 003-80

CABUS Computer-Systeme
Hamburg
GmbH
Herr Laukat
Notkestraße 7
22607 Hamburg
Tel.: 040 / 899 58-0
Fax: 040 / 899 58-101

CABUS Informations-Systeme
GmbH
Herr Leu
Am Petroleumhafen 2
23611 Bad Schwartau
Tel.: 0451 / 280 81 10
Fax: 0451 / 280 81 38

knk Systemlösungen GmbH
Herr Krause
Beselerallee 67
24105 Kiel
Tel.: 0431 / 57 97 20
Fax: 0431 / 57 97 299

CABUS Computer-Systeme
GmbH
Herr Rümke
Borsigstr. 15
24145 Kiel
Tel.: 0431 / 7170-0
Fax: 0431 / 7170-499

ISTABAU Software GmbH
Herr Menken
Hohenlohestr. 40
28209 Bremen
Tel.: 0421 / 34849-0
Fax: 0421 / 34849-99

GENIAL Informationssysteme
GmbH & Co. KG
Herr Prevett
Haferwende 3a
28357 Bremen
Tel.: 0421 / 278660
Fax: 0421 / 2786666

ID Informations-
und Datentechnik Bremen
Frau Dr. Dierks
Achterstraße 30
28359 Bremen
Tel.: 0421 / 361-2817
Fax: 0421 / 361-2928

CTM GmbH
Computer Technik Marketing
Herr König
An der Bahn 3
28816 Stuhr-Moordeich
Tel.: 0421 / 56 902-0
Fax: 0421 / 56 902 25

Henke & Partner GmbH
Herr Henke
Im Finigen 3
28832 Achim
Tel.: 04202 / 989-0
Fax: 04202 / 989-111

BOG Software & Service
GmbH
Herr Rolfes / Herr Vincke
Rotenburger Str. 26 a
30659 Hannover
Tel.: 0511 / 615 680
Fax: 0511 / 615 1302

STÜNKEL RECHNERSYSTEME
GMBH
Herr Stünkel
Fockestraße 2
30827 Garbsen
Tel.: 05131 / 7092-0
Fax: 05131 / 7092-99

get inform gmbh
Herr Dziuron
Lagesche Str. 17
32756 Detmold
Tel.: 05231 / 744-0
Fax: 05231 / 744-120

Kumatronik OWL GmbH
Herr Kriener
Azaleenstr. 40
33803 Steinhagen
Tel.: 05204 / 2408
Fax: 05204 / 3778

Modus Consult EDV- und
Organisations GmbH & Co.
Herr Elbrächter
Engerstraße 12
33824 Werther
Tel.: 05203 / 97 16 42
Fax: 05203 / 97 16 41

In-Takt Datensysteme
Göttingen GmbH
Herr Scharenberg
Robert-Bosch-Breite 9
37079 Göttingen
Tel.: 0551 / 488930
Fax: 0551 / 4889399

GUT - Ges. zur Unterstützung
von Technologie mbH
Herr Kaul
Bevenroder Straße 152
38108 Braunschweig
Tel.: 0531 / 23 720-0
Fax: 0531 / 23 720-90

GOB Software & Systeme
GmbH + Co. KG
Herr Elmshäuser
Gothaer Straße 18
40880 Ratingen
Tel.: 02102 / 4981-112
Fax: 02102 / 4981-113

NFT DataKonzept Ges. f.
angew.
Informationverarbeitung mbH
Herr Wahlscheidt
Ludwig-Richter-Straße 9
42329 Wuppertal
Tel.: 0202 / 27348 0
Fax: 0202 / 27348 99

TOG Handel - Ges. für EDV-
Technologie und Org. m.b.H.
Herr Ott
Karl-Marx-Str. 24
44141 Dortmund
Tel.: 0231 / 5575770
Fax: 0231 / 525292

GOB Software & Systeme
GmbH
& Co. KG Dortmund
Carl Beckmann
Martin-Schmeißer-Weg 15
44227 Dortmund
Tel.: 0231 / 9751560
Fax: 0231 / 975156-10

C.O.P Computer Organisation +
Programmierung GmbH
Herr Hütten
Parkstraße 29
47829 Krefeld
Tel.: 02151 / 96 96-0
Fax: 02151 / 96 96 96

Cosmo Consult GmbH
Herr Bergmann/Herr Scheich
Fuggerstr. 15
48165 Münster
Tel.: 02501 / 8004-0
Fax: 02501 / 8004-10

K&H Förster GmbH
Computer + Peripherie
Herr Förster
Merowingerstraße 37-41
50374 Erftstadt-Bliesheim
Tel.: 02235 / 927 27-0
Fax: 02235 / 927 27-25

HORA Software GmbH
Herr Baehr
Industriestr. 4
53562 St.Katharinen
Tel.: 02645 / 9555-0
Fax: 02645 / 9555-11

BOS Systemhaus
Gerke & Partner OHG
Herr König
Eilperstrasse 71-75
58091 Hagen
Tel.: 02331 / 97095-0
Fax: 02331 / 97095-91

Stoppek & Salz GbR
Herr Stoppek
Ökonomierat-Peitzmeier-Platz 2
59063 Hamm
Tel.: 02381 / 950590
Fax: 02381 / 5614

CBC
ComputerBusinessCenter GmbH
Herr Brombach
Mainzer Landstr. 226-230
60327 Frankfurt
Tel.: 069 / 973 77-0
Fax: 069 / 973 77-270

Computerhaus Kegelmann
GmbH
Herr Kegelmann
Bürgermeister-Mahr-Str. 14
63179 Obertshausen
Tel.: 06104 / 98 48 01
Fax: 06104 / 98 48 11

IN-TAKT Darmstadt
Datensysteme GmbH
Herr Fleck
Landwehrstraße 48
64293 Darmstadt
Tel.: 06151 / 8126-0
Fax: 06151 / 8126-12

Sündorf GmbH
Herr Maass
Marienburgstraße 27
64297 Darmstadt
Tel.: 06151 / 9470-0
Fax: 06151 / 9470-90

ICOS Informatik GmbH
Herr Orth
Markircher Str. 22
68229 Mannheim
Tel.: 0621 / 4804 0
Fax: 0621 / 4804 200

IN-TAKT udc systemhaus gmbh
Businesspark Stuttgart
Herr Kielman
Zettachring 8
70567 Stuttgart
Tel.: 0711 / 900 90-0
Fax: 0711 / 900 90-90

Kumatronik BusinessSoftware
AG
Herr Korte
Meisenweg 33
70771 Leinfelden-Echterdingen
Tel.: 0711 / 16069-0
Fax: 0711 / 75 35 45

Computenz EDV-Lösungen
Herr Krämer
Obere Vorstadt 16
71063 Sindelfingen
Tel.: 07031 / 7078-0
Fax: 07031 / 7078-49

ELON Informationssysteme
GmbH
Herr Stecher
Hagäckerstr. 4
73760 Ostfildern
Tel.: 0711 / 16710-0
Fax: 0711 / 16710-99

Bechtle EDV-Zentrum
Herr zur Osten
Fügerstraße 6
(am Europaplatz)
74076 Heilbronn
Tel.: 07131 / 951-0
Fax: 07131 / 951-100

Kisling Consulting GmbH
Herr Kisling
Heiner-Fleischmann-Straße 6
74172 Neckarsulm
Tel.: 07132 / 9369-0
Fax: 07132 / 9369-69

B.I.TEAM Software Beratungs
GmbH
Herr Bernhardt
Badener Straße 3
76227 Karlsruhe
Tel.: 0721 / 943 50-60
Fax: 0721 / 943 50-99

AC Consult Information GmbH
Herr Benischek
Am Krebsgraben
78048 Villingen-Schwenningen
Tel.: 07721 / 84160
Fax: 07721 / 841621

A&R EDV-Handelsges. mbH
Herr Adler
Ersteiner Straße 10-16
Postfach 1358
79346 Endingen
Tel.: 07642 / 9001-0
Fax: 07642 / 9001-19

Lederer Systemhaus GmbH
Herr Lederer
Landsbergerstr. 408
81241 München
Tel.: 089 / 546480
Fax: 089 / 5802784

Singhammer IT Consulting
GmbH
Herr Dr. Böck
Stäblistraße 6
81477 München
Tel.: 089 / 780 21-0
Fax: 089 / 785 13 18

Ide & Galeski GmbH & Co.
Herr Dunkel
Streitfeldstraße 33
81673 München
Tel.: 089 / 43 1986-10
Fax: 089 / 43 1986-66

FORREST COMP
Computer & Software GmbH &
Co.
Herr Geißinger
Hans-Urmiller-Ring 55
82515 Wolfratshausen
Tel.: 08171 / 4217-0
Fax: 08171 / 4217-17

TeGOS SYSTEAM GmbH
Herr Krautbauer
Münchener Str. 24
83022 Rosenheim
Tel.: 08031 / 3988-0
Fax: 08031 / 3988-10

Sokon Business Software GmbH
Herr Hohberg
Siemensstr. 1a
84051 Essenbach
Tel.: 08703 / 9254-0
Fax: 08703 / 9254-48

INTRA IT-Consulting GmbH
Herr Ederer
Münchner Str. 9
85540 München-Haar
Tel.: 089 / 462 374-0
Fax: 089 / 462 374-99

mse GmbH
Fischer & Madlener
Herr Fischer
Schussenstraße 1
88212 Ravensburg
Tel.: 0751 / 3602-0
Fax: 0751 / 3602-90

Kordula & Schupp GmbH
Software Management
Herr Kordula
Jahnstraße 36
88214 Ravensburg
Tel.: 0751 / 36 92-66 & -99
Fax: 0751 / 36 92-33

Wilhelm & Zeller AG
Software Management
Herr Wilhelm
Jahnstraße 36
88214 Ravensburg
Tel.: 0751 / 36 92 30
Fax: 0751 / 36 92 29

Kumatronik Anwendungssystem
AG
Herr Schrade
Oberfischbach 3
88677 Markdorf
Tel.: 07544 / 966 - 0
Fax: 07544 / 966 - 101

Kumatronik
Informationssysteme
GmbH
Herr Werdich
Sedanstraße 10
89077 Ulm
Tel.: 0731 / 935 10-0
Fax: 0731 / 935 10-30

Fritz & Macziol Software und
Computervertrieb GmbH
Herr Couvigny
Hörvelsinger Weg 17
89081 Ulm/Donau
Tel.: 0731 / 1551-0
Fax: 0731 / 1551 555

Systemhaus Bissinger GmbH
Herr Bissinger
Industriestr. 18
89423 Gundelfingen
Tel.: 09073 / 83-0
Fax: 09073 / 83-149

analytics
informationssysteme AG
Herr Neefischer
Virchowstr. 20d
90409 Nürnberg
Tel.: 0911 / 562680
Fax: 0911 / 5626840

amball
Computersysteme
Herr Nemnich
Nordostpark 12-14
90411 Nürnberg
Tel.: 0911 / 527 97 0
Fax: 0911 / 527 97 50

SEMANTIX
Informationssysteme GmbH
Herr Thiessat
Dr.-Hans-Kapfinger-Str. 30
94032 Passau
Tel.: 0851 / 956350
Fax: 0851 / 9563525

Business Systemhaus
Ber.-Ges. für Org. und DV
GmbH
Herrn Deppner
Ludwig-Thoma-Straße 36a
95447 Bayreuth
Tel.: 0921 / 595-0
Fax: 0921 / 52782

RMS-Systems Software GmbH
Herr Rennert
Kronacher Straße 92
96052 Bamberg
Tel.: 0951 / 94 22 00
Fax: 0951 / 94 22 0 77

ABACON Beratungsgesellschaft
für Organisation m.b.H.
Herr Abele
Kettelerstraße 3-13
97222 Rimpar
Tel.: 09365 / 8075-0
Fax: 09365 / 8075-30

Keßler & Schubert GmbH
Herr Schubert
Lohmühlenweg 18
99310 Arnstadt
Tel.: 03628 / 60 26 44
Fax: 03628 / 70 828